海南省高等学校科学研究项目（项目编号：Hnky2021-52）成果
海南省重点研发项目（项目编号：ZDYF2023GXJS007）成果
21 世纪经济管理新形态教材 · 管理科学与工程系列

区块链系统搭建与应用

主　编 ◎ 梁志勇　杨　明　江荣旺
副主编 ◎ 汪　源　刘小飞　程　亮

清華大學出版社
北　京

内容简介

本书通过对区块链平台搭建进行深入研究与探讨，以专业的语言详细阐述了区块链的基本原理和三种开源联盟链平台的构建流程与应用技术，介绍了区块链技术的基础知识和Docker的基本知识等内容；同时，对市面上占有率较高的三种开源联盟链平台进行了体系架构及特点的讲述，对其进行单机和集群部署，包括网络节点规划、各个节点配置等，并在前述基础上进行案例的开发应用，帮助读者解决实际使用中的问题。

本书可以作为本科院校区块链专业的教学用书，也可以作为相关区块链企业的岗位培训和自学用书。

图书在版编目（CIP）数据

区块链系统搭建与应用 / 梁志勇，杨明，江荣旺主编．

北京：清华大学出版社，2024. 10. —（21 世纪经济管理新形态教材）．

ISBN 978-7-302-67583-9

Ⅰ．TP311.135.9

中国国家版本馆 CIP 数据核字第 202412SB96 号

责任编辑：徐永杰
封面设计：汉风唐韵
责任校对：王荣静
责任印制：刘　菲

出版发行：清华大学出版社
网　　址：https://www.tup.com.cn，https://www.wqxuetang.com
地　　址：北京清华大学学研大厦 A 座　　邮　　编：100084
社 总 机：010-83470000　　邮　　购：010-62786544
投稿与读者服务：010-62776969，c-service@tup.tsinghua.edu.cn
质量反馈：010-62772015，zhiliang@tup.tsinghua.edu.cn
印 装 者：河北盛世彩捷印刷有限公司
经　　销：全国新华书店
开　　本：185mm×260mm　　印　　张：20.5　　字　　数：341 千字
版　　次：2024 年 11 月第 1 版　　印　　次：2024 年 11 月第 1 次印刷
定　　价：66.00 元

产品编号：101170-01

序　言

现如今，数字化、智能化、全球化的时代已经到来，这是一个充满机遇和挑战的时代，也是一个不断变化和创新的时代。数字技术、人工智能、物联网等新兴技术正在改变我们的生活方式和经济结构，同时也带来了新的社会问题和风险。全球化的趋势使世界各国的联系更加紧密，但也带来了贸易摩擦、文化冲突等问题。在这个时代，我们需要不断学习和适应，以应对未来的挑战。同时，我们也需要关注可持续发展和社会秩序，为人类的未来谋求更好的发展。科技创新和人才培养已成为世界各国竞相发展的核心动力。产教融合作为一种将教育与产业紧密结合的发展模式，已经成为各国政府和教育部门关注的焦点。吉利产教协同委员会和三亚学院产教协同研究院，聚焦产教融合的理论研究、成果转换和成效测评等领域，力图通过对产教融合背后的逻辑进行深入剖析，为读者呈现一幅关于产教融合发展的全景图。

本系列成果从产教融合在中国的现状出发，分析了中国大学在科技创新方面的重要角色。在全球范围内，大学和企业都是创新的源头，中国大学和企业也不例外。大学通常是推动纯理论和基础研究的重要机构，其研究成果可以在科学和技术领域产生突破与进展。现代企业在推动创新方面发挥着越来越重要的作用。企业通常更专注于应用研究和商业化机会，并投资于新产品和服务的开发。越来越多的大企业拥有庞大的研发团队和实验室，它们也与大学和研究机构合作开展研究，以探索新的技术和市场机会。并且，各国政府机构、非营利组织和个人创新者，也在推动科学和技术领域的进步。以上便是全球范围内创新的基本景观。

聚焦产教融合在不同国家的实践经验，尤其是德国教育双元制在中国产教融合中的借鉴价值显得尤为重要。德国教育双元制是德国历史、文化和制度的产物，它反映了德国社会对于教育的重视和德国特有的历史、文化和政治制度的影响。然而，由于中国与德国在历史、文化和制度方面的差异，德国教育双元制难以成为中国产教融合的样板。因此，我们需要在借鉴德国经验的基础上，结合国情，探索适合我国的产教融合发展路径。

在此基础上，本系列成果进一步分析了中国科技创新力量的来源。中国大学在科技创新方面扮演着重要的角色，同时，中国的企业也和世界发达国家的大企业一样，越来越重视科技创新。在数字技术、新材料、人工智能等领域，中国大学和企业之间的合作取得显著成果。例如，中国许多优秀的大学与互联网头部企业、智能制造头部企业共同致力于人工智能技术、5G（第五代移动通信技术）、新能源等领域的研究。

然而，中国产教融合的道路并非一帆风顺。长期以来，中国的大学与企业的合作是若即若离的。即便现在，更多的大学和更多的企业也是学科与产业各自敲锣打鼓。否则，政府近期不至于密集强调产教融合。欧美企业乐于通过与大学合作，以获取最新的科技成果和人才资源。欧美的产教融合，更多地基于市场需求和商业利益。虽然中国大学与企业之间不是平行线，而是有许多合作，但是，这种合作远不够广泛和深入，尤其是商业化与应用方面欠缺。

为了应对这一挑战，本系列成果丛书提出了中国产教融合的内生性动力。在国际竞争日趋激烈的背景下，科技进步与人才涌现成为中国增强国际竞争力的必然应对策略。当然经济下行与政府财政紧缩，也在倒推产教融合深入发展局面的形成。今天，由于市场本身的动力，企业比大学更有动机和能力推动技术的进步。所以，在产教融合创新方面，更需要改变的是大学。

对产教融合背后的逻辑进行深入剖析，旨在为广大读者提供一个全面、深入的理论框架和实践指导。在这个过程中，我们将看到产教融合不仅是一种教育改革的趋势，更是一种国家发展的战略选择。通过深入研究产教融合的内在逻辑，我们可以更好地把握产教融合的核心要义，为我国产教融合的发展提供有益的启示。

陆丹

2023 年 9 月，三亚

前　言

欢迎您翻开这本《区块链系统搭建与应用》。在当下，区块链（blockchain）无疑已经成为横贯全球的技术热点，其中融合了密码学、网络技术、经济学等多个学科的边界知识。该书的主要目的是让读者了解并掌握如何搭建区块链系统，并将其应用在实际场景中。无论您是对区块链技术充满好奇心的学习者，还是对如何利用区块链技术进行实战应用感兴趣的开发者，甚至是对前沿科技有着深入调研需求的专业人士，相信本书都能够成为一盏照亮您前行道路的明灯。

区块链作为分布式数据存储、点对点传输、共识算法、加密算法等计算机技术新型应用，不仅在金融领域，更是在供应链、版权保护、数据安全等方面展现出其无可比拟的潜力与价值。然而，尽管区块链技术的应用越来越广泛，但对于大部分人来说，它还是一个神秘又难以理解的概念。在这样的背景下，《区块链系统搭建与应用》这本书诞生了。我们的目标是让区块链技术变得更加具有亲和力，通过易于理解的文字与具体实例，让每一位读者都能深入浅出地理解什么是区块链技术、如何搭建一个区块链系统，以及如何将其应用在实际的软件开发中。

在本书的篇幅里，除了对区块链的基础理论进行全面剖析，我们也提供了三种市面上主流区块链系统的搭建与案例，内容覆盖从基础的区块链原理，到如何搭建一套完整的区块链系统，再到将区块链技术应用于实际项目中的详细步骤，以帮助读者在理论与实践中寻找最佳的学习路径。

本书由三亚学院信息与智能工程学院梁志勇负责统稿，第 1 章由杨明编写，第 2 章和第 3 章由汪源编写，第 4 章由梁志勇编写，第 5 章由江荣旺编写，第 6 章由刘小飞编写，第 4、5、6 章实验部分由程亮进行验证。另外，本书在编写的过程中得到了福州大学博士生导师郑相涵研究员、谢维鹏工程师和张文岩同学的鼎力帮助，同时也得到了南京秉蔚信息科技有限公司曹辉工程师和解冰工程师的大力支持和帮助，第4章和第5章的部分实验由三亚学院信息与智能工程学院区块链2001班的付允纬和张琴琴同学进行了编写与校验。还有很多区块链专业的同学对本书提出了意见和建议，在此一并向他们表示衷心的感谢。最后，本书还要特别感谢海南省高等学校科学研究项目（项目编号：Hnky2021-52）、三亚学院产品思维导向特色改革项目（项目编号：SYJKCP202358）、海南省重点研发项目（项目编号：ZDYF2023GXJS007）、三亚学院重大专项课题（项目编号：USY22XK-04）四个项目以及容淳铭对本书的大力支持，没有这些项目和院士工作站的帮助，本书将不能如期完成。

因编者水平有限，书中疏漏之处在所难免，恳请读者批评指正。

编者

2023年9月于三亚

目　录

第 1 章　全面认识区块链

导读

区块链是一种去中心化的分布式账本技术（distributed ledger technology），其最初被广泛应用于数字加密货币交易系统。随着时间的推移，更多的人意识到这项技术的潜力和远大前景，因此开始将它运用到其他领域，如金融服务、供应链管理、物联网、数字证书等。区块链的主要特点是去中心化、不可篡改、公开透明、高度安全和匿名性。它通过运作于网络上的多个节点之间达成共识，从而使分布式数据库中的数据变得真正不可修改、不可删除和不可伪造。与传统的互联网技术相比，区块链技术具有更高的安全性和隐私性，可以有效地消除两个不同方的信任问题，从而降低交易成本。同时，由于具备分布式、去中心化的特点，区块链将成为区块链经济的重要基础设施。尽管区块链技术仍处于起步阶段，但它正在飞速发展，并被越来越多的公司和机构采用。在未来的几年里，区块链有望改变许多行业的运作方式，包括金融、保险、物流、医疗保健等。作为一项正在快速成长的技术，区块链提供了广泛的学习和发展机会，因此对于任何想要深入了解这项技术的人来说，都有着无限的可能。

知识导图

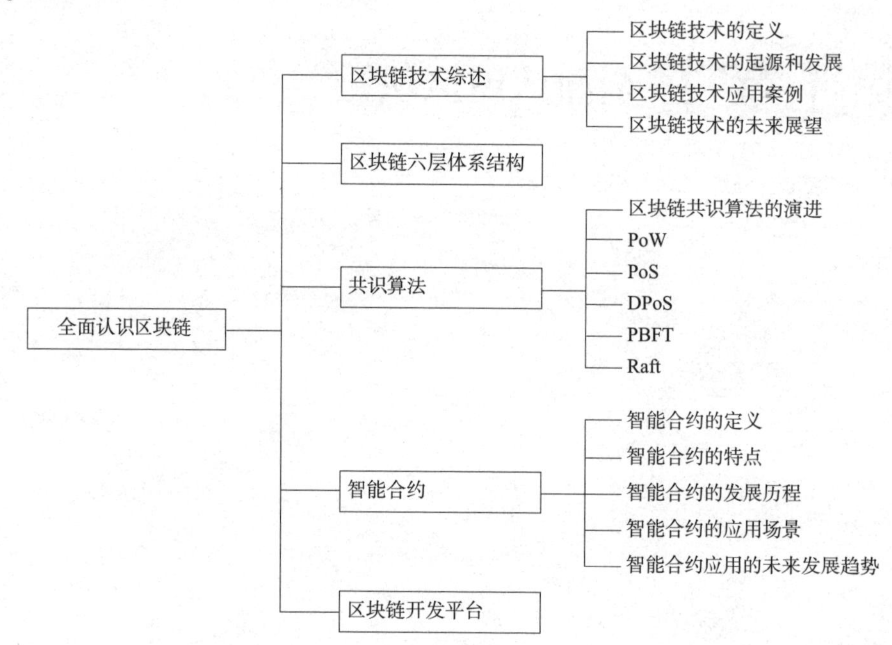

学习目标

（1）理解区块链的概念。

（2）掌握区块链的技术原理。

（3）了解区块链在实际应用中的场景和案例。

（4）了解区块链的发展历程和趋势。

重点与难点

（1）理解区块链中的相关技术原理。

（2）理解区块链中的共识算法。

（3）如何利用区块链技术解决相关问题。

1.1　区块链技术综述

1.1.1　区块链技术的定义

区块链技术是一种分布式账本技术，其主要特点是去中心化、交易记录不可篡改和安全加密等。在区块链系统中，多个节点共同维护一个分布式账本，其中每个交易都被打包成一个区块，并链接到之前的区块，形成一个不断增长的链式结构，因此得名“区块链”。其核心特点与架构如图 1–1 所示。

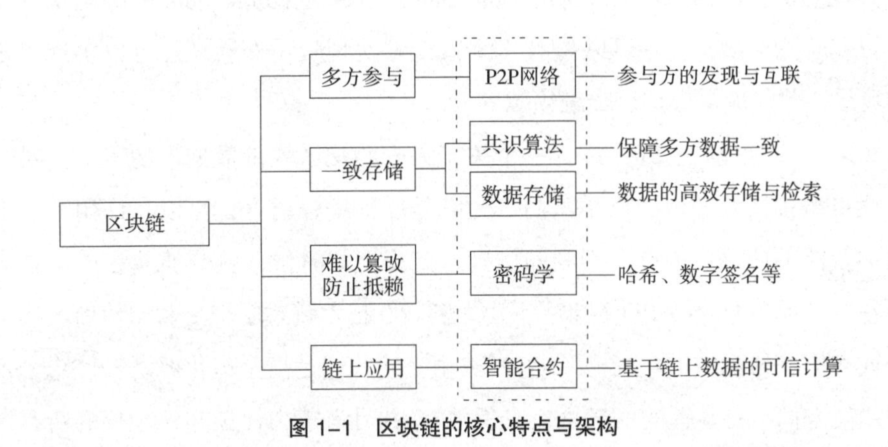

图 1–1　区块链的核心特点与架构

在一个典型的区块链系统中，每个区块都包含多个交易记录以及一些附加信息（如时间戳、哈希值等），每个交易需要被网络上的多个节点验证和确认后才能纳入区块链中。这种机制保证了区块链系统的去中心化、安全性和可信度。

区块链技术最初被用于数字货币的发行和交易，但随着技术的发展，人们开始尝试将其应用到更多的领域。例如，在供应链管理、金融领域、数字身份认证、物联网等诸多应用场景中，区块链技术已经取得了一些成功的实践和应用。

总之，区块链技术是近年来备受关注的新兴技术，其去中心化、不可篡改、安全加密等特性，使得它在数字资产领域、金融领域以及公共服务领域等都具备广泛的应用前景。

1.1.2　区块链技术的起源和发展

区块链起源于 2008 年 11 月 1 日，一位自称中本聪（Satoshi Nakamoto）的人发表了《比特币：一种点对点的电子现金系统》一文[①]，阐述了基于 P2P（点对点）网络技术、加密技术、时间戳技术、区块链技术等的电子现金系统的构架理念，这标志着数字加密货币的诞生。两个月后，理论步入实践，2009 年 1 月 3 日，

① 2021 年 9 月中国人民银行等十部门发布《关于进一步防范和处置虚拟货币交易炒作风险的通知》，宣布虚拟货币不具有法定货币等同的法律地位，任何虚拟货币相关的业务活动为非法活动。

第一个序号为 0 的创世区块诞生。几天后，2009 年 1 月 9 日出现序号为 1 的区块，并与序号为 0 的创世区块相连接形成了链，标志着区块链 1.0 的诞生。

随着数字加密货币的诞生和发展，人们开始逐渐关注区块链技术，并将其应用于其他领域。2014 年，以太坊（Ethereum）创始人 Vitalik Buterin 提出了一个新的“智能合约”概念，使区块链技术不仅能够实现货币交易，还可以实现更多的应用场景，如供应链管理、金融领域等。

2014 年，“区块链 2.0”成为一个关于去中心化区块链数据库的术语。对这个第二代可编程区块链，经济学家们认为它是一种编程语言，可以允许用户写出更精密和智能的协议。因此，当利润达到一定程度的时候，就能够从完成的货运订单或者共享证书的分红中获得收益。区块链 2.0 技术跳过了交易和“价值交换中担任金钱和信息仲裁的中介机构”。它们被用来使人们远离全球化经济，使隐私得到保护，使人们“将掌握的信息兑换成货币”，并且有能力保证知识产权的所有者得到收益。第二代区块链技术使存储个人的“永久数字 ID 和形象”成为可能，并且为“潜在的社会财富分配”不平等提供解决方案。

2015 年左右，国内外开始涌现大量的区块链创业公司，同时各大企业也开始探索和尝试区块链技术的应用。区块链技术的应用场景也越来越丰富，如供应链管理、数字身份认证、物联网、版权保护等各个方面。另外，随着技术水平的提升，区块链技术也不断发展和完善，如联盟链、跨链交易、分片技术等。

2016 年 1 月 20 日，中国人民银行数字货币研讨会宣布对数字货币研究取得阶段性成果。会议肯定了数字货币在降低传统货币发行等方面的价值，并表示央行在探索发行数字货币。中国人民银行数字货币研讨会的表达大大增强了数字货币行业信心。这是继 2013 年 12 月 5 日中国人民银行等五部委发布《关于防范比特币风险的通知》之后，第一次对数字货币表示明确的态度。

随着区块链技术的快速发展，区块链 3.0 时代已经悄然来临。在区块链 3.0 中，最显著的变化是出现了基于分片技术的区块链系统。分片技术将整个区块链网络划为多个分片，并行处理交易，从而有效提高整个系统的性能和可扩展性。此外，随着智能合约功能的不断完善，以及更加安全的多方计算等技术的应用，区块链 3.0 也将支持更加复杂的智能合约和去中心化应用（DApps）。同时，区块链 3.0 还将支持跨链协议，实现不同区块链网络之间的互操作性和数据共享。跨链协议可以有效地打破现有区块链系统之间的隔离，促进各个区块链网络的整合和互通。

总之，区块链 3.0 将实现更高效、更安全、更灵活、更互通的区块链生态系统，其应用场景和前景也将更加广阔。

目前，区块链技术已经成为国内外科技界的热点话题之一。越来越多的企业、政府机构和投资机构正在积极探索区块链技术的应用，加速技术发展和落地应用。

1.1.3　区块链技术应用案例

区块链技术在金融、供应链管理、物联网、数字身份识别等领域已经得到广泛应用，其应用案例有如下几个。

1. 金融领域

（1）加密货币。以太币等数字货币基于区块链技术实现去中心化、安全的交易。

（2）跨境支付和清算。SWIFT（环球银行金融电信协会）与区块链公司 R3 共同开发的 Corda 平台，通过区块链技术实现跨境支付和清算的高效、安全、透明。

2. 供应链管理领域

（1）溯源和防伪。通过将产品信息上传到区块链，实现产品的全生命周期追踪和信息共享，提高供应链的透明度、可追溯性和信任度。

（2）物流管理。通过区块链技术实现货物的跟踪和监管，提高物流的效率和可靠性。

3. 物联网领域

（1）分布式物联网架构。通过应用区块链技术解决集中化的架构模式容易被攻击的问题，从而实现物联网的分布式架构，提高物联网的可靠性和安全性。

（2）物联网设备管理。通过区块链技术实现物联网设备之间的信任机制，提高物联网设备管理的安全性和智能化水平。

4. 数字身份识别领域

（1）去中心化身份认证。基于区块链技术的去中心化身份认证系统可以解决传统的个人身份信息被盗用、泄露等问题，提高身份认证的安全性和可靠性。

（2）数据隐私保护。区块链技术可以实现数据的去中心化存储和加密保护，从而保护个人隐私数据的权益。

总体来说，区块链技术已经广泛应用于上述的各个领域中。未来随着技术的不断创新和完善，区块链技术将会在更多领域发挥更加广泛和深远的作用。

1.1.4　区块链技术的未来展望

区块链技术作为一种新型的分布式计算和信任机制，目前正处于快速发展的阶段，未来发展潜力巨大，其发展趋势有以下几个。

（1）去中心化和开放性。区块链技术天生具备去中心化和开放性的特点，未来在实现数字化经济、数字资产等领域将得到广泛应用。区块链技术的去中心化和开放性特点还可以应用在社交媒体、电商和智能城市等领域，支持构建更加公平、透明、安全和高效的平台和生态系统。

（2）大规模应用。目前区块链技术主要应用于加密货币、数字资产和金融等领域，未来将扩展到跨境支付、供应链管理、知识产权、物联网等更多领域。随着区块链技术的不断完善和成熟，它将成为推进数字化经济和智能化社会建设的重要支撑。

（3）联盟链和私有链。在企业级区块链应用中，联盟链和私有链将成为重要的发展方向。联盟链和私有链可以满足企业中不同业务场景的需求，保护隐私和安全。

（4）与人工智能、物联网、5G 等技术融合。区块链技术与人工智能、物联网、5G 等新一代信息技术的融合，将产生更多的新型应用。区块链技术将与人工智能、物联网等技术协同作用，推动数字经济和智能化社会的高质量发展。

（5）跨境合作和标准化。区块链技术的发展需要跨境合作和标准化，建立国际标准和规范，促进区块链技术的应用和普及。各国政府、企业和机构之间的跨境合作，可加速区块链技术的应用和发展。

总体来说，区块链技术是未来数字经济和智能社会发展的重要支撑，它将持续向去中心化、大规模应用、联盟链和私有链、技术融合以及跨境合作和标准化等方向发展。

1.2　区块链六层体系结构

区块链类比 OSI（开放系统互连参考模型）标准可分为六层：应用层、合约层、激励层、共识层、网络层和数据层，其体系结构如图 1–2 所示。

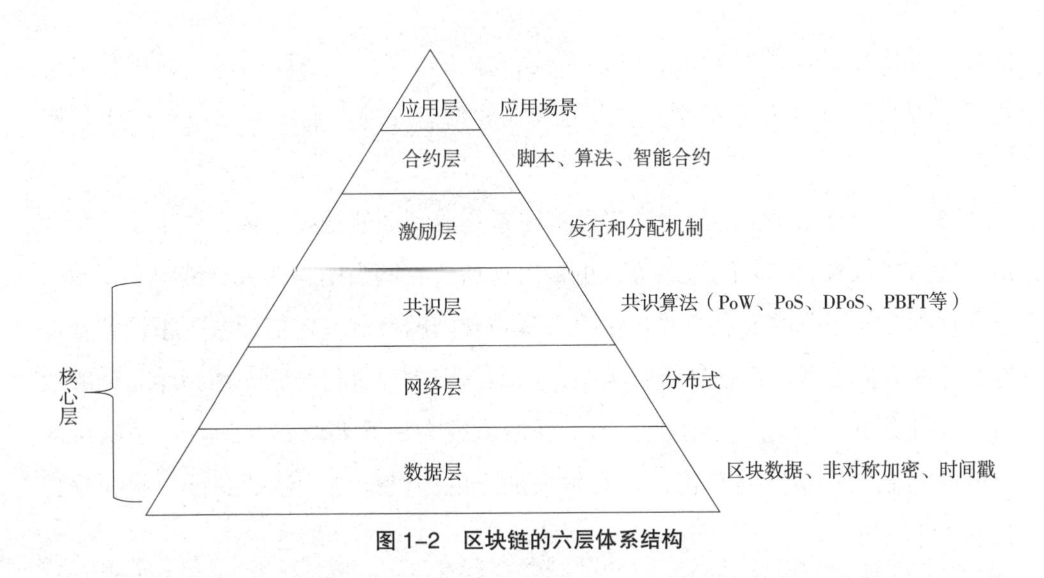

图 1-2　区块链的六层体系结构

区块链各层的分工如表 1-1 所示。

表 1-1　区块链各层的分工

各层名称	功能
应用层	可编程货币、可编程金融、可编程社会
合约层	脚本代码、算法机制、智能合约
激励层	发行机制、分配机制
共识层	PoW、PoS、DPoS、PBFT、Raft
网络层	P2P 网络、传播机制、验证机制
数据层	数据区块、链式结构、时间戳、哈希函数、Merkle 树（梅克尔树）、非对称加密

（1）应用层。应用层是基于区块链技术开发的应用程序，包括数字资产交易、供应链管理、物联网、政务管理等。智能合约、链码和去中心化应用程序构成了应用层。应用层包括最终用户用来与区块链网络通信的程序。脚本、应用程序编程接口（API）、用户界面和框架都是其中的一部分。

（2）合约层。区块链的合约层是指基于区块链技术实现的可编程、自动化的协议层。在这一层中，智能合约成为区块链技术的核心和灵魂。智能合约是一种特殊的计算机程序，通过定义编程代码来控制交易和操作。一旦满足预设条件，智能合约就会被自动激活，并执行预先设定的操作。智能合约可以自我验证、自我执行和自我维护，因此具有高度的安全性和可靠性。智能合约可以实现许多不同场景的应用，如数字货币、投票系统、分布式存储、物联网等。通过智能合约，各方之间可以进行高效、安全的交易和信息交换，而无须第三方的干预和信任。

（3）激励层。在激励层中，将经济因素集成到区块链技术体系中来，包括经济激励的发行机制和分配机制等，主要出现在公有链当中。在公有链中必须激励遵守规则参与记账的节点，并且惩罚不遵守规则的节点，才能让整个系统朝着良性循环的方向发展。而在私有链当中，则不一定需要进行激励，因为参与记账的节点往往是在链外完成了博弈，通过强制力或自愿来要求参与记账。激励层的目的是刺激区块链网络平稳运行和发展加入的激励措施，包括发行机制和分配机制。

（4）共识层。共识层封装了网络节点的各类共识机制算法。共识机制算法是区块链的核心技术，因为这决定了到底由谁来进行记账，而记账决定方式将会影响整个系统的安全性和可靠性。目前已经出现了10余种共识机制算法，其中比较知名的有工作量证明机制（Proof of Work，PoW）、权益证明机制（Proof of Stake，PoS）、代理权益证明机制（Delegated Proof of Stake，DPoS）等。数据层、网络层、共识层是构建区块链技术的必要元素，缺少任何一层都将不能称为真正意义上的区块链技术。共识层的主要目的是确保每个节点都遵守“最长链原则”，在任何时候，只有最长的链条可以被节点纳为区块链的标准状态。在公有区块网络中，新交易只有经过诚实节点验证才能纳入区块中，新区块也需要经过诚实节点验证才能纳入区块链中。

（5）网络层。网络层涉及三个方面：分布式的点对点网络，网络节点连接，网络运转所需要的传播和验证机制。根据不同场景对于中心化和开放程度的不同要求，可将区块链大致分为三大类：公有链、联盟链和私有链。公有链是完全不存在把控的中心化机构和组织，任何人都可以读取链上数据、参与交易和算力竞争，典型代表是以太坊。联盟链介于公有链和私有链之间，部分去中心化，仅允许授权节点启用核心功能，如参与共识机制和数据传播。私有链的权限完全由某个组织或机构把控，适用于特定机构内部，因此加入门槛高。同时其节点数量一般较少，意味着更短的交易时间、更高的交易效率和更低的算力竞争成本。

（6）数据层。区块链的数据层是指底层数据结构和加密算法等基础组件，它是区块链技术的核心基础之一。在区块链中，数据被组织成一个个区块，每个区块包含自己的头部和交易记录。头部包括区块的版本号、时间戳、前一区块的哈希值等元数据信息；交易记录则包括发送者、接收者、金额等信息。所有的区块形成了一个不可篡改的链式结构，这就是所谓的"区块链"。为了保证区块链的数据安全性，区块链采用了很多加密算法和技术。其中最常用的是哈希算法，它将任意长度的数据转换成固定长度的哈希值，保证了数据的安全性和完整性。另外，区块链还采用了非对称加密算法、共享密钥加密算法等多种技术来保障交易的安全性和保密性。除此之外，区块链的数据层还涉及网络协议、分布式存储、节点管理等方面。区块链需要通过点对点的网络协议进行信息传输和交互，需要使用分布式存储技术来存储数据和交易记录，同时需要对节点进行管理和维护，确保系统的稳定性和安全性。

1.3 共识算法

1.3.1 区块链共识算法的演进

当多个主机通过异步通信方式组成网络集群时，这种异步网络默认是不可靠的，那么在这些不可靠主机之间复制状态就需要采取一种机制，以保证每个主机最终达成一致性状态，取得共识。

为什么异步网络默认是不可靠的？主要原因在于一个异步系统中我们不可能确切知道任何一台主机是否死机了，因为我们无法分清楚主机或网络的性能降低与主机死机的区别，也就是说我们无法可靠地侦测到失败错误。但是，我们还必须确保安全可靠。达成共识越分散的过程，其效率就越低，但满意度越高，因此也越稳定；相反，达成共识越集中的过程，效率越高，也越容易出现独裁和腐败现象。达成共识常用的一种方法就是通过物质上的激励以对某个事件达成共识，但是这种共识存在的问题是容易被外界其他更大的物质激励所破坏。还有一种就是群体中的个体按照符合自身利益或整个群体利益的方向来对某个事件自发地达成共识。当然形成这种自发式的以维护群体利益为核心的共识过程还是需要时间和环境因素的，但是一旦达成这样的共识趋势，其共识结果越稳定，也越不容易被破坏。

共识算法是区块链的核心基石，是区块链系统安全性的重要保障。区块链是一个去中心化的系统，共识算法通过数学的方式，让分散在全球各地成千上万的节点就区块的创建达成一致的意见。共识算法中还包含促使区块链系统有效运转的激励机制，是区块链建立信任的基础。区块链中常用的共识算法有 PoW、PoS、DPoS、PBFT（Practical Byzantine Fault Tolerance）、Raft 以及多种算法混合而成的共识算法等。

1.3.2 PoW

以莱特币等为代表的公有链数字加密货币采用的共识算法就是 PoW。在生成区块时，系统让所有节点公平地去计算一个随机数，最先寻找到随机数的节点即这个区块的生产者，并获得相应的区块奖励。由于哈希函数是散列函数，求解随机数的唯一方法在数学上只能是穷举，随机性非常强，每个人都可以参与协议的执行。由于梅克尔树根的设置，哈希函数的解的验证过程也能迅速实现。因此，莱特币等的 PoW 共识算法门槛很低，无须中心化权威的许可，人人都可以参与，并且每一个参与者都无须进行身份认证。同时，中本聪通过 PoW 共识算法破解了无门槛分布式系统的“女巫攻击”问题。对系统发起攻击需要掌握超过 50% 的算力，系统的安全保障较强。

1.3.3 PoS

PoS 是一种由系统权益代替算力决定区块记账权的共识算法，拥有的权益越大，则成为下一个区块生产者的概率也越大。PoS 的合理假设是权益的所有者更乐于维护系统的一致性和安全性。如果说 PoW 把系统的安全性交给了数学和算力，那么 PoS 共识算法则把系统的安全性交给了人性。人性问题可以用博弈论来研究，PoS 共识算法的关键在于构建适当的博弈模型进行相应验证，以保证系统的一致性和公平性。

1.3.4 DPoS

DPoS 是一种基于投票选举的共识算法，类似代议制民主。在 PoS 的基础上，DPoS 将区块生产者的角色专业化，先通过权益来选出区块生产者，然后区块生产者之间再轮流出块。DPoS 共识由 BitShares 社区首先提出，它与 PoS 共识算法的主要区别在于节点选举若干代理人，由代理人验证和记账。DPoS 相比 PoS 能大幅度提升选举效率，在牺牲一部分去中心化特性的情况下得到性能的提升。DPoS 共识算法不需要挖矿，也不需要全节点验证，而是由有限数量的见证节点进行验证，因此是简单、高效的。由于验证节点数量有限，DPoS 共识算法被普遍质疑过于中心化，代理记账节点的选举过程中也存在巨大的人为操作空间。

1.3.5 PBFT

PBFT 共识算法是一种被广泛应用于分布式系统中的拜占庭容错（BFT）算法。它在存在一定数量（f）的拜占庭节点的情况下，仍能保证达成共识。拜占庭容错算法的目的是使所有诚实的节点最终状态一致并且是正确的。要达到这样的目的，必须遵循少数服从多数原则，诚实的节点数量要多于恶意的节点。在实际的开放网络环境中，不仅有恶意节点，还有由于网络拥堵或机器故障等原因导致部分短暂失联的节点，也需要作为考虑的因素。因此，假设恶意节点和失联节点的数量均为 f，全网节点总数量为 N，那么按照少数服从多数原则，剩余的诚实节点必须满足 $N-f-f > f$，由此可得，$N>3f$，即 N 不少于 $3f+1$，也就是说 4 个节点的集群最多只能容忍 1 个节点作恶或者故障。

PBFT 算法基于拜占庭将军问题的一种解法，其核心思想是通过多轮投票的过程来达成共识。整个算法流程包括四个阶段：请求和预准备，准备，提交，确认。

1.3.6 Raft

Raft 是一种旨替代 Paxos 的共识算法。它通过逻辑分离比 Paxos 更容易理解，但它也被正式证明是安全的，并提供了一些额外的功能。Raft 提供了一种在计算系统集群中分布状态机的通用方法，确保集群中的每个节点都同意一系列相同的状态转换。Raft 通过选举一个高贵的领导人，然后给予其全部的管理复制日志的责任来实现一致性。

Raft 算法的基本思想是：每个节点都可以根据日志的复制状态判断自己所处的角色，并在必要的时候发起投票，认可新的领袖或更新日志。整个算法流程包括两个主要阶段：领导人选举和日志复制。

1.4 智能合约

1.4.1 智能合约的定义

智能合约是一种自动执行业务逻辑的计算机程序，它们使用区块链等技术实现去信任化和去中心化的交易。智能合约可以用于管理数字资产、执行金融合同、跟踪物流信息、管理版权等各种场景。智能合约的代码被编写在区块链上，由各个节点进行验证和执行。在执行过程中，智能合约可以自动完成指令、存储数据和管理资产等任务，无须人工干预。智能合约的代码是公开的、透明的，所有参与者都可以验证其有效性。

由于智能合约的去信任化和不可篡改性，它们具有高度的安全性、可靠性和透明度。同时，智能合约的设计还可以实现更加精确、自动化和高效的业务流程，提高了数字资产的管理和交易效率。

1.4.2 智能合约的特点

智能合约具有以下几个特点。

（1）自动执行。智能合约可以自动执行代码，无须人工干预。它们可以存储和处理数据，完成加密货币转账、管理数字资产等任务，大大提高了业务流程的效率。

（2）去信任化。智能合约的执行结果可以被所有参与方进行验证，从而实现去信任化，不需要中心化的权威机构来进行确认。

（3）不可篡改性。智能合约使用区块链等技术实现，因此其代码和执行结果都是不可篡改的。这使得智能合约更加安全、可靠。

（4）透明性。智能合约使用公开的代码和交易日志，并且可以被所有参与者查看和验证。因此，智能合约的执行过程和结果非常透明。

（5）精确性。智能合约可以通过编写精确的代码来规定各种具体业务逻辑和条件，在执行合约时，可以根据这些规则执行操作。

（6）高效性。智能合约的自动化执行和加密货币的使用可以大大提高业务流程的效率，并减少了许多烦琐的手动操作。这样也可以节省时间和人力成本。

基于以上特点，智能合约已经在金融、物流、版权保护、溯源、公共服务、社交媒体等许多领域被成功应用。

1.4.3　智能合约的发展历程

智能合约的发展历程包括以下几个阶段。

（1）智能合约的提出。1994 年，Nick Szabo 提出了智能合约的概念，他将智能合约描述为可以自动执行合同条款的电脑程序，这些合同条款被编写为计算机代码。当时的技术水平并不支持实现智能合约，所以智能合约尚处于理论阶段。

（2）数字加密货币实践。2009 年，数字加密货币出现，它使用区块链技术解决数字货币交易的问题，并且使用脚本语言实现了一些简单的合约功能。

（3）以太坊创新。2013 年，以太坊诞生，其使用基于图灵完备的智能合约语言 Solidity，允许开发人员编写更加复杂的智能合约。以太坊的智能合约开创了一个全新的领域，它使智能合约可以在更多的场景下应用。

（4）多链竞争。随着以太坊等智能合约平台的发展，出现了许多类似的平台，如 EOS、TRON 等。这些平台采取不同的技术路线和平台架构，为智能合约的发展带来了多样性。

（5）跨链互联。智能合约的跨链互联成为目前研究的热点之一。通过实现跨链智能合约，可以更好地解决多链之间的互操作性问题。

当前，以太坊仍然是最主要的智能合约平台之一，但已经存在更多的智能合约平台和语言。智能合约可以说是在不断演进和完善。未来，随着技术的不断革新和改进，智能合约的应用也将不断拓展。

1.4.4　智能合约的应用场景

智能合约是一种自动化执行的计算机程序，可以在区块链上运行。它将代码和合约逻辑组合在一起，并在满足条件时自动地执行操作，以达成预先设定的结果。智能合约可以帮助各种组织和个人实现自动化业务流程，并提高效率、减少成本、增强安全性。智能合约常见的应用场景有如下几个方面。

（1）供应链管理。智能合约可以帮助企业追溯产品的生产和流向，提高供应链的透明度和可靠性。例如，当某个产品被生产出来时，智能合约可以自动触发货物的传输或者付款操作。

（2）版权认证。智能合约可以帮助艺术家和作家在区块链上创建数字版权并进行认证。这可以防止他人在未经授权的情况下使用他们的作品，并提供了一个简单、可靠的方式来管理版权。

（3）金融服务。智能合约可以用于自动化金融服务。例如，智能合约可以根据特定的规则和条件自动执行先前协商好的贷款或保险合同，从而消除不必要的中介环节。

（4）不动产登记。智能合约可以帮助实现不动产登记和交易的自动化。例如，当所有权发生转移时，智能合约可以自动执行转移手续，并在区块链上认证。

（5）投票管理。智能合约可以让选民在区块链上参与投票，使选举过程更加公开、透明、安全。

1.4.5 智能合约应用的未来发展趋势

智能合约作为区块链技术的重要应用，已经在各个领域得到广泛的应用，并产生了一定的影响。未来，智能合约应用还将继续发展，可能会出现以下几个趋势。

（1）多样化的适用场景。随着区块链技术和智能合约技术的发展，智能合约在更多的领域得到应用，涉及更多的行业和生活场景，如医疗、物流、社交等。未来智能合约的应用会更加广泛，给社会生产力和生活方式带来革命性变化。

（2）更加高效的智能合约技术。目前，智能合约技术尚未完全成熟，存在一些问题和限制。例如，处理速度慢、安全性不高、编写复杂、难以扩展等。未来，随着技术的不断进步和完善，这些问题可能会得到解决，使智能合约技术更加高效、安全和易用。

（3）智能合约与人工智能的融合。智能合约技术可以与人工智能技术相结合，形成更加智能化和自动化的应用场景，如自动交易、智能投资等。未来，这种融合发展可能会成为智能合约技术的趋势。

（4）面向企业级的智能合约平台。目前，智能合约的应用主要是面向个人和小型企业。未来，随着智能合约技术的成熟和企业对数字转型需求的加强，会出现一些面向企业级的智能合约平台和解决方案，以满足大规模、高效、安全的企业级需求。

智能合约技术已经在各个领域得到了广泛的应用，并且将继续发展。未来，智能合约技术可能会更加多样化、高效、智能化和企业化，给社会带来更多的改变。

1.5　区块链开发平台

近年来，随着区块链技术的发展和应用场景的增加，越来越多的区块链开发平台被推出并得到广泛使用。下面是一些常见的区块链开发平台。

（1）Ethereum。Ethereum 是一个智能合约平台，支持开发基于以太坊区块链的去中心化应用程序，使用的开发语言是 Solidity。

（2）Hyperledger Fabric。Hyperledger Fabric 是一个企业级联盟链框架，可用于开发私有和许可的区块链解决方案，提供了丰富的权限管理和隐私保护功能。

（3）FISCO BCOS（Blockchain Open Consortium Chain）。FISCO BCOS 是一个开源的联盟链平台，由中国金融区块链联盟（FISCO）发起并主导开发。它是为金融行业设计的可信联盟链解决方案，旨在满足金融机构对于安全、高效、可扩展的区块链技术的需求。

（4）长安链。长安链是一款自主可控、开源开放的区块链底层软件平台，支持多种身份权限体系、共识算法和合约引擎，适用于政务服务、食品溯源、金融服务等多个领域。它由北京微芯区块链与边缘计算研究院开发，旨在解决区块链的定制化、性能和安全问题。此外，长安链还融合了隐私计算、人工智能和物联网等新技术，推动区块链产业的发展。

除上述平台外，还存在一些其他开发平台，如 NEM、NEO 等。通过这些区块链开发平台，开发者可以快速搭建区块链网络，并进行智能合约的开发和部署，帮助应用程序实现去中心化、透明、安全的操作。

本章习题

（1）单选题

①区块链是一种（　　）的分布式账本技术。

A. 公开透明　　B. 私密保密　　C. 可控可信　　D. 高效便捷

②区块链技术最早被应用于（　　）领域。

A. 金融　　B. 游戏　　C. 工业制造　　D. 智能家居

③区块链的共识算法用于（　　）。

A. 确定新区块的产生时间和内容

B. 维护节点的身份信息

C. 加密交易信息

D. 优化网络传输效率

④区块链中的智能合约是指（　　）。

A. 一种特殊的数字货币

B. 一种编写在区块链上的可自动执行的程序

C. 一种作为区块链节点的标识符

D. 一种用于加密数据的算法

⑤区块链中的节点通常分为（　　）。

A. 全节点和浏览器节点　　B. 矿工节点和验证节点

C. 公有节点和私有节点　　D. 生产节点和备份节点

（2）判断题

①区块链是一种集中化的数据库技术。（　　）

②区块链的共识机制有 PoW、PoS、PBFT 等。（　　）

③区块链的智能合约可以自我执行可编程的业务逻辑。（　　）

④区块链技术的实现需要多种技术支持，包括密码学、点对点网络通信、分布式计算等。（　　）

⑤目前，区块链的应用场景主要集中在人工智能和虚拟现实领域。（　　）

（3）简答题

①什么是共识算法？在区块链中常见的共识算法有哪些？

②区块链的智能合约是什么？

③区块链的应用场景有哪些？

第 2 章 Linux 操作系统概述与操作

导读①

Linux 是一个基于 Unix 的开源操作系统，它有着广泛的应用，从桌面设备、服务器到嵌入式设备等。Linux 具有良好的稳定性、可靠性和安全性，被广泛用于企业、云计算和高性能计算等领域。在使用 Linux 操作系统时，我们需要了解一些基础概念和操作方法，如 Linux 的定义、环境部署和基本指令等。在本章中，我们首先了解什么是 Linux，并对其历史、发展、系统架构和主要发行版本进行学习，接着在虚拟机中安装和优化 Linux 操作系统，最后在此系统中对 Linux 的常用指令进行学习。

---

① 本章中所需要的软件可在如下链接中获取：https://pan.baidu.com/s/1RKzkfCQr12wIuM-H4xkzGw，提取码：ynqv。

知识导图

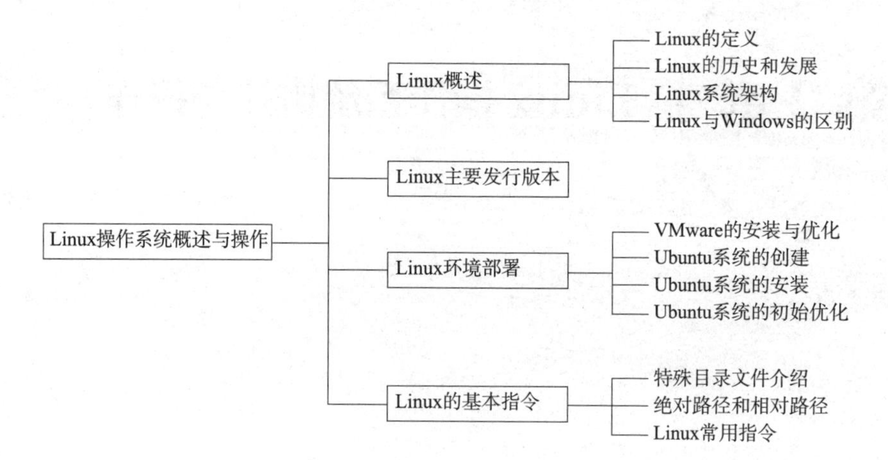

学习目标

（1）了解 Linux 的系统架构和特点。

（2）了解 Linux 系统的发行版本。

（3）掌握 Ubuntu 系统的安装。

（4）掌握 Linux 的基本指令。

重点与难点

（1）掌握 Ubuntu 系统的安装与优化。

（2）掌握 Linux 的基本指令。

2.1　Linux 概述

2.1.1　Linux 的定义

Linux 是一种自由和开放源码的类 Unix 操作系统。该操作系统的内核由芬兰人林纳斯·托瓦兹（Linus Torvalds）在 1991 年 10 月 5 日首次发布，再加上用户空间的应用程序之后，成为 Linux 操作系统。Linux 也是自由软件和开放源代码软件发展中最著名的例子。只要遵循 GNU 通用公共许可证（GPL），任何个人和机构都可以自由地使用 Linux 的所有底层源代码，也可以自由地修改和再发布。

Linux 最初是作为支持英特尔 X86 架构的个人计算机的一个自由操作系统。当前 Linux 已经被移植到更多的计算机硬件平台，远远超出其他任何操作系统。Linux

可以运行在服务器和其他大型平台之上，如大型计算机和超级计算机。世界上 500 个最快的超级计算机 90%以上运行 Linux 发行版或变种，包括最快的前 10 名超级计算机运行的都是基于 Linux 内核的操作系统。Linux 也广泛应用在嵌入式系统上，如手机（mobile phone）、平板电脑（tablet）、路由器（router）、电视（TV）和电子游戏机等。在移动设备上广泛使用的 Android 操作系统就是创建在 Linux 内核之上。

2.1.2　Linux 的历史和发展

Linux 是由芬兰程序员托瓦兹在 1991 年创建的，最初只是为了满足自己对 Unix 操作系统的需求而开发。Linux 的名字来自 Linus 和 Unix 的结合。如今，Linux 已经成为全球最受欢迎的操作系统之一，被广泛应用于服务器、数据中心、工作站和嵌入式设备等多种场景。Linux 的历史和发展可以分为 Unix 时代、Minix 操作系统、Linux 诞生、Linux 发展、Linux 在企业中的应用以及 Linux 的用户和发行版等方面。Linux 的开源模式、社区协作模式和稳定高效的特点，使它成为全球范围内最受欢迎的操作系统之一，其发展史具体如下。

（1）诞生阶段。1987 年，荷兰计算机科学家 Andrew Tanenbaum 开发了一个教学用的操作系统 Minix，在操作系统课程中被广泛使用。托瓦兹是 Minix 的用户，他希望有一个自由、开放的操作系统来满足自己的需求。于是，他在 Minix 的基础上开发 Linux 操作系统。1991 年，托瓦兹发布了第一个版本的 Linux，并在互联网上公布源代码，这引起了很多人的关注和支持。此时，Linux 只是一个小型的个人项目，但随着时间的推移，它变得越来越受欢迎。

（2）发展阶段。20 世纪 90 年代初期，Linux 开始发展成为一个稳定、高效的操作系统。其优良的性能和开源的特点吸引了更多的公司与组织的支持及贡献。例如，Red Hat、SUSE、Debian、Ubuntu 等企业和社区发行版相继出现。2000 年后，Linux 在服务器领域取得了重大进展。随着互联网的快速发展，Linux 的性能、稳定性和可靠性得到了充分验证，因此越来越多的企业开始将其作为首选的服务器操作系统。同时，Linux 的“开放源代码”开发模式也得到了越来越广泛的认可。

（3）应用阶段。21 世纪，Linux 已经成为一个成熟、稳定、高效的操作系统，应用领域不断扩大。除了服务器端领域，Linux 还在桌面、嵌入式和移动设备等领域得到了广泛应用。例如，Google Android 系统基于 Linux 内核。

（4）开源社区阶段。Linux 系统的发展离不开世界各地的广大开源社区，它们致力于为 Linux 的开发、推广和维护作出贡献。目前，Linux 的开源社区已经发展成为一个庞大的网络，包括丰富的资源和工具、大量的社区贡献者和专家、多个开源项目等。

随着时间的推移，Linux 系统逐渐得到了广泛的认可和支持。它的开放源码、性能优良、稳定可靠以及全球性的社区贡献都成为其受欢迎的重要原因。未来，Linux 还将继续发展，成为更多用户和企业的首选操作系统。

2.1.3 Linux 系统架构

内核、Shell 和应用程序等一起共同组成了 Linux 操作系统的结构，它们使用户可以运行程序、管理文件并使用系统。Linux 层次结构如图 2–1 所示。

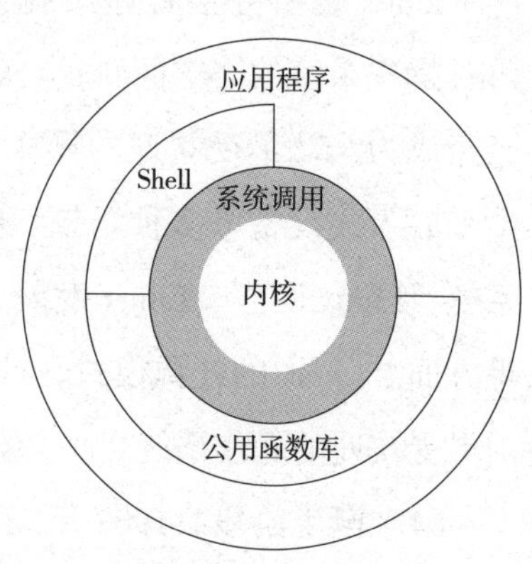

图 2–1 Linux 层次结构

1. 内核

Linux 内核是世界上最大的开源项目之一，内核是与计算机硬件接口的易替换软件的最低级别。它负责将所有以“用户模式”运行的应用程序连接到物理硬件，并允许使用进程间通信（IPC）获取彼此之间的信息。

内核是操作系统的核心，具有很多最基本功能，它负责管理系统的进程、内存、设备驱动程序、文件和网络系统，决定着系统的性能和稳定性。Linux 内核由如下几部分组成：内存管理、进程管理、设备驱动程序、文件系统和网络管理等。其结构如图 2–2 所示。

2. Shell

Shell 是 Linux 系统的命令行解释器，通常是用户与系统进行交互的主要接口。它提供了丰富的命令和工具，可以让用户通过命令行来创建、编辑、管理文件和目录，执行各种系统操作等。Linux 系统中常用的几种 Shell 包括 Bash、Sh、Ksh、Tcsh 等，其中 Bash 是最常用的一种。Bash 是 Bourne–Again Shell 的缩写，是 Sh 的升级版，兼容大多数基于 Unix 系统的 Shell，提供了更加强大和灵活的功能。

（1）Shell 的基本功能。

①命令解析。Shell 可以识别用户输入的命令，并将其转换为相应的程序或操作。

②环境控制。Shell 可以设置和管理环境变量、工作目录、路径等。

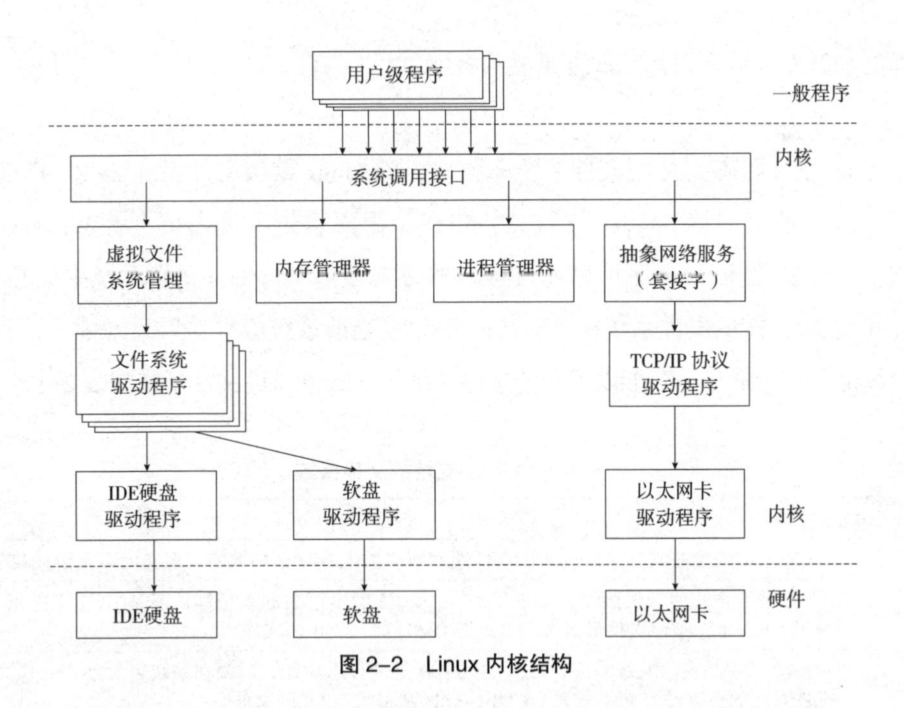

图 2-2　Linux 内核结构

③命令行编辑。Shell 支持按字符、单词、行等进行命令行编辑和修改，方便用户快速输入和修改命令。

④管道和重定向。Shell 支持管道和重定向，让用户可以将多个命令连接在一起，实现复杂的操作和数据处理。

⑤ Shell 脚本编写。Shell 脚本是一种简单而强大的编程语言，可以让用户编写自己的一些小工具或程序，实现自动化操作等。

（2）Shell 的高级功能。

①命令补全。Shell 支持命令和文件名自动补全，可以大大提高用户的输入效率。

②历史记录。Shell 可以记录用户执行过的命令和参数，方便用户查找和重复执行。

③ Shell 变量。Shell 中可以定义并使用各种类型的变量，包括整数、字符串、数组等。

④用户别名。Shell 允许用户定义一些简短易记的命令别名，方便用户快速输入常用命令。

Shell 是 Linux 系统的核心组件之一，它提供了强大的命令行交互能力，可以让用户在不离开终端窗口的情况下完成多种操作和任务。熟练使用 Shell 对于系统管理员和开发人员来说都是非常重要的技能。

3. 文件系统

Linux 系统能够支持的文件系统非常多，除 Linux 默认文件系统 Ext2、Ext3 和 Ext4 之外，还能支持 FAT16、FAT32、NTFS（需要重新编译内核）等 Windows 文件系统。也就是说，Linux 可以通过挂载的方式使用 Windows 文件系统中的数据。Linux 所能够支持的文件系统在“/usr/src/kemels/ 当前系统版本 /fs”目录中，该目录中的每个子目录都是一个可以识别的文件系统。Linux 支持的文件系统如表 2-1 所示。

表 2-1 Linux 支持的文件系统

文件系统	描述
Ext	Linux 中最早的文件系统，由于在性能和兼容性上具有很多缺陷，现在已经很少使用
Ext2	Ext 文件系统的升级版本，Red Hat Linux 7.2 版本以前的系统默认都是 Ext2 文件系统。于 1993 年发布，支持最大 16 TB 的分区和最大 2 TB 的文件
Ext3	Ext2 文件系统的升级版本，最大的区别就是带日志功能，以便在系统突然停止时提高文件系统的可靠性。支持最大 16 TB 的分区和最大 2 TB 的文件
Ext4	Ext3 文件系统的升级版。Ext4 在性能、伸缩性和可靠性方面进行了大量改进。Ext4 的变化可以说是翻天覆地的，比如向下兼容 Ext3、最大 1 EB 文件系统和 16 TB 文件、无限数量子目录、Extents 连续数据块概念、多块分配、延迟分配、持久预分配、快速 fsck、日志校验、无日志模式、在线碎片整理、inode 增强、默认启用 barrier 等。它是 CentOS 6.3 的默认文件系统
swap	Linux 中用于交换分区的文件系统（类似于 Windows 中的虚拟内存），当内存不够用时，使用交换分区暂时替代内存。一般大小为内存的 2 倍，但是不要超过 2 GB。它是 Linux 的必需分区
NFS	网络文件系统（Network File System）的缩写，是用来实现不同主机之间文件共享的一种网络服务，本地主机可以通过挂载的方式使用远程共享的资源
ISO9660	光盘的标准文件系统。Linux 要想使用光盘，必须支持 ISO9660 文件系统
FAT	Windows 下的 FAT16 文件系统，在 Linux 中识别为 FAT
VFAT	Windows 下的 FAT32 文件系统，在 Linux 中识别为 VFAT。支持最大 32 GB 的分区和最大 4 GB 的文件
NTFS	Windows 下的 NTFS 文件系统，不过 Linux 默认是不能识别 NTFS 文件系统的，如果需要识别，则需要重新编译内核才能支持。它比 FAT32 文件系统更加安全，速度更快，支持最大 2 TB 的分区和最大 64 GB 的文件
UFS	Sun 公司的操作系统 Solaris 和 SunOS 所采用的文件系统
proc	Linux 中基于内存的虚拟文件系统，用来管理内存存储目录 /proc
sysfs	和 proc 一样，也是基于内存的虚拟文件系统，用来管理内存存储目录 /sysfs
tmpfs	一种基于内存的虚拟文件系统，不过也可以使用 swap 交换分区

4. 应用程序

（1）命令与程序的关系。在 Linux 操作系统中，一直以来命令和应用程序并没有特别明确的区别，从长期使用习惯来看，可以通过以下描述来对两者进行区别。

①应用程序命令的执行文件大多比较小，通常放置在 /bin 和 /sbin 目录中，对于内部命令常集成在 Bash 程序内，而不是独立地执行文件，命令文件一般在安装操作系统时一起安装，用于辅助操作系统本身的管理，命令行大多适用于“命令字选项参数”形式的一般格式，命令只在字符操作界面中运行。

②应用程序的执行文件通常放在 /usr/bin、/usr/sbin 和 /usr/local/bin、/usr/local/sbin 中，应用程序一般需要在操作系统之外另行安装，提供相对独立于操作系统的功能，有时候等同于“软件”的概念。应用程序一般没有固定的执行格式，运行方式由程序开发者自行定义，应用程序可能会用到图形界面，形式多样，有些应用程序提供的执行文件，能够使用像 Linux 命令一样的运行格式，所以也经常被称为程序命令。

（2）程序的组成。安装完一个软件包以后，可能会向系统中复制大量的数据文件，并进行相关设置，在 Linux 操作系统中，典型的应用程序通常由以下几部分组成。

①普通的可执行程序文件。其一般保存在 /usr/bin 目录中，普通用户即可执行。

②服务器程序、管理程序文件。其一般保存在 /usr/sbin 目录中，只有管理员能执行。

③配置文件。其一般保存在 /etc 目录中，配置文件较多时会建立相应的子目录。

④日志文件。其一般保存在 /var/log 目录中。

⑤关于应用程序的参考文档等数据。其一般保存在 /usr/share/doc/ 目录中。

⑥执行文件及配置文件的 man 手册页。其一般保存在 /usr/share/man/ 目录中。

（3）软件包封装类型。对于各种应用程序的软件包，在封装时可以采用各种不同的类型，不同类型的软件包，其安装方法也各不相同，常见的软件包封装类型如下。

① RPM 软件包。这种软件包文件的扩展名为“.rpm”，只能在使用 RPM（RPM Package Manager，RPM 软件包管理器）机制的 Linux 操作系统中安装，如 RHEL、Fedora、CentOS 等，RPM 软件包一般针对特定版本的操作系统量身定制，因此依赖性较强，安装 RPM 软件包可使用操作系统中的 rpm 命令。

② DEB 软件包。这种软件包文件的扩展名为“.deb”，只能在使用 DPKG（Debian Package，Debian 包管理器）机制的 Linux 操作系统中进行安装，如

Debian、Ubuntu 等，安装 DEB 软件包可使用操作系统中的 dpkg 命令。

③源代码软件包。这种软件包是程序员开发完成的原始代码，一般被制作成“.tar.gz”或“.tar.bz2”等格式的压缩包文件，因多数使用 tar 命令打包而成，所以经常被称为“TarBall”，安装源代码软件包需要使用相应的编译工具，如 Linux 中的 C 语言编译器 GCC。因此，在安装操作系统的时候尽量勾选“开发工具”一项来安装基本的编译环境。

④附带安装程序的软件包。这种软件包的扩展名不一，但仍以 TarBall 格式居多，软件包中会提供用于安装的可执行程序或脚本文件，如 install、sh、setup 等，有时候会以“.bin”格式的单个安装文件形式出现，安装时只需运行安装文件就可以根据向导程序的提示完成安装操作。

2.1.4　Linux 与 Windows 的区别

Linux 和 Windows 是两种操作系统，在为服务器选择操作系统的时候，是选择 Linux 还是 Windows，是让人困惑的事。

从用户群来说，Linux 是一个以开发者为中心的操作系统，而 Windows 是以消费者为中心的操作系统，这也是两个操作系统根本的区别。简单来讲，两个系统的选择取决于是开发用还是作为消费者使用，它们之间的主要区别如下。

（1）开放性。Linux 是开源软件，用户可以自由地查看、修改、分发和复制系统代码。Windows 是闭源软件，用户不能自由访问和修改其代码。

（2）可定制性。Linux 系统具有高度的灵活性和可配置性，用户可以根据需要进行自定义设置和安装，实现对系统和应用程序的高度自主控制。Windows 系统相对来说定制性较低，用户需遵循一些规范和预设，不能完全自由配置。

（3）用户界面。Linux 系统的用户界面通常是基于命令行的，使用者需要掌握一定的命令和脚本技能才能进行系统管理和操作。Windows 系统则提供了较为友好的图形化界面，使用者更容易上手。

（4）应用程序兼容性。Linux 操作系统原生支持的应用程序较少，一些商业软件不支持 Linux 系统。而 Windows 具有广泛的软件生态圈，支持大量的应用程序和游戏。

（5）系统安全性。Linux 系统的安全性较高，由于其开放性，有大量的社区和团队致力于系统漏洞的发现和修复。而 Windows 系统由于普及率高，经常成为黑客攻击的目标。

2.2 Linux 主要发行版本

Linux 因其开源的独特优势，长期以来得到了大量的应用和支持，并在最近几年中得到了爆发式的增长，市场上的 Linux 发行版本多得让人眼花缭乱。目前 Linux 主要发行版本有两大系列：Red Hat 和 Debian。本节将会重点介绍 Rcd IIat 和 Debian 的一个桌面主流版本 Ubuntu。

1. Red Hat Linux

Red Hat Linux 是由 Red Hat 公司发行的一个 Linux 发行包。Red Hat Linux 可算是一个“中年”的 Linux 发行包，其 1.0 版本于 1994 年 11 月 3 日发行。Red Hat Linux 中的 RPM 软件包格式可以说是 Linux 社区的一个事实标准，被广泛使用于其他 Linux 发行包中。

自从 Red Hat 9.0 版本发布后，Red Hat 公司就不再开发桌面版的 Linux 发行包，而将全部力量集中在服务器版的开发上，也就是 Red Hat Enterprise Linux 版。2004 年 4 月 30 日，Red Hat 公司正式停止对 Red Hat 9.0 版本的支持，标志着 Red Hat Linux 的正式完结。原本的桌面版 Red Hat Linux 发行包则与来自民间的 Fedora 合并，成为 Fedora Core 发行版本。截至 2019 年 1 月，Red Hat Linux 的最新版本是 Red Hat Enterprise Linux 8.0 beta。Red Hat Linux 的桌面如图 2–3 所示。

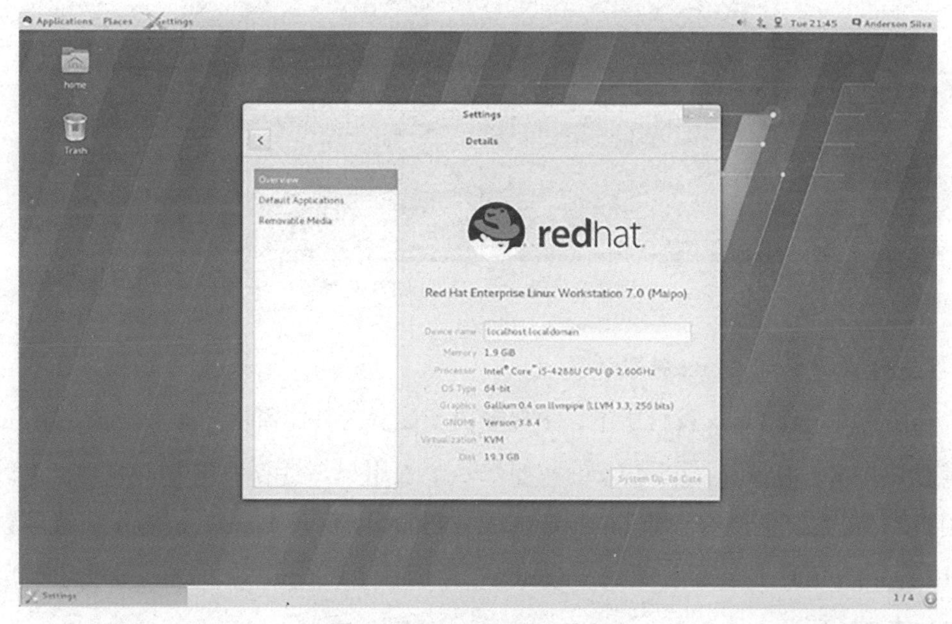

图 2–3 Red Hat Linux 的桌面

2. Ubuntu

Ubuntu 是以桌面应用为主的 Linux 发行版，由英国 Canonical 公司主导、南非企业家 Mark Shuttleworth 所创立。Ubuntu 项目公开承诺开源软件开发的原则；鼓励人们使用自由软件，研究它的运作原理，改进和分发。

Ubuntu 是著名的 Linux 发行版之一，它也是当前用户最多的 Linux 版本，用户数超过 10 亿（含服务器、手机及其分支版本）。Ubuntu 的目标在于为一般用户提供一个最新同时又相当稳定，主要以自由软件建构而成的操作系统。Ubuntu 当前具有庞大的社群力量支持，用户可以方便地从社群获得帮助。

Ubuntu 基于 Debian 发行版和 GNOME 桌面环境，与 Debian 的不同在于它每 6 个月会发布一个新版本（即每年的 4 月与 10 月），每两年发布一个 LTS（长期支持）版本。普通的桌面版可以获得发布后 18 个月内的支持，标为 LTS 的桌面版可以获得更长时间的支持。截止到 2024 年 7 月，Ubuntu 的最新版本是 Ubuntu 24.04 LTS。当前主流的 Ubuntu 开发版本是 20.04 LTS，其桌面如图 2–4 所示。

图 2–4　Ubuntu 24.04 LTS 桌面

3. 其他常见的 Linux 版本

使用哪一种 Linux 发行版本，主要取决于读者的具体需求。如果是企业用户，推荐使用 Red Hat Enterprise Linux；如果是个人用户，推荐使用 Ubuntu。主流的国产 Linux 系统主要有红旗 Linux（RedFlag Linux）、深度 Linux（deepin）、优麒麟（Ubuntu Kylin）、起点操作系统（StartOS，原雨林木风 OS）等。Linux 常见发行版本如表 2–2 所示。

表 2-2 Linux 常见发行版本

发行版本	官方网站	特点
Red Hat Enterprise Linux	www.redhat.com	Red Hat 公司的企业级商业化发行版本
Debian	www.debian.org	运行起来极其稳定，这使得它非常适合用于服务器
Ubuntu	www.ubuntu.com	款基于 Debian 派生的操作系统，对新款硬件具有极强的兼容能力，界面非常友好，对硬件支持非常全面
CentOS	www.centos.org	企业级 Linux 发行版，它使用 Red Hat 企业级 Linux 中的免费源代码重新构建而成
Fedora	fedoraproject.org	由原来的 Red Hat 桌面版本发展而来，免费版本
Gentoo	www.gentoo.org	包含数量众多的软件包，适合对 Linux 已经完全驾轻就熟的那些用户
openSUSE	www.opensuse.org	在欧洲非常流行的一个 Linux，由 Novell 公司发放
deepin	www.deepin.org	国产操作系统中排名最高的一个，基于 Debian，以易用、美观、完善著称
Puppy Linux	www.puppylinux.com	基于 Ubuntu 或 Slackware 的非常轻量级的发行版
Kali Linux	www.kali.org	旨在用于渗透测试，随带许多的渗透测试工具

2.3 Linux 环境部署

2.3.1 VMware 的安装与优化

1. VMware 的安装

VMware 选择 VMware14 或者更高版本，本书中搭建区块链系统所需要的 Ubuntu 系统全部安装在 VMware17。VMware17 基本都是默认安装，仅在更改目标文件夹的时候根据个人开发喜好设置 VMware 的安装路径，尽量将安装路径设置到非系统盘的根目录下，其设置如图 2-5 所示。

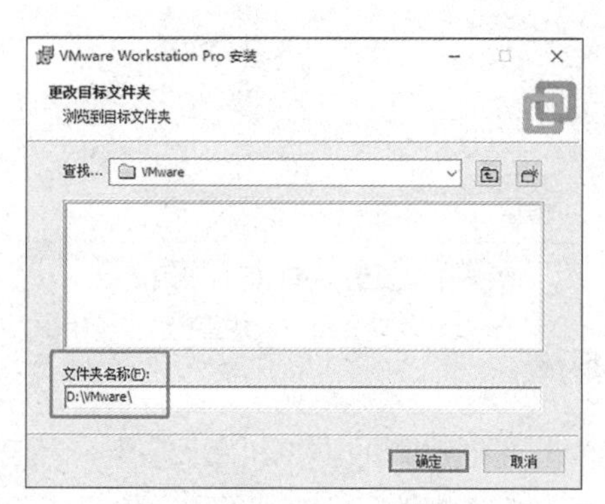

图 2-5 更改 VMware 目标文件夹

2. VMware 的优化

（1）修改虚拟机的默认位置。在非系统盘的根目录下新建存放虚拟机的文件夹 VM-Files，在 VMware 中单击“编辑”，选择“首选项”，将虚拟机的默认位置设置成 VM-Files 文件夹的路径，其设置如图 2-6 所示。

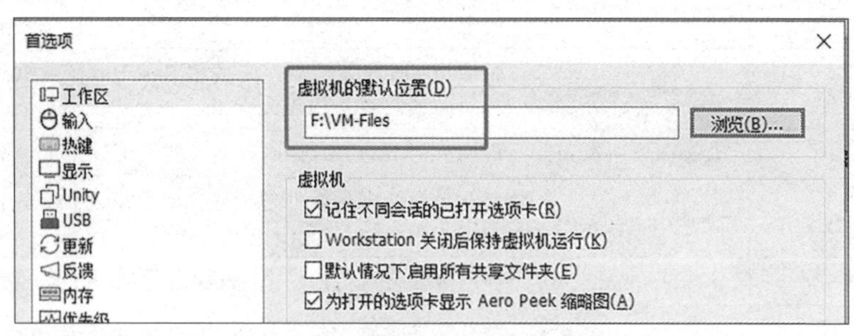

图 2-6　设置虚拟机的默认位置

（2）修改 NAT 模式下的子网地址。在 VMware 中单击“编辑”，选择“虚拟网络编辑器”，设置 VMnet8 的子网和 DHCP。本书将 VMnet8 中 NAT 模式里的子网地址修改成 10.0.0.0，其设置如图 2-7 所示。设置完毕后，单击“NAT 设置”可以查看该模式下的网关为 10.0.0.2。

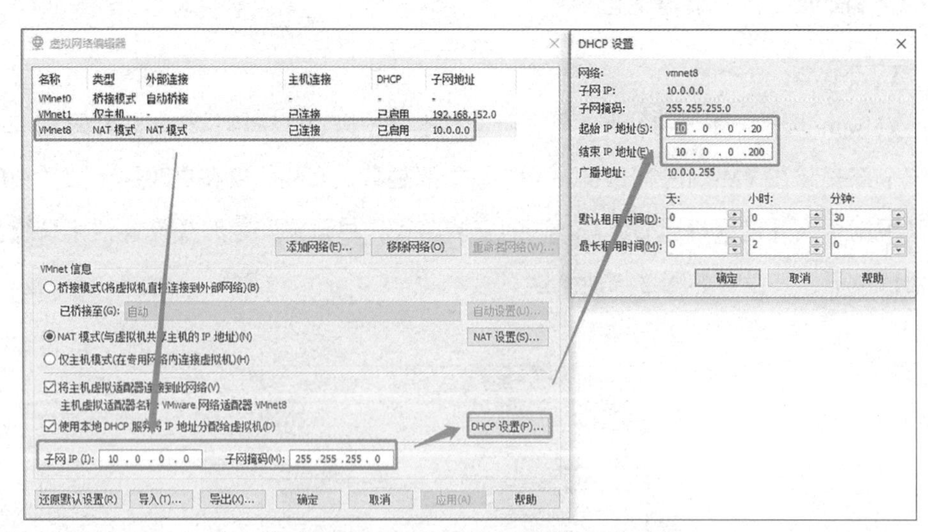

图 2-7　设置 NAT 里的子网地址

2.3.2　Ubuntu 系统的创建

（1）在 VMware 中单击“创建新的虚拟机”，选择“自定义（高级）”模式进行安装，其设置如图 2-8 所示。

（2）在“安装来源”中选择“稍后安装操作系统”，其设置如图 2-9 所示。

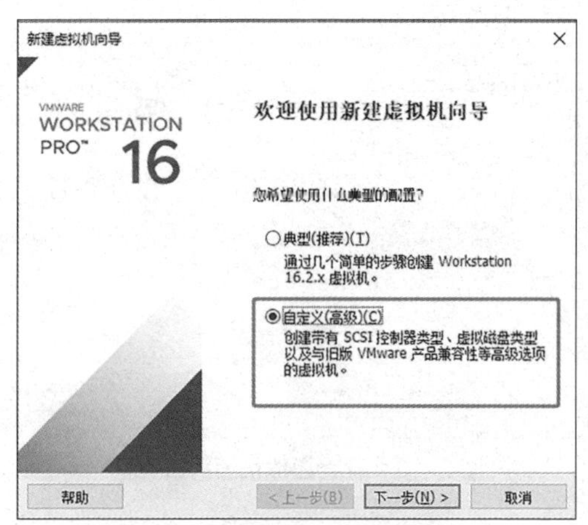

图 2-8　选择自定义安装模式

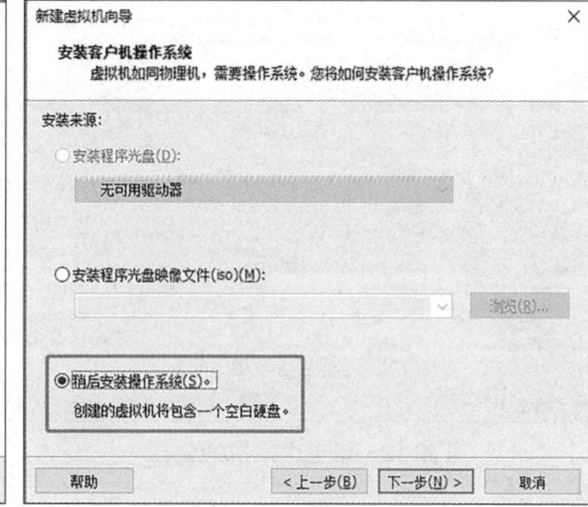

图 2-9　选择安装来源

（3）在“客户机操作系统”中选择安装的操作系统为“Linux”，并将版本设置为“Ubuntu 64 位”，其设置如图 2-10 所示。

（4）在“处理器”的设置中，处理器数量设为 1，并将内核数设为 4，如果宿主机的 CPU（中央处理器）性能偏弱的话，可将内核数设为 2 或者 1，其设置如图 2-11 所示。

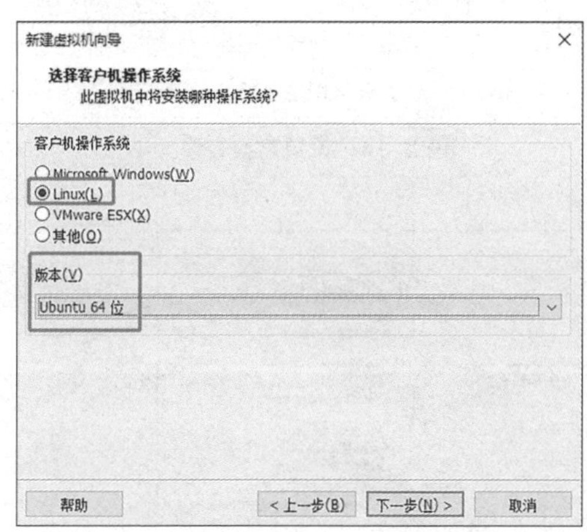

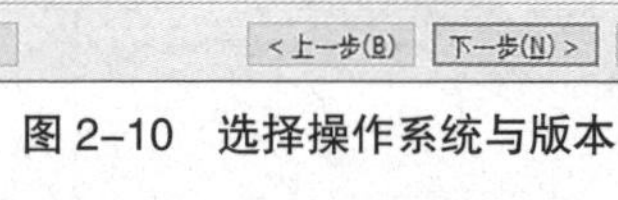
图 2-10　选择操作系统与版本

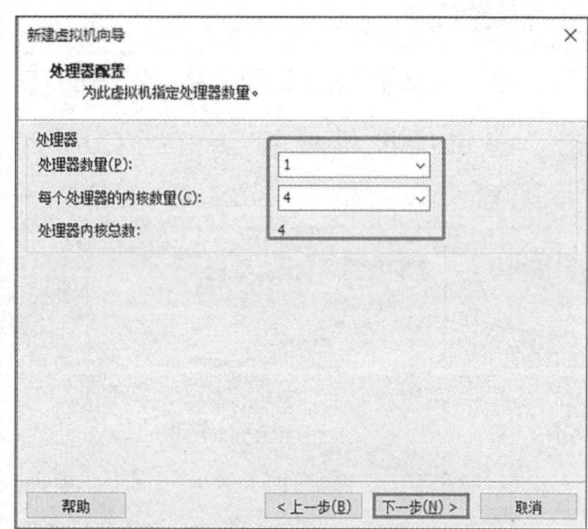

图 2-11　设置处理器的数量与内核数

（5）在设置“此虚拟机的内存”中，根据宿主机的物理内存，合理分配虚拟机的内存，在这里暂时将该虚拟机的内存设置为 4 GB，其设置如图 2-12 所示。

（6）在“网络连接”中设置为“不使用网络连接”，该操作有利于 Ubuntu 系统的快速安装，其设置如图 2-13 所示。

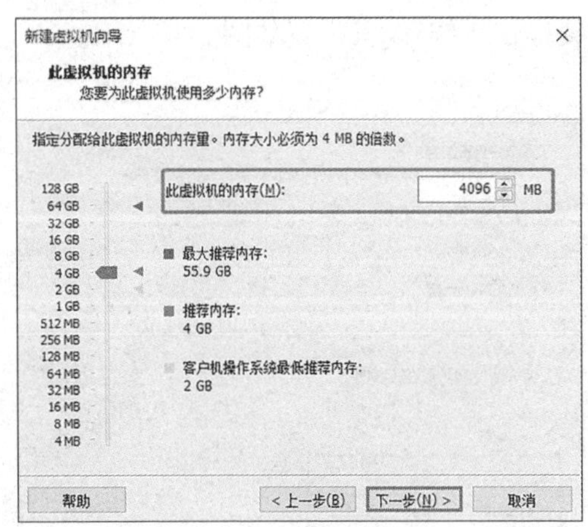

图 2-12 设置虚拟机的内存

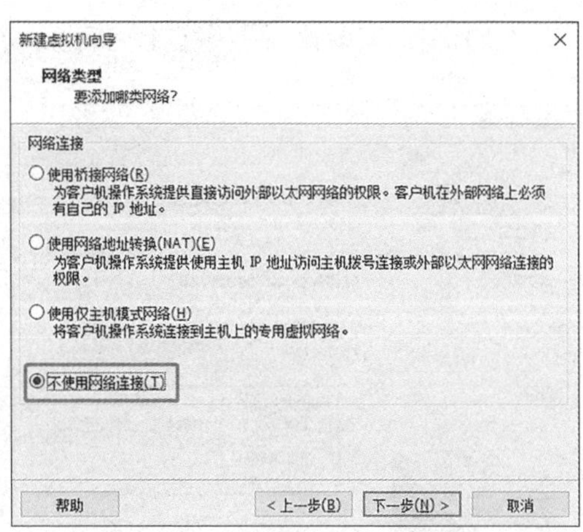

图 2-13 设置虚拟机的网络类型

（7）将最大磁盘大小设置为 300 GB，并设置“将虚拟磁盘存储为单个文件”，如图 2–14 所示。

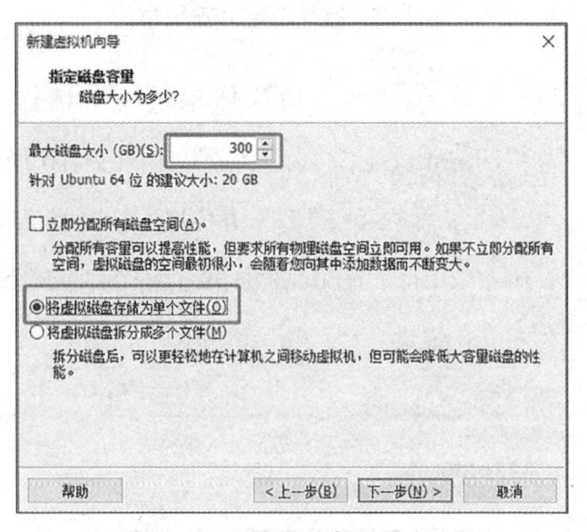

图 2–14 设置磁盘容量大小

（8）在“自定义硬件”中，为了节省资源，关闭“显示器”中的“加速 3D 图形”，并对“声卡”和“打印机”设备进行移除操作，其设置如图 2–15 所示。

（9）创建完 Ubuntu 系统后，单击“编辑虚拟机设置”，在“CD/DVD

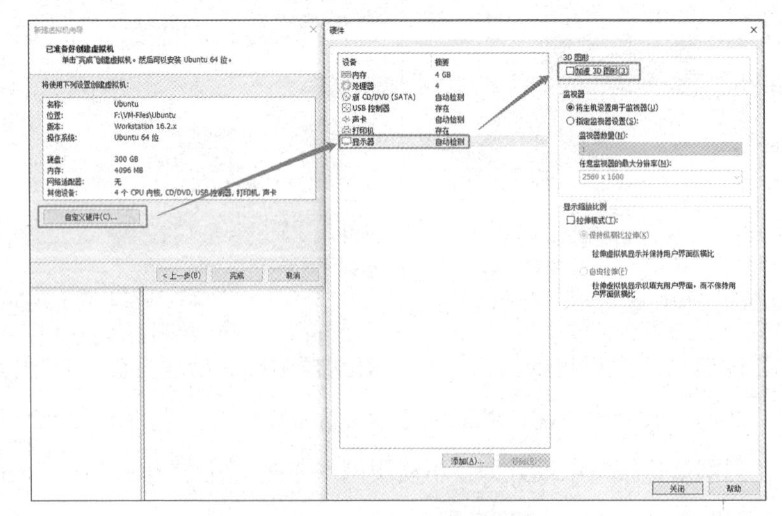

图 2–15 自定义硬件的设置

（SATA）”中加载 Ubuntu 18.04 镜像文件，本书使用的 Ubuntu 镜像为 ubuntu-18.04.3-desktop-amd64.iso，其设置如图 2-16 所示。

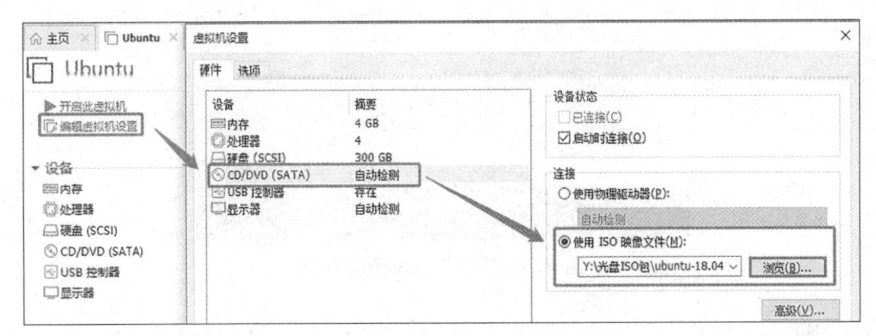

图 2-16　加载 Ubuntu 镜像文件

2.3.3　Ubuntu 系统的安装

（1）单击“开启此虚拟机”，开始安装 Ubuntu 18.04。与安装 VMware 基本类似，大部分都是默认安装，仅少部分需要手动设置。在“Welcome”中选择“English”后，单击“Install Ubuntu”开始安装 Ubuntu，其设置如图 2-17 所示。

（2）在“Installation type”中选择“Erase disk and install Ubuntu”，并单击“Install Now”进行安装，其设置如图 2-18 所示。

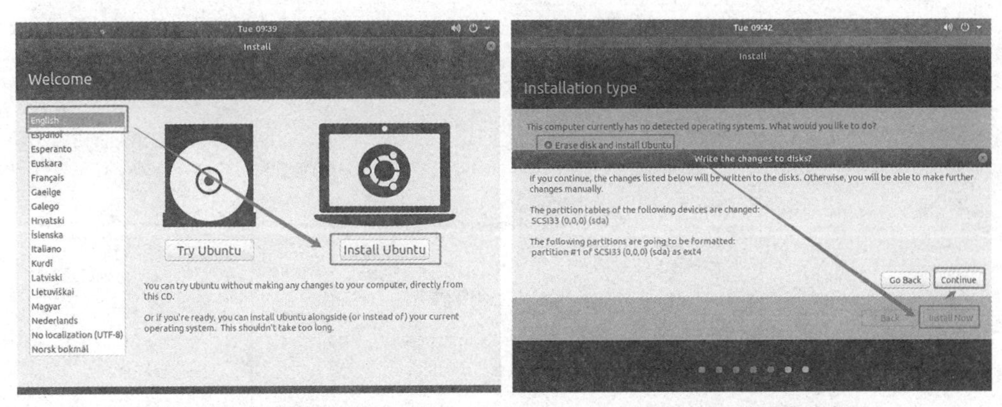

图 2-17　开始安装 Ubuntu　　　　图 2-18　选择安装类型

（3）在“Where are you？”中将时区设置为 Shanghai。

（4）在“Who are you？”中设置该虚拟机的名字和密码，并将登录模式设置为自动登录，其设置如图 2-19 所示。

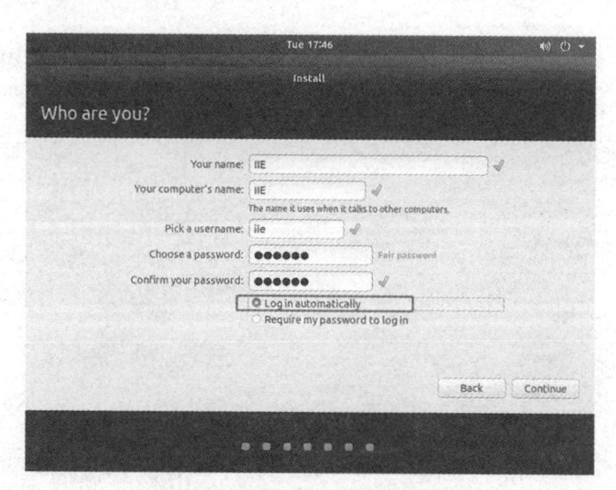

图 2-19 用户名和密码设置

（5）当提示“Please remove the installation medium，then reboot”的时候，单击“虚拟机”，选择“设置”，在“虚拟机设置”里将“CD/DVD（SATA）”移除，最后关闭该虚拟机。

（6）在“虚拟机设置”中的“硬件”选项卡中选择“添加”，在“硬件类型”中选择“网络适配器”，完成虚拟机网卡的添加，接着将“网络连接”设置成“NAT 模式”，此时就完成了 Ubuntu 系统的全部安装过程，其设置如图 2-20 与图 2-21 所示。

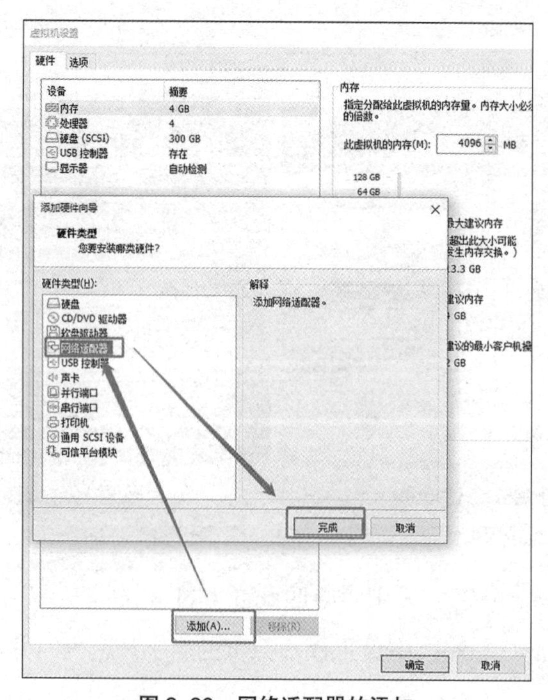

图 2-20 网络适配器的添加

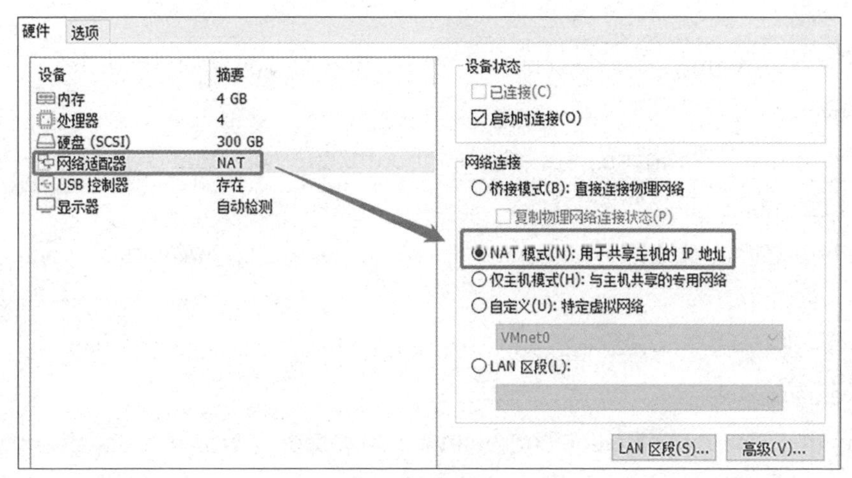

图 2-21　网络模式的设置

2.3.4　Ubuntu 系统的初始优化

（1）修改 root 密码。开启虚拟机，在命令终端中修改 Ubuntu 的 root 密码。

指令：sudo passwd，其指令和结果如图 2-22 所示。

```
iie@IIE:~$ sudo passwd
[sudo] password for iie:
Enter new UNIX password:
Retype new UNIX password:
passwd: password updated successfully
```

图 2-22　修改 root 用户密码

（2）修改 Ubuntu 的软件源。在当前用户的 /etc/apt 路径下修改 source.list 文件夹，以修改 Ubuntu 系统的软件源。常用的 Ubuntu 软件源有中科大源、网易源、阿里源、清华大学源、北京理工大学源等，本小节以设置中科大源为例。

指令：sudo gedit /etc/apt/source.list

在 Ubuntu 的文本编辑器中将中科大源替换原有的 Ubuntu 默认的源地址，中科大源地址如下所示。

```
deb https://mirrors.ustc.edu.cn/ubuntu/ bionic main restricted universe multiverse
deb-src https://mirrors.ustc.edu.cn/ubuntu/ bionic main restricted universe multiverse
```

```
deb https://mirrors.ustc.edu.cn/ubuntu/ bionic-updates main restricted universe multiverse
deb-src https://mirrors.ustc.edu.cn/ubuntu/ bionic-updates main restricted universe multiverse
deb https://mirrors.ustc.edu.cn/ubuntu/ bionic-backports main restricted universe multiverse
deb-src https://mirrors.ustc.edu.cn/ubuntu/ bionic-backports main restricted universe multiverse
deb https://mirrors.ustc.edu.cn/ubuntu/ bionic-security main restricted universe multiverse
deb-src https://mirrors.ustc.edu.cn/ubuntu/ bionic-security main restricted universe multiverse
deb https://mirrors.ustc.edu.cn/ubuntu/ bionic-proposed main restricted universe multiverse
deb-src https://mirrors.ustc.edu.cn/ubuntu/ bionic-proposed main restricted universe multiverse
```

保存该文本后分别执行如下指令，完成对 Ubuntu 系统软件源的更新与安装。

sudo apt-get update

sudo apt-get upgrade -y

（3）在 Windows 宿主机安装 Xshell 7 用于连接虚拟机中的 Ubuntu 系统。

①在 Ubuntu 系统中通过命令行形式分别安装如下几个常用软件。

```
sudo apt-get install openssh-server -y        # 安装远程连接软件
sudo apt-get install vim -y                   # 安装 vim 编辑器
sudo apt-get install lrzsz -y                 # 安装上传与下载软件
sudo apt-get install net-tools -y             # 安装网络命令工具
sudo apt-get install curl -y                  # 安装 curl 下载工具
sudo apt-get install tree -y                  # 安装目录树状图
sudo apt-get install build-essential -y       # 安装 gcc、make 等软件
```

②在 Windows 宿主机安装 Xshell 7 和 XFTP。

③在 Ubuntu 中通过 ifconfig 指令获得本机的 IP（网际协议）地址，在 Xshell 7 中单击“编辑”，选择“新建”，在“新建会话属性”中的“连接”内填写“名称”，并将 Ubuntu 系统的 IP 地址填入“主机”一栏中，其设置如图 2–23 所示。

④在“用户身份验证”中填写 Ubuntu 的用户名和密码，单击“连接”可实现远程访问 Ubuntu 系统，其设置如图 2–24 所示。

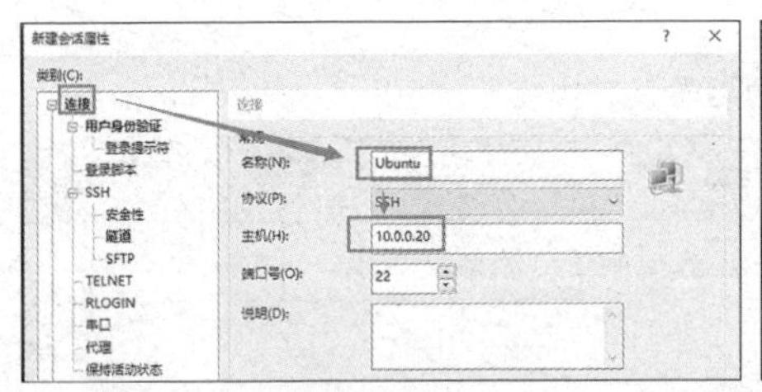

图 2–23　设置登录的名称与主机 IP 地址

图 2–24　设置 Ubuntu 系统的用户名与密码

⑤ 第一次连接 Ubuntu 系统的时候会提示 SSH 安全警告，在这里直接单击“接受并保存”，其设置如图 2–25 所示。

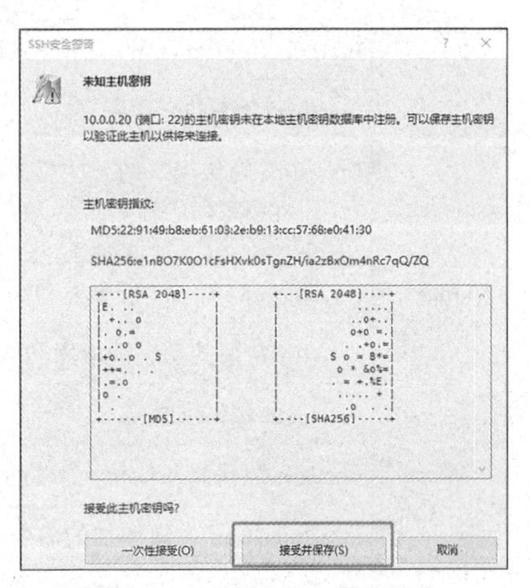

图 2–25　处理 SSH 警告操作

（4）修改 SSH 配置文件，使其能够正常地在 root 用户下进行远程复制。

```
vim /etc/ssh/sshd_config
```

在 33 行“#PermitRootLogin prohibit-password”下面插入一行，填写如下配置信息。

```
PermitRootLogin yes
```

重启 SSH 服务。

```
/etc/init.d/ssh restart
```

2.4　Linux 的基本指令

由于区块链系统都是运行在 Linux 操作系统中，所以在学习区块链系统搭建的时候，熟练掌握 Linux 的基本指令，将会达到事半功倍的效果。

2.4.1 特殊目录文件介绍

Linux 目录结构的组织形式和 Windows 有很大的不同。首先，Linux 没有“盘符”的概念，也就是说，Linux 下不存在所谓的 C 盘、D 盘等。已建立文件系统的硬盘分区被挂载到某一个目录下，用户通过操作目录来实现磁盘的读写。其次，Linux 不存在像 Windows 这样的系统目录。在安装完成后，有若干目录出现在根目录下，并且每一个目录中都存放着系统文件。最后，Linux 使用正斜杠“/”而不是反斜杠“\”来标识目录。表 2–3 列出了 Linux 系统主要目录及其内容。

表 2–3 Linux 系统主要目录及其内容

目录	内容
/bin	存放二进制可执行文件（ls、cat、mkdir 等），常用命令一般都在这里
/etc	存放系统管理和配置文件
/home	存放所有用户文件的根目录，是用户主目录的基点，如用户 user 的主目录就是 /home/user，可以用 ~user 表示
/usr	用于存放系统应用程序，这是最庞大的目录，要用到的应用程序和文件几乎都在这个目录
	/usr/x11r6 存放 X Window 的目录
	/usr/bin 众多的应用程序
	/usr/sbin 超级用户的一些管理程序
	/usr/doc Linux 文档
	/usr/include Linux 下开发和编译应用程序所需要的头文件
	/usr/lib 常用的动态链接库和软件包的配置文件
	/usr/man 帮助文档
	/usr/src 源代码，Linux 内核的源代码就放在 /usr/src/linux 里
	/usr/local/bin 本地增加的命令
	/usr/local/lib 本地增加的库
/opt	额外安装的可选应用程序包所放的位置
/proc	虚拟文件系统目录，是系统内存的映射。可直接访问这个目录来获取系统信息
/root	超级用户（系统管理员）的主目录
/sbin	存放二进制可执行文件，只有 root 才能访问
/dev	用于存放设备文件
/mnt	系统管理员安装临时文件系统的安装点，系统提供这个目录是让用户临时挂载其他文件系统

续表

目录	内容
/boot	存放用于系统引导的各种文件
/lib	存放根文件系统中的程序运行所需要的共享库及内核模块
/tmp	用于存放各种临时文件，是公用的临时文件存储点
/var	用于存放运行时需要改变数据的文件，也是某些大文件的溢出区，比方说各种服务的日志文件（系统启动日志等）等

2.4.2　绝对路径和相对路径

Linux 操作系统中存在两种路径：绝对路径和相对路径。在访问文件或文件夹的时候，其实都是通过路径来操作的。两种路径在实际操作中能起到同等的作用。

（1）绝对路径。绝对路径就是文件或目录在文件系统中的完整路径，从根目录（"/"）开始，一直到文件或目录所在的位置。绝对路径不依赖于当前工作目录，因此无论在哪个目录下，使用相同的绝对路径都可以准确地引用相同的文件或目录。以下是绝对路径的例子：

① /home/user/file.txt

② /var/www/html/index.html

③ /usr/local/bin/program

以上三个路径都是从 Linux 文件系统的根目录开始的完整路径，可以直接引用对应的文件或目录。

需要注意的是，绝对路径的路径分隔符是"/"，而不是Windows中常见的"\"。另外，如果路径中有空格等特殊字符，需要用反斜杠进行转义。绝对路径在 Linux 系统中非常重要，因为它能够精确地定位到文件或目录的位置，并且可以方便地进行文件操作、权限管理等操作。

（2）相对路径。在 Linux 文件系统中，相对路径是相对于当前工作目录的路径。相对路径不以根目录"/"开头，而是以当前目录"."或上一级目录".."为起点，表示到达目标文件或目录的路径。以下是相对路径的例子：

① ./file.txt

② ../dir/file.txt

③ ../../dir1/dir2/file.txt

第一个路径"./file.txt"表示当前目录下的文件"file.txt"；第二个路径"../dir/

file.txt”表示上一级目录中的“dir”目录下的“file.txt”文件；第三个路径“../../dir1/dir2/file.txt”表示向上两级目录，然后进入“dir1”目录下的“dir2”目录，最后访问“file.txt”文件。

需要注意的是，相对路径的解析是基于当前工作目录的，因此如果当前工作目录发生变化，相对路径也会随之改变，而绝对路径则不会受到影响。同时，相对路径不能跨越根目录，即不能使用“../”返回根目录。相对路径在 Linux 系统中也很重要，因为它可以方便地进行文件操作或管理。比如在脚本中使用相对路径可以避免因为绝对路径变化导致的错误。在进行文件复制、移动或链接等操作时，相对路径能够更加灵活地指定目标文件或目录。

2.4.3 Linux 常用指令

（1）ls 命令。通过 ls 命令不仅可以查看 Linux 文件夹包含的文件，而且可以查看文件权限（包括目录、文件夹、文件权限）、目录信息等。

语法格式：ls [–la] [文件 / 目录]

常用参数搭配：

ls –a 列出目录所有文件，包含以 . 开始的隐藏文件

ls –A 列出除 . 及 .. 的其他文件

ls –t 以文件修改时间排序

ls –S 以文件大小排序

ls –h 以易读大小显示

（2）cd 命令。切换当前目录至 dirName。

语法格式：cd 目录

常用说明：

cd / 进入目录

cd ~ 进入 home 目录

cd .. 进入上一次工作路径

（3）pwd 命令。查看当前工作目录路径。

语法格式：cd 目录

pwd 查看当前路径

pwd –p 查看软链接的实际路径

（4）mkdir 命令。创建文件夹。

语法格式：mkdir 目录名

可用选项：

-m：对新建目录设置存取权限，也可以用 chmod 命令设置；

-p：可以是一个路径名称。此时若路径中的某些目录尚不存在，加上此选项后，系统将自动建立好那些尚不在的目录，即一次可以建立多个目录。

（5）rm 命令。删除一个目录中的一个或多个文件或目录，如果没有使用 - r 选项，则 rm 不会删除目录。如果使用 rm 来删除文件，通常仍可以将该文件恢复原状。

语法格式：rm [-rf] 文件 | 目录

示例：

```
rm a.txt            # 删除 a.txt，删除前询问
rm -f a.txt         # 直接删除 a.txt，不再询问
rm -r test          # 删除 test 目录，删除前询问
rm -rf test         # 直接删除 test 目录，不再询问
```

（6）mv 命令。用于移动文件或目录，也可以用于重命名文件或目录。

语法格式：mv 源文件 | 目录 目标文件 | 目标目录

示例：

```
mv a.txt b.txt      # 修改文件名 a.txt 为 b.txt
mv a.txt test/      # 移动 a.txt 到 test 目录下
mv abc bcd          # 重命名目录 abc 为 bcd
mv abc bcd/         # 移动 abc 目录到 bcd 下
```

（7）cp 命令。将源文件复制至目标文件，或将多个源文件复制至目标目录。注意：命令行复制，如果目标文件已经存在会提示是否覆盖，而在 Shell 脚本中，如果不加 -i 参数，则不会提示，而是直接覆盖。

语法格式：cp [-rf] 源文件 | 目录 目标文件 | 目录

参数：

-i 提示

-r 复制目录及目录内所有项目

-f 强行覆盖

示例：

cp a.txt b.txt　　# 复制 a.txt 为 b.txt，若 b.txt 已存在，则提示是否继续复制

cp –f a.txt b.txt　　# 复制 a.txt 为 b.txt，即使 b.txt 以前就存在，也是直接覆盖

cp –r abc bcd　　# 复制 abc 目录为 bcd，若 abc 存在，则提示是否继续复制

cp –rf abc bcd　　# 复制 abc 目录为 bcd，即使 abc 存在，也是直接覆盖

（8）cat 命令。cat 主要有三大功能。

①一次显示整个文件：cat filename。

②从键盘创建一个文件：cat > filename 只能创建新文件，不能编辑已有文件。

③将几个文件合并为一个文件：cat file1 file2 > file。

语法格式：cat 文件名

（9）more 命令。其功能类似于 cat，more 会一页一页地显示以方便使用者逐页阅读，而最基本的指令就是按空白键（space）就往下一页显示，按 b 键（back）就会往回一页显示。

语法格式：more 文件名

（10）less 命令。less 与 more 类似，但使用 less 可以随意浏览文件，而 more 仅能向前移动，却不能向后移动，而且 less 在查看之前不会加载整个文件。

语法格式：less 文件名

（11）head 命令。head 用来显示档案的开头至标准输出中，默认 head 命令打印其相应文件的开头 10 行。

常用参数：

–n< 行数 > 显示的行数（行数为复数表示从最后向前数）

语法格式：more 文件名

（12）tail 命令。其用于显示指定文件末尾内容，不指定文件时，作为输入信息进行处理，常用于查看日志文件。

常用参数：

–f 循环读取（常用于查看递增的日志文件）

–n< 行数 > 显示行数（从后向前）

语法格式：

tail 文件名　　# 查看文本内容

tail –n 数量 文件名　　# 只显示倒数的几行

tail –f 文件名　　　　　　　　# 实时地查看文件写入的信息

（13）which 命令。在 Linux 中要查找某个文件，但不知道放在哪里了，可以使用下面的一些命令来搜索。which 是在 PATH 指定的路径中，搜索某个系统命令的位置，并返回第一个搜索结果。使用 which 命令，就可以看到某个系统命令是否存在，以及执行的到底是哪一个位置的命令。

常用参数：

–n 指定文件名长度，指定的长度必须大于或等于所有文件中最长的文件名。

（14）whereis 命令。whereis 命令只能用于程序名的搜索，而且只搜索二进制文件（参数 –b）、man 说明文件（参数 –m）和源代码文件（参数 –s）。如果省略参数，则返回所有信息。whereis 及 locate 都是基于系统内建的数据库进行搜索，因此效率很高，而 find 则是遍历硬盘查找文件。

（15）find 命令。find 命令用于在文件树中查找文件，并作出相应的处理。

语法格式：find [路径] [参数] [匹配模式]

命令参数：

pathname：find 命令所查找的目录路径。例如用 . 来表示当前目录，用 / 来表示系统根目录。

–print：find 命令将匹配的文件输出到标准输出。

–exec：find 命令对匹配的文件执行该参数所给出的 shell 命令。相应命令的形式为 'command'{ }\;，注意 { } 和 \; 之间的空格。

–ok：和 –exec 的作用相同，只不过以一种更为安全的模式来执行该参数所给出的 shell 命令，在执行每一个命令之前，都会给出提示，让用户来确定是否执行。

命令选项：

–name 按照文件名查找文件

–perm 按文件权限查找文件

–user 按文件属主查找文件

–group 按照文件所属的组来查找文件

–type 查找某一类型的文件

（16）chmod 命令。其用于改变 Linux 系统文件或目录的访问权限。用它控制文件或目录的访问权限。每一文件或目录的访问权限都有三组，每组用三位表示，分别为：文件属主的读、写和执行权限；与属主同组的用户的读、写和执行权限；

系统中其他用户的读、写和执行权限。

语法格式：

chmod [u/g/o/a][+/–/=] rwx 文件 / 目录　+ 增加权限，– 取消权限，= 设定权限

chmod 数字 文件 / 目录

常用参数分为权限范围和权限代号。

权限范围：

u：目录或者文件的当前的用户

g：目录或者文件的当前的群组

o：除了目录或者文件的当前用户或群组之外的用户或者群组

a：所有的用户及群组

权限代号：

r：读权限，用数字 4 表示

w：写权限，用数字 2 表示

x：执行权限，用数字 1 表示

–：删除权限，用数字 0 表示

s：特殊权限

（17）tar 命令。其用来压缩和解压文件。tar 本身不具有压缩功能，只具有打包功能，有关压缩及解压是调用其他的功能来完成的。应弄清两个概念：打包和压缩。打包是指将一大堆文件或目录变成一个总的文件；压缩则是将一个大的文件通过一些压缩算法变成一个小文件。

语法格式：tar [–c|xzvf] 文件 | 压缩文件

常用参数：

–c 建立新的压缩文件

–f 指定压缩文件

–r 添加文件到已经压缩文件包中

–u 添加改了和现有的文件到压缩包中

–x 从压缩包中抽取文件

–t 显示压缩文件中的内容

–z 支持 gzip 压缩

–j 支持 bzip2 压缩

-Z 支持 compress 解压文件

-v 显示操作过程

（18）ln 命令。其功能是为文件在另外一个位置建立一个同步的链接，当在不同目录需要该问题时，就不需要为每一个目录创建同样的文件，通过 ln 创建的链接（link）减少磁盘占用量。链接分为软链接和硬链接。软链接，以路径的形式存在，类似于 Windows 操作系统中的快捷方式。硬链接，以文件副本的形式存在，但不占用实际空间。

语法格式：

ln 源文件名 硬链接文件名

ln -s 源文件名 软链接文件名

备注：

①软链接文件：就像 Windows 中快捷方式一样，只是源文件的一个指向，删除软链接文件，源文件仍存在。

②硬链接文件：比如当前目录下有两个文件，这两个文件除了名字不一样，其他的一模一样，但是占用的实际磁盘空间还是只有 1 M，改变任何一个文件的内容，另一个文件也会跟着改变。

（19）grep 命令。强大的文本搜索命令，grep（Global Regular Expression Print）全局正则表达式搜索。grep 的工作方式：它在一个或多个文件中搜索字符串模板，如果模板包括空格，则必须被引用，模板后的所有字符串被看作文件名。搜索的结果被送到标准输出，不影响源文件内容。

语法格式：grep [选项] [模式] 文件

常用参数：

-A n --after-context 显示匹配字符后 n 行

-B n --before-context 显示匹配字符前 n 行

-C n --context 显示匹配字符前后 n 行

-c --count 计算符合样式的列数

-i 忽略大小写

-l 只列出文件内容符合指定的样式的文件名称

-f 从文件中读取关键词

-n 显示匹配内容的所在文件中行数

–R 递归查找文件夹

（20）安装软件指令。

语法格式：apt–get install 软件名

常用参数：

–y 不会提示 yes/no 让用户确认是否安装，会直接进行默认安装

本章习题

（1）单选题

①在 Linux 中，哪个命令可以用来列出当前目录下的文件和子目录？（　　）

A. cd　　B. ls　　C. pwd　　D. cp

②在 Linux 中，哪个命令可以用来查看一个文件的内容？（　　）

A. cat　　B. cp　　C. mv　　D. rm

③在 Linux 中，哪个命令可以用来创建一个新目录？（　　）

A. df　　B. touch　　C. mkdir　　D. ps

④在 Linux 中，哪个命令可以用来移动文件或目录？（　　）

A. chown　　B. cp　　C. rm　　D. mv

⑤在 Linux 中，哪个命令可以用来压缩和解压缩文件？（　　）

A. gzip　　B. tar　　C. zip　　D. all of the above

（2）判断题

① Linux 系统中，文件和目录以扩展名来区分它们的类型。（　　）

② Linux 中的 root 用户是唯一一个具有完全权限的用户。（　　）

③ Linux 系统中，所有设备都以文件的形式存在于文件系统中。（　　）

④ grep 命令可以通过参数来实现对大小写的敏感匹配。（　　）

⑤ find 命令用于删除文件和目录。（　　）

（3）简答题

①简述 Linux 文件系统中的根目录（/）的作用。

②简述 Linux 中的软链接和硬链接的区别。

③如何列出当前目录下的所有文件和子目录？

第 3 章 Docker

导读

Docker 是一个开源的容器化平台，可以轻松地创建、部署和运行应用程序。它类似于“虚拟机”的概念，但与虚拟机不同，Docker 采用了更为轻量化和高效的容器化技术。使用 Docker，开发人员可以将应用程序及其依赖项打包到一个可移植的容器中，这样就可以在任何地方轻松地部署和运行应用程序。在本章中，我们先从 Docker 的简介开始，了解 Docker 的架构、特点和应用场景，再对其环境进行部署与配置，最后对 Docker 进行常用指令的学习与操作。

知识导图

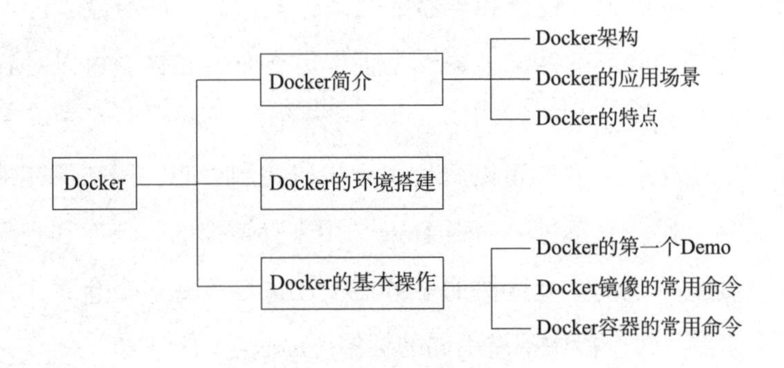

学习目标

（1）了解 Docker 的基本架构。

（2）了解 Docker 的应用场景。

（3）掌握如何搭建和配置 Docker 环境。

（4）掌握如何使用指令操作 Docker。

重点与难点

（1）如何安装并优化 Docker。

（2）如何通过指令的形式操控 Docker。

3.1 Docker 简介

Docker 是一个开源的、基于 Go 语言的应用容器引擎，并遵从 Apache 2.0 协议开源。Docker 让开发者可以打包他们的应用和依赖包到一个可移植的容器中，然后发布到任何流行的 Linux 机器或 Windows 机器上，也可以实现虚拟化，Docker 是完全使用沙箱机制，相互之间不会有任何接口。

3.1.1 Docker 架构

Docker 架构包含三个基本概念。

（1）镜像（image）。镜像相当于一个 Root 文件系统。镜像由多个层组成，每层叠加之后，从外部看来就如一个独立的对象。镜像内部是一个精简的操作系统，同时包含应用运行所必需的文件和依赖包。

（2）容器（container）。镜像和容器的关系，就像是面向对象程序设计中的类和实例一样，镜像是静态的定义，容器是镜像运行时的实体。可以对容器进行创建、启动、停止、删除、暂停等操作。

（3）库（repository）。仓库可以看作一个代码控制中心，用来保存镜像。类似 GitHub 存放项目代码，只不过 Docker Hub 是用来存镜像的。仓库和仓库注册服务器（Registry）是有区别的。仓库注册服务器上往往存放着多个仓库，每个仓库中又包含了多个镜像，每个镜像都有不同的标签（tag, 类似版本号）。

3.1.2 Docker的应用场景

1. 面向开发人员的Web应用自动化打包和发布

在没有Docker之前，开发、测试、生成环境可能不一样，如发布某个应用服务的端口时，开发时测试用的是8080，而生产环境中是80，这就导致了文件配置上的不一致。然而使用Docker，在容器内的程序端口都是一样的，容器对外暴露的端口可能不一样，但不影响程序的交付与运行，保证了开发环境与生产环境的一致性，并实现了快速部署。

2. 面向运维人员的运维成本降低

部署程序时搭建运行环境是很费时间的工作，同时要解决环境的各种依赖，而Docker通过镜像机制，将需要部署运行的代码和环境直接打包成镜像，上传到容器即可启动，节约了部署各种软件的时间。

3. 面向企业的PaaS层实现

对于用户来讲，并不需要知道底层采用的技术，但是如果PaaS（平台即服务）层直接给用户提供虚拟机，由于虚拟机本身对物理机的开销比较大，会消耗太多的资源。如果采用Docker，在一台物理机上就可以部署多个轻量化的容器，运行效率上会有很大的提升。

3.1.3 Docker的特点

Docker是一个用于开发、交付和运行应用程序的开放平台。Docker能够将应用程序与基础架构分开，从而快速交付软件。借助Docker可以用与管理应用程序相同的方式来管理基础架构。通过利用Docker的方法来快速交付、测试和部署代码，可以大大减少编写代码和在生产环境中运行代码之间的延迟。

1. 快速、一致地交付应用程序

Docker允许开发人员使用您提供的应用程序或服务的本地容器在标准化环境中工作，从而缩短了开发的生命周期。容器非常适合持续集成和持续交付（CI / CD）工作流程。

2. 响应式部署和扩展

Docker是基于容器的平台，允许高度可移植的工作负载。Docker容器可以在开发人员的本机、数据中心的物理或虚拟机、云服务上或混合环境中运行。Docker的可移植性和轻量级的特性，还可以使您轻松地完成动态管理的工作，并根据业务需求指示，实时扩展或拆除应用程序和服务。

3. 在同一硬件上运行更多工作负载

Docker 轻巧快速，它为基于虚拟机管理程序的虚拟机提供了可行、经济、高效的替代方案，因此您可以利用更多的计算能力来实现业务目标。Docker 非常适合于高密度环境以及中小型部署，而您可以用更少的资源做更多的事情。

3.2 Docker 的环境搭建

（1）通过 2.3 节所安装的 Ubuntu 系统克隆出一台虚拟机，配置好 IP 地址与 hostname，并可以访问外网。从本章节开始，所有的 Linux 指令均在 root 用户下执行。

（2）在虚拟机中输入如下指令完成 Docker 的安装与配置。

```
apt install docker.io -y          # 安装 Docker 软件包
systemctl enable docker           # 将 Docker 服务设置为每次开机启动
systemctl start docker            # 将 Docker 服务立即启动
vim /etc/docker/daemon.json       #Docker 镜像加速设置
```

```
{
 "registry-mirrors": ["https://docker.m.daocloud.io"]
}
```

```
systemctl restart docker          # 将 Docker 服务重启
docker version                    # 查看当前 Docker 版本
```

（3）检测。

① 输入指令 docker version，可以看到当前 Docker 中客户端和服务器端的版本，结果如图 3–1 所示。

② 输入指令 systemctl status docker，通过查看当前状态可以看到当前 Docker 的运行状态是否正常，若为“Active:active（running）”，则表示 Docker 正常运行，结果如图 3–2 所示。

```
root@docker01:~# docker version
Client:
 Version:           20.10.21
 API version:       1.41
 Go version:        go1.18.1
 Git commit:        20.10.21-0ubuntu1~18.04.3
 Built:             Thu Apr 27 05:50:21 2023
 OS/Arch:           linux/amd64
 Context:           default
 Experimental:      true

Server:
 Engine:
  Version:          20.10.21
  API version:      1.41 (minimum version 1.12)
  Go version:       go1.18.1
  Git commit:       20.10.21-0ubuntu1~18.04.3
  Built:            Thu Apr 27 05:36:22 2023
  OS/Arch:          linux/amd64
  Experimental:     false
 containerd:
  Version:          1.6.12-0ubuntu1~18.04.1
  GitCommit:
 runc:
  Version:          1.1.4-0ubuntu1~18.04.1
  GitCommit:
 docker-init:
  Version:          0.19.0
  GitCommit:
```

图 3-1　Docker 版本

```
root@docker01:~# systemctl status docker
● docker.service - Docker Application Container Engine
   Loaded: loaded (/lib/systemd/system/docker.service; enabled; vendor preset: enabled)
   Active: active (running) since Wed 2023-06-07 09:35:25 CST; 3min 28s ago
     Docs: https://docs.docker.com
 Main PID: 1059 (dockerd)
    Tasks: 12
   CGroup: /system.slice/docker.service
           └─1059 /usr/bin/dockerd -H fd:// --containerd=/run/containerd/containerd.sock
```

图 3-2　查看 Docker 运行状态

③ 输入指令 docker run hello-world，若出现“Hello from Docker!”，则表示 Docker 安装成功，其结果如图 3-3 所示。

```
root@docker01:~# docker run hello-world
Unable to find image 'hello-world:latest' locally
latest: Pulling from library/hello-world
2db29710123e: Pull complete
Digest: sha256:faa03e786c97f07ef34423fccceeec2398ec8a5759259f94d99078f264e9d7af
Status: Downloaded newer image for hello-world:latest

Hello from Docker!
This message shows that your installation appears to be working correctly.

To generate this message, Docker took the following steps:
 1. The Docker client contacted the Docker daemon.
 2. The Docker daemon pulled the "hello-world" image from the Docker Hub.
    (amd64)
 3. The Docker daemon created a new container from that image which runs the
    executable that produces the output you are currently reading.
 4. The Docker daemon streamed that output to the Docker client, which sent it
    to your terminal.

To try something more ambitious, you can run an Ubuntu container with:
 $ docker run -it ubuntu bash

Share images, automate workflows, and more with a free Docker ID:
 https://hub.docker.com/

For more examples and ideas, visit:
 https://docs.docker.com/get-started/
```

图 3-3　测试 Docker 是否安装成功

3.3 Docker 的基本操作

3.3.1 Docker 的第一个 Demo

（1）执行如下指令，完成 Nginx 的下载与启动，其镜像下载与启动如图 3-4 所示。

```
root@docker01:~# docker run -d -p 80:80 nginx
Unable to find image 'nginx:latest' locally
latest: Pulling from library/nginx
025c56f98b67: Pull complete
ec0f5d052824: Pull complete
cc9fb8360807: Pull complete
defc9ba04d7c: Pull complete
885556963dad: Pull complete
f12443e5c9f7: Pull complete
Digest: sha256:75263be7e5846fc69cb6c42553ff9c93d653d769b94917dbda71d42d3f3c00d3
Status: Downloaded newer image for nginx:latest
0de288fe4009255ae777ce5ae26927f557b16c27d3c9080741def98e2ce9751b
```

图 3-4　Nginx 镜像下载与启动

指令：docker run –d –p 80:80 nginx

其中的参数如下。

① run（创建并启动一个容器）。

② –d 放在后台。

③ –p 端口映射。

（2）测试 Nginx，其测试结果如图 3-5 和图 3-6 所示。

```
root@docker01:~# curl -I 10.0.0.11
HTTP/1.1 200 OK
Server: nginx/1.23.3
Date: Wed, 14 Dec 2022 03:19:18 GMT
Content-Type: text/html
Content-Length: 615
Last-Modified: Tue, 13 Dec 2022 15:53:53 GMT
Connection: keep-alive
ETag: "6398a011-267"
Accept-Ranges: bytes
```

图 3-5　测试 Nginx 结果之一

指令：curl –I 虚拟机的 IP 地址

在 Windows 宿主机的浏览器中输入虚拟机的 IP 地址，可以看到 Nginx 的欢迎页面，表示该镜像已经加载完毕。

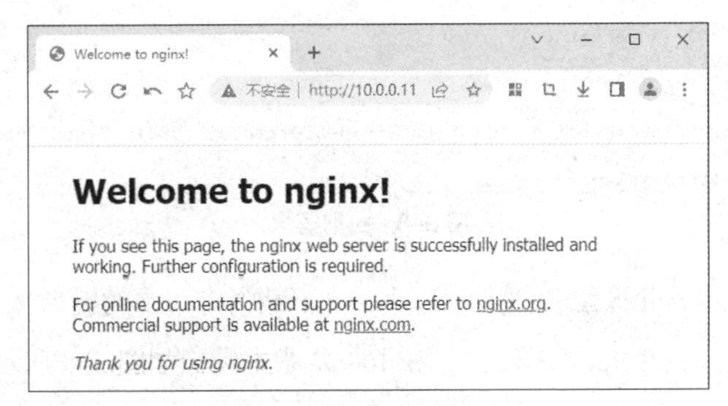

图 3–6　测试 Nginx 结果之二

3.3.2　Docker 镜像的常用命令

（1）Docker 的基础指令。

指令：

① docker search　　　　# 搜索镜像，优先选官方，STARS 数量多

② docker pull　　　　　# 拉取镜像（下载镜像），注意版本

③ docker push　　　　　# 推送镜像（上传镜像）

④ docker load –i　　　　# 导入镜像

官方网址：https://hub.docker.com/

（2）搜索镜像。

指令：docker search 镜像名

示例：docker search alpine，搜索镜像如图 3–7 所示。

```
root@docker01:~# docker search alpine
NAME                               DESCRIPTION                                     STARS     OFFICIAL   AUTOMATED
alpine                             A minimal Docker image based on Alpine Linux…   9503      [OK]
alpinelinux/docker-cli             Simple and lightweight Alpine Linux image wi…   6
alpinelinux/gitlab-runner          Alpine Linux gitlab-runner (supports more ar…   4
alpinelinux/alpine-gitlab-ci       Build Alpine Linux packages with Gitlab CI      3
alpinelinux/gitlab-runner-helper   Helper image container gitlab-runner-helper …   2
grafana/alpine                     Alpine Linux with ca-certificates package in…   2
alpinelinux/gitlab                 Alpine Linux based Gitlab image                 2
alpinelinux/darkhttpd                                                              1
alpinelinux/package-builder        Container to build packages for a repository    1
rancher/alpine-git                                                                 1
alpinelinux/golang                 Build container for golang based on Alpine L…   1
alpinelinux/unbound                                                                0
alpinelinux/apkbuild-lint-tools    Tools for linting APKBUILD files in a CI env…   0
```

图 3–7　搜索镜像

（3）拉取镜像。

指令：docker pull 镜像名

注：默认下载的是最新版

示例：docker pull alpine，拉取镜像如图 3–8 所示。

```
root@docker01:~# docker pull alpine
Using default tag: latest
latest: Pulling from library/alpine
c158987b0551: Pull complete
Digest: sha256:8914eb54f968791faf6a8638949e480fef81e697984fba772b3976835194c6d4
Status: Downloaded newer image for alpine:latest
docker.io/library/alpine:latest
```

图 3-8　拉取镜像

指令：docker pull 镜像名：版本号　　　#下载指定版本的镜像文件

示例：docker pull alpine:3.12.10，拉取指定版本镜像如图 3-9 所示。

```
root@docker01:~# docker pull alpine:3.12.10
3.12.10: Pulling from library/alpine
c7f02851fb7d: Pull complete
Digest: sha256:374e9ef65a23899ae460d6ef5c737d1bf55b5288727cbc6c7519e0a04b45f0be
Status: Downloaded newer image for alpine:3.12.10
docker.io/library/alpine:3.12.10
```

图 3-9　拉取指定版本镜像

（4）查看 Docker 的镜像列表。

指令：docker images 或者 docker image ls，查看 Docker 镜像列表如图 3-10 所示。

```
root@docker01:~# docker images
REPOSITORY    TAG        IMAGE ID       CREATED         SIZE
nginx         latest     3964ce7b8458   5 hours ago     142MB
alpine        latest     49176f190c7e   3 weeks ago     7.05MB
alpine        3.12.10    0ca43409a9c9   9 months ago    5.58MB
root@docker01:~# docker image ls
REPOSITORY    TAG        IMAGE ID       CREATED         SIZE
nginx         latest     3964ce7b8458   5 hours ago     142MB
alpine        latest     49176f190c7e   3 weeks ago     7.05MB
alpine        3.12.10    0ca43409a9c9   9 months ago    5.58MB
```

图 3-10　查看 Docker 镜像列表

（5）导入离线 Docker 镜像文件。

指令：docker load -i 镜像名

示例：docker load -i docker_busybox.tar.gz，导入离线 Docker 镜像如图 3-11 所示。

```
root@docker01:~# docker load -i docker_k8s_dns.tar.gz
8ac8bfaff55a: Loading layer [==================================================>]  1.293MB/1.293MB
5f70bf18a086: Loading layer [==================================================>]  1.024kB/1.024kB
b79219965469: Loading layer [==================================================>]  45.91MB/45.91MB
Loaded image: gcr.io/google_containers/kubedns-amd64:1.9
3fc666989c1d: Loading layer [==================================================>]  5.046MB/5.046MB
5f70bf18a086: Loading layer [==================================================>]  1.024kB/1.024kB
9eed5e14d7fb: Loading layer [==================================================>]  348.7kB/348.7kB
00dc4ffe8624: Loading layer [==================================================>]   2.56kB/2.56kB
Loaded image: gcr.io/google_containers/kube-dnsmasq-amd64:1.4
9007f5987db3: Loading layer [==================================================>]   5.05MB/5.05MB
5f70bf18a086: Loading layer [==================================================>]  1.024kB/1.024kB
d41159f2130e: Loading layer [==================================================>]  9.201MB/9.201MB
Loaded image: gcr.io/google_containers/dnsmasq-metrics-amd64:1.0
dc978cfc3e09: Loading layer [==================================================>]  7.279MB/7.279MB
99740866972b: Loading layer [==================================================>]  7.168kB/7.168kB
5f70bf18a086: Loading layer [==================================================>]  1.024kB/1.024kB
Loaded image: gcr.io/google_containers/exechealthz-amd64:1.2
```

图 3-11　导入离线 Docker 镜像

（6）删除镜像。

指令：docker rmi 镜像名：版本号

示例：docker rmi alpine:3.12.10，删除镜像如图 3–12 所示。

```
root@docker01:~# docker rmi alpine:3.12.10
Untagged: alpine:3.12.10
Untagged: alpine@sha256:374e9ef65a23899ae460d6ef5c737d1bf55b5288727cbc6c7519e0a04b45f0be
Deleted: sha256:0ca43409a9c97dfd1076dbe4a8fffb26c574e4bb1f977dda8f5bd20e0114d19b
Deleted: sha256:6cdb1befd79a75d4358e6bd12a45e42ec72addb3b69988a8093489d7abd4c349
```

图 3–12　删除镜像

（7）给镜像打标签。

指令：docker tag

3.3.3　Docker 容器的常用命令

（1）启动一个 Nginx 容器。

指令：docker run –d –it –p 80:80 nginx:latest

参数设定：

–d 放在后台运行

–p 指定端口，做端口映射

（2）查看已启动的容器。

docker ps　　　　　# 查看当前的容器，其结果如图 3–13 所示。

```
root@docker01:~# docker ps
CONTAINER ID   IMAGE     COMMAND                  CREATED       STATUS       PORTS                                 NAMES
0de288fe4009   nginx     "/docker-entrypoint.…"   3 hours ago   Up 3 hours   0.0.0.0:80->80/tcp, :::80->80/tcp   zealous_gauss
```

图 3–13　查看当前的容器

docker ps –a　　　　# 查看所有的容器，包括已经退出的容器

注：在默认情况下，Docker 启动的容器所给的 NAMES 是随机的。

（3）启动一个固定名字的容器。

指令：docker run –it ––name centos6 centos:6.9 /bin/bash，其结果如图 3–14 所示。

参数：

–it 分配交互式的终端 interactive tty

––name 指定容器的名字，默认是随机分配的名字，真的很随机

/bin/bash 覆盖容易的初始命令

```
docker_centos6.9.tar.gz  docker_k8s_dns.tar.gz  snap
root@docker01:~# docker load -i docker_centos6.9.tar.gz
b5e11aae8a8e: Loading layer [==================================================>]  202.9MB/202.9MB
Loaded image: centos:6.9
root@docker01:~# docker run -it --name centos6 centos:6.9 /bin/bash
[root@fa7badf86806 /]# ps -ef
UID        PID  PPID  C STIME TTY          TIME CMD
root         1     0  0 06:49 pts/0    00:00:00 /bin/bash
root        13     1  0 06:49 pts/0    00:00:00 ps -ef
[root@fa7badf86806 /]# ifconfig
eth0      Link encap:Ethernet  HWaddr 02:42:AC:11:00:03
          inet addr:172.17.0.3  Bcast:172.17.255.255  Mask:255.255.0.0
          UP BROADCAST RUNNING MULTICAST  MTU:1500  Metric:1
          RX packets:21 errors:0 dropped:0 overruns:0 frame:0
          TX packets:0 errors:0 dropped:0 overruns:0 carrier:0
          collisions:0 txqueuelen:0
          RX bytes:2639 (2.5 KiB)  TX bytes:0 (0.0 b)

lo        Link encap:Local Loopback
          inet addr:127.0.0.1  Mask:255.0.0.0
          UP LOOPBACK RUNNING  MTU:65536  Metric:1
          RX packets:0 errors:0 dropped:0 overruns:0 frame:0
          TX packets:0 errors:0 dropped:0 overruns:0 carrier:0
          collisions:0 txqueuelen:1000
          RX bytes:0 (0.0 b)  TX bytes:0 (0.0 b)

[root@fa7badf86806 /]# exit
exit
```

图 3-14　启动一个 CentOS 容器

注：

进入 CentOS 容器内，可以看到里面的文件，使用常规的指令，可以把这个 CentOS 的容器当成虚拟机进行操作。输入 exit 就可以退出该容器。

docker run ==docker create + docker start

（4）其他容器操作命令。

docker create　　　# 创建容器 --name

docker start　　　# 启动容器 可以用容器的名字、ID

docker stop　　　# 停止容器（正常关机）

docker restart　　　# 重启容器

docker kill　　　# 强制停止容器（直接拔电源）

docker rm　　　# 删除容器，删除容器的时候先停止，再删除，Docker 不能删除正在运行的容器，除非强制删除，参数 -f

docker rm -f 'docker ps -a -q'　# 批量强制删除所有容器，但是容器对应的镜像还在

本章习题

（1）单选题

① 下列哪个命令可以创建一个新的 Docker 镜像？（　　）

A. docker stop B. docker run

C. docker commit D. docker start

② 下列哪个命令可以在Docker容器内部执行指定的命令？（ ）

A. docker ps B. docker run

C. docker exec D. docker build

③ 下列哪个命令可以停止正在运行的Docker容器？（ ）

A. docker down B. docker stop

C. docker end D. docker kill

④ 下列哪个命令可以列出所有已经下载的Docker镜像？（ ）

A. docker images B. docker ps

C. docker logs D. docker network

⑤ 在Docker中，下列哪个选项用于指定容器与主机之间的端口映射关系？（ ）

A. -p B. -c C. -m D. -d

（2）多选题

① Docker容器可以跨平台运行的原因有（ ）。

A. Docker容器不需要额外的操作系统和虚拟硬件

B. Docker容器共享宿主机的内核

C. Docker提供了一套完整的工具链

D. Docker容器支持多种编程语言

② 下列哪些工具是Docker提供的？（ ）

A. Docker Engine B. Docker Swarm

C. Docker Compose D. Kubernetes

（3）简答题

① Docker容器与虚拟机之间有哪些区别？

② Docker镜像是什么？

③ Docker安装完毕后需要对其进行哪些优化操作？

第 4 章　超级账本 Fabric 系统搭建与应用

导读[①]

超级账本 Fabric 是一个用于开发企业级区块链应用的开源平台，可用于设计和构建高度模块化的应用程序。它提供了一种可扩展的、高吞吐量的、安全且可信任的解决方案，能够满足跨组织交易、保护机密性和数据隐私等企业级区块链应用的需求。超级账本 Fabric 采用了多层架构，由客户端、Peer 节点、Orderer 节点和可插拔的 Chaincode 组成。客户端可以通过 SDK 与网络进行交互，而 Peer 节点则负责维护分布式账本、执行智能合约等任务。Orderer 节点则负责维护网络状态、处理交易请求等操作。同时，Chaincode 是一种可插拔的智能合约，可以根据不同的需要进行自定义开发，为网络提供更多的功能和服务。在本章中，我们先从超级账本 Fabric 的简介开始，再对其进行单机和多机部署与配置，最后使用超级账本 Fabric 进行案例开发。

① 本章中所需要的软件可在如下链接中获取：https://pan.baidu.com/s/1RKzkfCQr12wIuM-H4xkzGw，提取码：ynqv。

知识导图

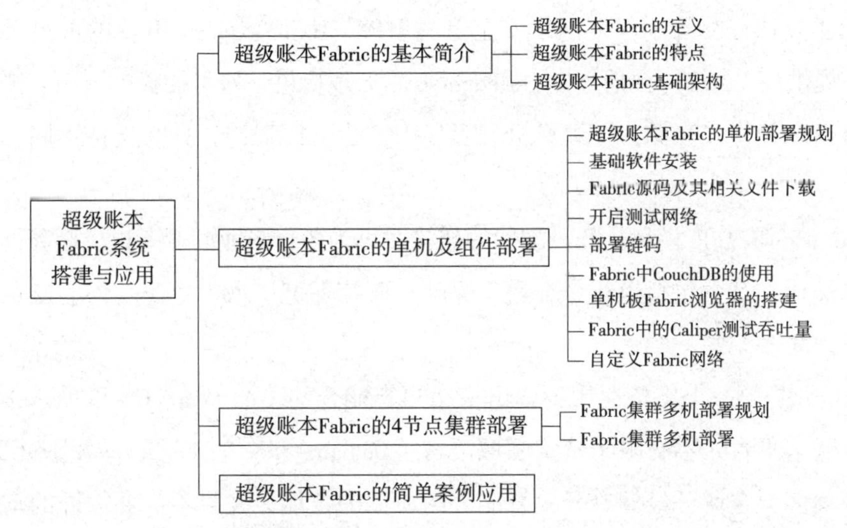

学习目标

（1）了解超级账本 Fabric 的基本概念。

（2）理解超级账本 Fabric 的总体架构和关键概念。

（3）掌握如何搭建超级账本 Fabric 环境。

（4）掌握如何利用超级账本 Fabric 进行开发。

重点与难点

（1）超级账本 Fabric 多机 4 节点集群的搭建与配置。

（2）利用 SDK 与 Fabric 网络进行交互与开发。

4.1　超级账本 Fabric 的基本简介

4.1.1　超级账本 Fabric 的定义

Linux 基金会 2015 年成立了超级账本项目（Hyperledger）来推动跨行业区块链技术。Hyperledger Fabric 是 Hyperledger 区块链项目中的一员，也是一个开源的企业级许可分布式账本技术（Distributed Ledger Technology，DLT）平台，专为在企业环境中使用而设计。

Hyperledger Fabric 和其他区块链系统不同之处在于它是私有的和有准入资格授

权的，并非一个公开的无授权的允许不明身份参与者进入网络（需要工作量证明之类的协议认证交易和保证网络安全）的系统，Hyperledger Fabric 的成员要在会员服务提供商（MSP）注册。Hyperledger Fabric 也提供一些可插拔的选项。账本数据能够以多种格式存储，一致性机制可以引入也可以退出，并且支持不同的多个 MSP。

Fabric 具有高度模块化和可配置的架构，可为各行各业的业务提供创新性、多样性和优化，其中包括银行、金融、保险、医疗保健、人力资源、供应链甚至数字音乐分发。

Fabric 是第一个支持通用编程语言编写智能合约（如 Java、Go 和 Node.js）的分布式账本平台，不受限于特定领域语言（Domain-Specific Languages，DSL）。这意味着大多数企业已经拥有开发智能合约所需的技能，并且不需要额外的培训来学习新的语言或特定领域语言。

4.1.2 超级账本 Fabric 的特点

超级账本 Fabric 是一个开源的分布式账本平台，它具有以下特点。

（1）模块化。Fabric 被专门设计为模块化架构。无论是可插拔的共识、可插拔的身份管理协议（如 LDAP 或 OpenID Connect）、密钥管理协议还是加密库，该平台的核心设计旨在满足企业业务需求的多样性。

（2）许可和非许可区块链。在一个非许可区块链中，几乎任何人都可以参与，每个参与者都是匿名的。在这样的情况下，区块链状态达到不可变的区块深度前不存在信任。为了弥补这种信任的缺失，非许可区块链通常采用“挖矿”或交易费来提供经济激励，以抵消参与基于“工作量证明”的拜占庭容错共识形式的特殊成本。

同时，许可区块链在一组已知、已识别且经常经过审查的参与者中操作区块链，这些参与者在产生一定程度信任的治理模型下运作。许可区块链提供了一种方法来保护具有共同目标，但可能彼此不完全信任的一组实体之间的交互。通过依赖参与者的身份，许可区块链可以使用更传统的崩溃容错（CFT）或拜占庭容错共识协议，而不需要昂贵的挖掘。

另外，在许可的情况下，降低了参与者故意通过智能合约引入恶意代码的风险。参与者彼此了解对方以及所有的操作，无论是提交交易、修改网络配置还是部署智能合约，都根据网络中已经确定的背书策略和相关交易类型被记录在区块链上。与完全匿名相比，可以很容易地识别犯罪方，并根据治理模式的条款进行处理。

（3）隐私和保密性。在一个公共的、非许可的区块链网络中，利用 PoW 作为共共识模型，交易在每个节点上执行。这意味着合约本身和它们处理的交易数据都不保密。每个交易以及实现它的代码，对于网络中的每个节点都是可见的。在这种情况下，基于 PoW 的拜占庭容错共识却牺牲了合约和数据的保密性。

Fabric 是一个许可平台，通过其通道架构和私有数据特性实现保密。在通道方面，Fabric 网络的成员组建了一个子网络，在子网络中的成员可以看到其所参与到的交易。因此，参与到通道的节点才有权访问智能合约（链码）和交易数据，以此保证了隐私性和保密性。私有数据通过在通道的成员间使用集合，实现了和通道相同的隐私能力，并且不用创建和维护独立的通道。

（4）可插拔共识。交易的排序被委托给模块化组件以达成共识，该组件在逻辑上与执行交易和维护账本的节点解耦，具体来说，就是排序服务。由于共识是模块化的，可以根据特定部署或解决方案的信任假设来定制其实现。这种模块化架构允许平台依赖完善的工具包进行 CFT 或 BFT 的排序。

（5）性能和可扩展性。一个区块链平台的性能可能会受到许多因素的影响，例如交易大小、区块大小、网络大小以及硬件限制等。Fabric 性能和规模工作组已经开发一个叫 Hyperledger Caliper 的基准测试框架。该框架可以模拟不同的负载场景，并运行在 Fabric 网络中生成交易，允许用户根据需要灵活配置测试环境和参数，能在多个客户端实例之间并行执行交易，从而有效地模拟大规模负载，最终提供了丰富的结果分析和报告功能，以帮助用户理解和解释性能测试的结果。

4.1.3　超级账本 Fabric 基础架构

Fabric 项目的目标是实现一个通用的权限区块链（Permissioned Chain）的底层基础框架，为了适用于不同的场合，采用模块化架构提供可切换和可扩展的组件，包括共识算法、加密安全、数字资产、智能合约和身份鉴权等服务。

Fabric 的组件包括客户端（Client）、网络节点（Peer）、排序节点（Orderer）和 CA（Certificate Authority）节点。Fabric 各组件关系图如图 4-1 所示。

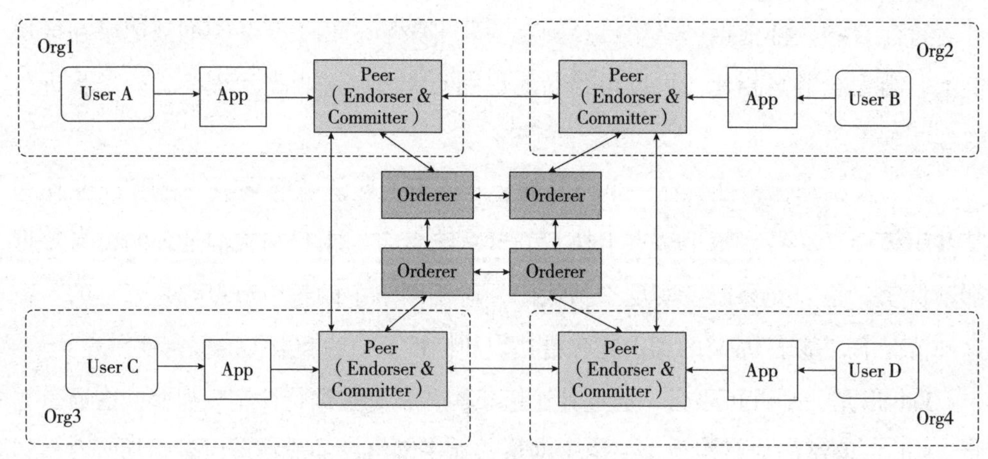

图 4-1 Fabric 各组件关系图

（1）客户端。客户端的主要作用是和 Fabric 系统交互，实现对区块链系统的操作。这些操作分为管理类和链码类两种。管理类包括启停节点和配置网络等；链码类操作主要是链码的生命周期管理，如安装、实例化以及调用链码。最常用的客户端是命令行客户端（CLI），此外是用 Fabric SDK 开发的应用客户端。用户通过不同的客户端使用 Fabric 系统的功能。

（2）网络节点。网络节点是区块链去中心化网络中的对等节点，按照功能主要分为背书节点（Endorser）和确认节点（Committer）。背书节点主要对交易预案进行校验、模拟执行和背书。确认节点主要负责检验交易的合法性，并更新和维护区块链数据和账本状态。在实际部署中，背书节点和确认节点既可以部署在同一物理节点上，也可以分开部署。

（3）排序节点。排序节点主要职责是对各个节点发来的交易进行排序。在并发的情况下，各个节点交易的先后时序需要通过排序节点来确定并达成共识。排序节点按照一定规则确定交易顺序之后，发给各个节点把交易持久化到区块链的账本中。排序节点支持互相隔离的多个通道，使得交易只发送给相关的节点。

（4）CA 节点。在 Hyperledger Fabric 网络中，CA 节点是一个重要的组件，它用于发放和验证数字证书，确保身份认证和访问授权。CA 节点可以由网络管理员或第三方机构提供，用于支持安全的节点加入、交易执行和数据访问等操作。

（5）通道（Channel）。商业应用的一个重要的需求是私密性交易，为此 Fabric

设计了通道来提供成员之间的隐私保护。通道是部分网络成员之间拥有独立的通信渠道，在通道中发送的交易只有属于通道的成员才可见，因此通道可以看作是 Fabric 的网络中部分成员的私有通信“子网”。通道由排序服务管理。在创建通道的时候，需要定义它的成员和组织、锚节点（Anchor Peer）和排序服务的节点，一条和通道对应的区块链结构也同时生成，用于记录账本的交易，通道的初始配置信息记录在区块链的创世块（第一个区块）中。通道的配置信息可以用增加一个新的配置区块来更改。每个组织可有多个节点加入同一个通道，这些节点中可以指定一个锚节点（或多个锚节点做备份）。另外，同一组织的节点会选举或指定主导节点（Leading Peer），主导节点负责接收从排序服务发来的区块，然后转发给本组织的其他节点。主导节点可以通过特定的算法选出，因此保证了在节点数量不断变动的情况下仍维持整个网络的稳定性。在 Fabric 的网络中，可能同时存在多个彼此隔离的通道，每个通道包含一条私有的区块链和一个私有账本，通道中可以实例化一个或多个链码，以操作区块链上的数据。由此可见，Fabric 是以通道为基础的多链多账本系统。

（6）链码（Chaincode）。链码是超级账本 Fabric 平台中的智能合约，它类似于其他区块链平台中的智能合约，但是在实现和应用方面更加灵活。链码通常用于定义一系列交易逻辑和状态操作，可以被部署到 Peer 节点上并执行。在 Fabric 平台中，链码是与特定的 Channel 相关联的。链码在 Fabric 平台中支持多种编程语言，包括 Go、JavaScript 和 Java 等。开发人员可以使用这些编程语言来编写链码，以满足不同的业务需求。链码的执行是由分布式 Peer 节点完成的，Peer 节点可以根据需要调用相应的链码来执行事务。执行链码的结果将存储在该节点的账本上，并在整个网络中进行广播，最终达成共识。

（7）分布式账本。Fabric 里的数据以分布式账本的形式存储。账本由一系列有顺序和防篡改的记录组成，记录包含数据的全部状态改变。账本中的数据项以键值对的形式存放，账本中所有的键值对构成了账本的状态，也称为“世界状态”（World State）。每个通道中有唯一的账本，由通道中所有成员共同维护着这个账本，每个确认节点上都保存了它所属通道的账本的一个副本，因而是分布式账本。对账本的访问需要通过链码实现对账本键值对的增加、删除、更新和查询等的操作。

4.2 超级账本 Fabric 的单机及组件部署

4.2.1 超级账本 Fabric 的单机部署规划

对 VMware 中 2.3 节所安装的 Ubuntu 虚拟机进行克隆操作，并在开机前对 MAC 地址进行自动随机生成。虚拟机开机后配置合适的 IP 地址，保证 Ubuntu 系统正常访问互联网，并确保所有的指令均在 root 用户下执行。在本小节中，将部署一个单节点的超级账本 Fabric 网络，其版本号为 2.4.6，该网络包含 2 个 Peer 和 1 个 Orderer。

4.2.2 基础软件安装

（1）安装 Docker。安装 Docker 的步骤可参考 3.2 节。

（2）安装 Docker-Compose。

① Docker-Compose 的定义。

Docker-Compose 是用来定义和运行多容器 Docker 应用程序的工具。通过 Docker-Compose，可以使用 yaml 文件来配置应用程序所需要的所有服务，并且可以使用一个命令，就从 yaml 配置文件中创建并启动所有服务。

②安装 Docker-Compose。

在 https://github.com/docker/compose/releases 中可下载 Docker-Compose，通过 X-Shell 将 docker-compose-linux-x86_64 上传至 root 目录下。

```
mv docker-compose-linux-x86_64 docker-compose     # 修改文件名
mv docker-compose /usr/local/bin/
                                   # 将 Docker-Compose 移动至 /usr/local/bin/ 目录
chmod +x /usr/local/bin/docker-compose   # 修改 Docker-Compose 的权限
docker-compose --version                  # 查看 Docker-Compose 的版本
```

（3）安装 Golang。

```
wget https://studygolang.com/dl/golang/go1.18.6.linux-amd64.tar.gz # 下载 Golang 安装包
tar -xzvf go1.18.6.linux-amd64.tar.gz -C /usr/local/  # 解压缩 Golang 安装包
vim /etc/profile                                       # 修改环境变量
```

```
export GOROOT=/usr/local/go
export GOPATH=$HOME/go
export PATH=$PATH:$GOROOT/bin:$GOPATH/bin
export GOPROXY=https://goproxy.cn
export GO111MODULE=on
```

```
source /etc/profile                  # 使环境变量生效
go version                           # 查看 Golang 版本
```

4.2.3 Fabric 源码及其相关文件下载

（1）创建项目目录。

```
mkdir -p ~/go/src/github.com/hyperledger
cd ~/go/src/github.com/hyperledger
```

（2）拉取 Fabric 项目。

```
git clone https://gitee.com/hyperledger/fabric.git
```

（3）切换 Fabric 版本为 2.4.6，其结果如图 4-2 所示。

```
root@host1:~/go/src/github.com/hyperledger/fabric# git checkout v2.4.6
Note: checking out 'v2.4.6'.

You are in 'detached HEAD' state. You can look around, make experimental
changes and commit them, and you can discard any commits you make in this
state without impacting any branches by performing another checkout.

If you want to create a new branch to retain commits you create, you may
do so (now or later) by using -b with the checkout command again. Example:

  git checkout -b <new-branch-name>

HEAD is now at 83596078d Fix binary package creation
```

图 4-2 设置 Fabric 版本

```
cd fabric/
git checkout v2.4.6
```

注：在 Fabric 源码的根目录下，可将里面的子目录分为三类，即源码目录、工程目录和第三方库，具体描述如表 4-1 所示。

表 4-1 Fabric 源码目录的描述

子目录	描述
bccsp	存放了以各种加解密算法、哈希算法为基础的 PKI 证书体系工具，主要供 MSP 使用
cmd、internal	存放了 Fabric 中所有可生成二进制程序的 main 函数，如 Peer 程序、configtxgen 工具

续表

子目录	描述
common	存放了 Fabric 项目各模块或子领域公用的逻辑代码
core	存放了 Fabric 项目的核心领域代码，包含各个核心子模块的核心逻辑代码
discovery	存放了 discovery 服务模块代码。该模块以 Peer 节点为服务端，向外提供通道配置信息查询服务
gossip	存放了 gossip 服务模块代码
msp	存放了 MSP 服务模块代码，该模块在 Fabric 区块链网络中对所有参与者进行 MSP 身份体系管理、认证
idemix	存放了 Fabric 项目另一种基于零知识证明的身份体系的代码实现，该身份体系被纳入 MSP 的管理范围
orderer	存放了 Orderer 节点所实现的功能，如系统通道服务、共识服务、Broadcast 服务、Deliver 服务
pkg	存放了部分公用接口和数据结构定义，如交易、状态数据。可作为 Fabric 库，供与 Fabric 交互的第三方应用引用
protoutil	汇总了处理 hyperledger 项目下的 fabric-protos-go 仓库中数据结构和服务的工具性函数

（4）拉取 Fabric 镜像，在 140 行和 141 行中将 SAMPLES 和 BINARIES 的参数改为 false，DOCKER 的参数保持不变，其修改如图 4-3 所示。

```
139 DOCKER=true
140 SAMPLES=false
141 BINARIES=false
```

图 4-3　修改脚本参数

cd scripts/

vim bootstrap.sh

执行脚本文件，指令为 ./bootstrap.sh。该脚本会自动下载 Fabric2.4.6 版本所需 Docker 镜像文件，全部下载完后会有 18 个镜像文件，如图 4-4 所示。

```
===> List out hyperledger docker images
hyperledger/fabric-tools      2.4      46e728e02f21   8 months ago    489MB
hyperledger/fabric-tools      2.4.6    46e728e02f21   8 months ago    489MB
hyperledger/fabric-tools      latest   46e728e02f21   8 months ago    489MB
hyperledger/fabric-peer       2.4      d88ae875cc38   8 months ago    64.2MB
hyperledger/fabric-peer       2.4.6    d88ae875cc38   8 months ago    64.2MB
hyperledger/fabric-peer       latest   d88ae875cc38   8 months ago    64.2MB
hyperledger/fabric-orderer    2.4      f4b44e136877   8 months ago    36.7MB
hyperledger/fabric-orderer    2.4.6    f4b44e136877   8 months ago    36.7MB
hyperledger/fabric-orderer    latest   f4b44e136877   8 months ago    36.7MB
hyperledger/fabric-ccenv      2.4      32368d1f15d4   8 months ago    520MB
hyperledger/fabric-ccenv      2.4.6    32368d1f15d4   8 months ago    520MB
hyperledger/fabric-ccenv      latest   32368d1f15d4   8 months ago    520MB
hyperledger/fabric-baseos     2.4      dc5d59da5a8f   8 months ago    6.86MB
hyperledger/fabric-baseos     2.4.6    dc5d59da5a8f   8 months ago    6.86MB
hyperledger/fabric-baseos     latest   dc5d59da5a8f   8 months ago    6.86MB
hyperledger/fabric-ca         1.5      b2aed5002b3d   12 months ago   68.1MB
hyperledger/fabric-ca         1.5.3    b2aed5002b3d   12 months ago   68.1MB
hyperledger/fabric-ca         latest   b2aed5002b3d   12 months ago   68.1MB
```

图 4-4　Fabric 所需 Docker 镜像文件

注：

①下载镜像的时间取决于网络速度快慢，若下载十分缓慢，可以使用 Ctrl+c 终止该脚本文件，然后再次执行该脚本文件。

②在网盘中有 2.4.6 版本 Fabric 所需 Docker 镜像文件。可以先将这些文件下载好之后通过 X-Shell 上传至 Ubuntu 虚拟机，再进行导入操作。

③载入离线 Docker 镜像包的指令为：docker load –i < 镜像名 >。

④根据不同用途，在 Fabric 网络中的 Docker 镜像大致可以分为三类：核心镜像、辅助镜像和第三方镜像，其功能描述如表 4–2 所示。

表 4–2　Fabric 中的 Docker 镜像功能描述

分类	镜像名称	功能描述
核心镜像	fabric–peer	Peer 节点镜像，提供了托管智能合约、维护账本数据、操作证书和身份验证等核心功能
	fabric–orderer	Orderer 排序节点镜像，与 Peer 节点紧密合作，共同完成智能合约代码的执行、账本数据的维护、区块链数据同步和数字身份认证证书颁发等核心功能
	fabric–ca	CA 证书镜像，提供了 Fabric 网络中 CA 的核心功能，能够生成、存储和管理数字身份认证证书，为 Fabric 网络中的各个节点提供身份认证服务，并保证通信安全性和可扩展性
	fabric–baseos	用于部署 Chaincode 的安装环境的基础镜像，提供了 Linux 运行环境、编译支持、安全隔离等功能
	fabric–ccenv	用于部署 Chaincode 的编译环境的基础镜像，提供了多种编译工具和语言、基本的库和工具支持、安全隔离等功能
	fabric–javaenv	用于部署 Java Chaincode 的运行环境的基础镜像，提供 JDK 安装包、Linux 运行环境、安全隔离等功能
	fabric–nodeenv	用于部署 Node.js Chaincode 的运行环境的基础镜像，提供了 Node.js 环境、Linux 运行环境、安全隔离等功能
辅助镜像	fabric–baseimage	基础镜像，提供了一些 Hyperledger Fabric 项目部署时需要的基本工具和库，如 openssl、curl、Git 等
	fabric–tools	提供了 Fabric 的常用工具的镜像，它包含了 fabric–ca–client、peer、configtxgen 等工具，并提供了必要的环境支持
第三方镜像	fabric–couchdb	提供 CouchDB 运行环境的基础镜像，它提供了 CouchDB 环境、Linux 运行环境、安全措施等功能
	fabric–kafka	提供 Kafka 运行环境的基础镜像，它提供了 Kafka 环境、Linux 运行环境、安全措施等功能
	fabric–zookeeper	提供 ZooKeeper 运行环境的基础镜像，它提供了 ZooKeeper 环境、Linux 运行环境、安全措施等功能

（5）进入 ~/go/src/github.com/hyperledger 后拉取 fabric-samples。

cd ~/go/src/github.com/hyperledger

git clone https://gitee.com/hyperledger/fabric-samples.git

注：

fabric-samples 是 Fabric 官方提供的基础示例项目，主要包括 Fabric 区块链网络部署、应用链码等内容，专用于引导用户体验、入门学习、测试 Fabric 区块链网络的基本特性和操作。项目仓库为 hyperledger/fabric-sample，随 Fabric 版本更新，其主要子目录的描述如表 4-3 所示。

表 4-3　fabric-samples 主要子目录的描述

子目录	描述
asset-transfer-*	提供了一系列示例场景的智能合约和应用程序，以演示如何使用 Hyperledger Fabric 存储和转移资产
chaincode	存放了所有应用链码，各有侧重，以体现 Fabric 可支持的应用链码特性
fabcar	一个汽车的例子，主要是通过单机配置模拟环境，实现管理员 admin 用户的 enrollAdmin（注册管理）和其他用户的注册（主要是指 user1），以及实现 query 和 invoke 方法
high-throughput	展示了如何搭建一个高并发事务的 Fabric 网络
commercial-paper	包含商业票据场景的网络启动脚本、链码和应用
interest_rate_swaps	存放了一个贴近现实金融商业交易的应用案例，用于展示如何针对 Fabric 区块链网络的参与者使用链码级别或键级别的背书策略，从而构建一个信任模型
config	主要放着三个文件 configtx.yaml、core.yaml、orderer.yaml，其中，configtx.yaml 是主要配置用来生成网络的各项配置的示例模板，core.yaml 为 Peer 节点的启动配置，orderer.yaml 为 Orderer 节点的启动配置
scripts	提供安装脚本

（6）进入 fabric-samples 目录，拉取成功后切换到 v2.4.6 分支，其结果如图 4-5 所示。

```
root@host1:~/go/src/github.com/hyperledger/fabric-samples# git checkout v2.4.6
Note: checking out 'v2.4.6'.

You are in 'detached HEAD' state. You can look around, make experimental
changes and commit them, and you can discard any commits you make in this
state without impacting any branches by performing another checkout.

If you want to create a new branch to retain commits you create, you may
do so (now or later) by using -b with the checkout command again. Example:

  git checkout -b <new-branch-name>

HEAD is now at 0fe4d09 Fix network.sh (#886)
```

图 4-5　设置 Fabric 分支版本

```
cd fabric-samples/
git checkout v2.4.6
```

（7）在 fabric-samples 目录，通过 X-Shell 将 hyperledger-fabric-linux-amd64-2.4.6.tar.gz 传进去，并对其进行解压缩操作，然后关闭该虚拟机。此时，该虚拟机既可以用于单机版 Fabric 网络的部署，也可以用于分布式多节点 Fabric 网络的部署。

```
tar -xzvf hyperledger-fabric-linux-amd64-2.4.6.tar.gz
poweroff
```

（8）Fabric 部署脚本文件 bootstrap.sh。

① bootstrap.sh 脚本的作用。bootstrap.sh 脚本的作用是为了一键部署 Fabric 网络，主要有 3 个功能，分别是克隆 Github 上的 Fabric 源码、拉取 Fabric 的二进制源码文件和拉取 Fabric 的相关 Docker 镜像。在 bootstrap.sh 脚本中，核心函数的作用如表 4–4 所示。

表 4–4　bootstrap.sh 中核心函数的功能与作用

函数名	功能与作用
cloneSamplesRepo	拉取测试网络 fabric–samples 文件
pullBinaries	拉取 Fabric 二进制源码文件
pullDockerImages	拉取 Fabric 的 Docker 镜像

② bootstrap.sh 脚本代码解析。最后一大段代码是 bootstrap.sh 脚本的主逻辑代码，如图 4–6 所示。从图 4–6 中可以看到，主逻辑是先拉取 Fabric 测试网络 fabric–samples 文件，然后拉取 Fabric 二进制源码文件，最后再从 Docker 中拉取 Fabric 的相关镜像文件。但由于拉取 Fabric 测试网络文件和 Fabric 二进制文件的时候使用的是 GitHub 源地址，下载速度非常缓慢，并且易出现下载中断的问题，所以会在第（4）步中将 SAMPLES 和 BINARISE 的参数改为 false，改为去 gitee 中进行手动下载或者直接去 GitHub 网站进行下载。由于已经将下载 Docker 镜像的源地址设置成国内源地址，故 Fabric 的 Docker 镜像下载不受影响。

（9）Fabric 中的主要命令。在 fabric–samples 中执行命令“tree bin/”，可以看到在 Fabric 开发中使用到了一些命令，结果如图 4–7 所示，命令的主要功能如表 4–5 所示。输入如下指令，将 Fabric 的指令复制至 usr/local/bin 里面，使其作为全局命令来使用。

cd /bin

cp * /usr/local/bin/

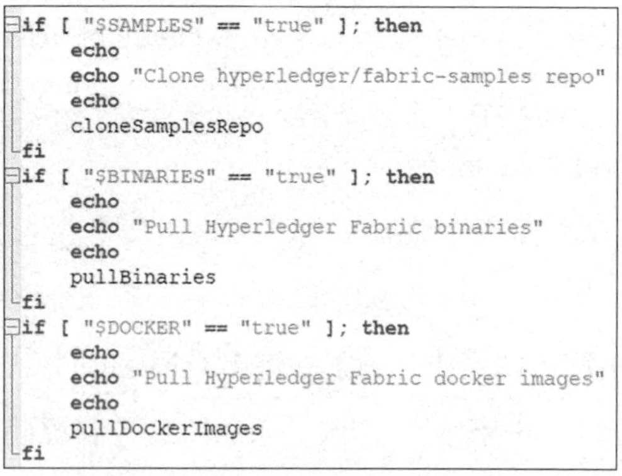

```
if [ "$SAMPLES" == "true" ]; then
    echo
    echo "Clone hyperledger/fabric-samples repo"
    echo
    cloneSamplesRepo
fi
if [ "$BINARIES" == "true" ]; then
    echo
    echo "Pull Hyperledger Fabric binaries"
    echo
    pullBinaries
fi
if [ "$DOCKER" == "true" ]; then
    echo
    echo "Pull Hyperledger Fabric docker images"
    echo
    pullDockerImages
fi
```

图 4-6　bootstrap.sh 脚本的主逻辑代码

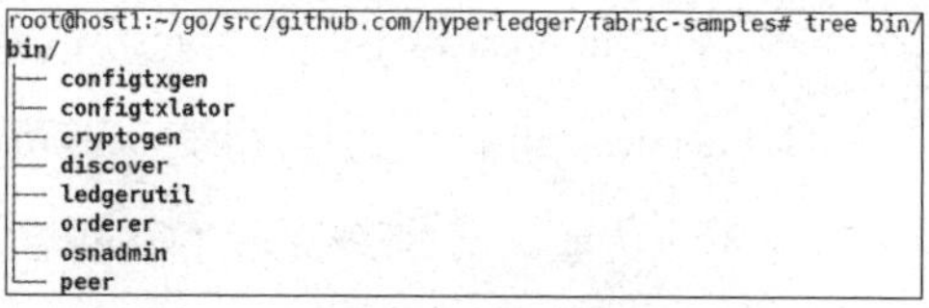

```
root@host1:~/go/src/github.com/hyperledger/fabric-samples# tree bin/
bin/
├── configtxgen
├── configtxlator
├── cryptogen
├── discover
├── ledgerutil
├── orderer
├── osnadmin
└── peer
```

图 4-7　Fabric 开发中的主要命令

表 4-5　fabric-samples/bin 目录下的命令

命令名	功能与作用
configtxgen	创建或查看通道 Channel 相关的构件，如生成创世块文件、生成 Channel 文件、更新锚节点等
configtxlator	将 Fabric 的数据结构在 protobuf 和 JSON 之间进行转换
cryptogen	生成 Hyperledger Fabric 的密钥
diccover	发现网络的相关信息，遍历和返回整个 Fabric 网络
ledgerutil	操作账本交易
orderer	对交易进行排序等操作
osnadmin	进行 Channel 的创建和移除操作
peer	对 Fabric 区块链网络中的节点进行管理

4.2.4　开启测试网络

（1）启动一个 Fabric 网络主要包括以下步骤。

①规划初始网络拓扑。根据整体联盟的要求规划拓扑信息，包括联盟成员、排序服务集群、应用通道的初始成员等。

②准备启动配置文件。其包括网络中组织结构和对应的身份证书、系统通道的初始配置区块文件、新建应用通道的配置更新交易文件，以及可能需要的配置更新交易文件等。

③启动排序节点。使用系统通道的初始区块文件启动排序服务，排序服务启动后会自动按照指定的配置创建系统通道。

④启动 Peer 节点。不同的组织按照预置角色启动 Peer 节点。

⑤创建通道 Channel。客户端使用新建应用通道的配置更新交易文件，向系统通道发送交易，创建新的应用通道 Channel。

⑥加入通道 Channel。Peer 节点利用初始区块加入所创建的应用通道 Channel 中。

（2）开启测试网络。开启测试网络需要在 fabric-samples/test-network 目录下进行操作，该目录下的 network.sh 脚本是一个用于管理 Fabric 网络的脚本。它包含了一些命令行参数，可以根据不同的参数实现对 Fabric 网络的构建、操作和清理等操作。下面是 network.sh 脚本常用的一些参数。

- up：部署 Fabric 网络
- createChannel：创建通道
- deployCC：安装链代码并进行实例化
- addOrg：添加新的组织节点
- addOrderer：添加新的排序节点
- updateAnchorPeers：更新锚节点
- down：关闭并清理 Fabric 网络

在开启测试网络之前，对 4.2.3 节的 Ubuntu 虚拟机进行克隆操作，并配置合适的 IP 地址，保证其能访问互联网。

①删除多余的容器或工程。在 test-network 目录中，运行以下命令删除先前运行的所有容器或工程，确保在干净的环境下运行 Fabric。

```
cd go/src/github.com/hyperledger/fabric-samples/test-network
./network.sh down
```

②启动测试网络。通过执行以下命令来启动网络，但是没有创建任何 channel。启动成功后可以通过 docker 指令查看到所启动的 3 个 Docker 节点容器，结果如图 4-8 所示。从图 4-8 中可以看到该命令创建一个由 2 个对等 Peer 节点和 1 个 Orderer 排序节点组成的 Fabric 网络。

```
./network.sh up
docker ps -a
```

③ test-network 的组成部分。在 Fabric 中，与其网络互动的每个节点和用

```
root@Fabric:~/go/src/github.com/hyperledger/fabric-samples/test-network# docker ps -a
CONTAINER ID   IMAGE                                COMMAND             CREATED          STATUS
               NAMES
b31bdbab04df   hyperledger/fabric-tools:latest      "/bin/bash"         25 seconds ago   Up 23 seconds
               cli
32523b71694e   hyperledger/fabric-orderer:latest    "orderer"           26 seconds ago   Up 25 seconds
43->9443/tcp   orderer.example.com
ed34f3aab4d2   hyperledger/fabric-peer:latest       "peer node start"   26 seconds ago   Up 25 seconds
               peer0.org1.example.com
a57d18794143   hyperledger/fabric-peer:latest       "peer node start"   26 seconds ago   Up 24 seconds
               peer0.org2.example.com
```

图 4–8 启动 Fabric 网络

户都必须属于一个网络成员的组织。Fabric 网络成员的所有组织通常称为联盟（Consortium）。在刚才启动的测试网络中有两个联盟成员：Org1 和 Org2。同时该网络还包括一个维护网络排序服务的 Orderer 排序组织。

Peer 节点是任何 Fabric 网络的基本组件。对等节点存储区块链账本并在交易之前对其进行验证。同行运行包含业务用于管理区块链账本的智能合约上的业务逻辑。网络中的每个对等方都必须属于该联盟的成员。在测试网络里，每个组织各自运营一个对等节点：peer0.org1.example.com 和 peer0.org2.example.com。

在该测试 Fabric 网络还包括一个 Orderer 排序服务。虽然对等节点验证交易并将交易块添加到区块链账本，但它们不决定交易顺序或包含它们进入新的区块。在分布式网络上，对等点可能运行得很远，彼此没有什么共同点，并且对何时创建事务没有共同的看法。

④创建 Channel。启动测试网络后，可以使用脚本创建用于在 Org1 和 Org2 之间进行交易的 Fabric 通道。 Channel 是特定网络成员之间的专用通信层。Channel 只能由被邀请加入通道的组织使用，并且对网络的其他成员不可见。每个 Channel 都有一个单独的区块链账本。被邀请的组织“加入”它们的对等节点来存储其 Channel 账本并验证交易。执行以下命令可创建一个默认名称为“mychannel”的 Channel，若创建 Channel 命令执行成功，则可以返回“Channel 'mychannel' joined”。

```
./network.sh createChannel
```

4.2.5 部署链码

创建 Channel 后，可以开始使用链码与 Channel 账本交互。链码是超级账本 Fabric 中的智能合约，是指运行在 Fabric 区块链网络上的一个程序，用于定义和管理区块链网络中的业务逻辑和状态转换。链码可以被看作是一种特殊的应用程序，它可以实现各种复杂的业务逻辑，并将自身部署到 Fabric 网络中的 Peer 节点，通过网络交互来达成共识。链码包含管理区块链账本上资产的业务逻辑。在成员运行的应用程序网络中调用链码实现账本资产的创建、更改和转让，同时应用程序通过链码查询或读取账本里的相关数据。

为确保交易安全有效，使用链码创建的交易通常需要由多个组织签名才能提交到 Channel 账本。多签名是 Fabric 信任模型不可或缺的一部分。一项交易需要多次背书，以防止一个 Channel 上的单一组织使用 Channel 不同意的业务逻辑篡改其对等节点的分类账本。 若要签署交易，每个组织都需要调用并在其对等节点上执行链码，然后签署交易的输出。 如果输出是一致的并且已经有足够的组织签名，则可以将交易提交到账本。该政策被称为背书政策，指定需要执行链码 Channel 上的已设置组织合同，针对每个链码设置为链码定义的一部分。

在 Fabric 中，智能合约作为链码以软件包的形式部署在网络上。链码安装在组织的对等 Peer 节点上，然后部署到某个 Channel，最后可以在该 Channel 中用于认可交易和区块链账本交互。 在将链码部署到 Channel 前，该 Channel 的成员需要就链码定义达成共识，建立链码治理。何时达到要求数量的组织同意后，链码定义就可以提交给 Channel，并且可以使用链码了。

在 Fabric 中，最简单的链码操作就是使用命令行。自 2.0 版本开始，Fabric 正式启动了新的生命周期系统链码用于管理链码，在客户端中通过新的 peer lifecycle chaincode 子命令对链码进行打包、安装、批注和提交等生命周期管理，从而全面取代了 1.× 版本中的 peer chaincode 命令。常见子命令的功能如表 4-6 所示，链码的生命周期如图 4-9 所示。

表 4-6 链码操作命令

命令	功能
peer lifecycle chaincode package	将链码打包成一个标准的 tar.gz 格式文件，并生成相应的元数据信息，方便后续在 Fabric 网络中进行分发、安装和升级
peer lifecycle chaincode install	将链码安装到 Fabric 网络中的指定 Peer 节点上，并确保链码转换为 Fabric 网络中的合约实例
peer lifecycle chaincode queryinstalled	查询已安装的链码包的详细信息，并基于此信息选择需要进一步操作的链码包，例如 approve 或 commit 等操作
peer lifecycle chaincode approveformyorg	对指定版本的链码进行批准，以确保链码的安全性和可靠性
peer lifecycle chaincode checkcommitreadiness	检查指定版本的链码是否已经准备好提交到 Fabric 网络中

续表

命令	功能
peer lifecycle chaincode commit	将批准好的链码提交到 Fabric 网络中
peer lifecycle chaincode querycommitted	查询当前 Fabric 网络中已经提交的链码列表
peer lifecycle chaincode getinstall	获取指定链码的安装包，以便进行后续的链码打包、安装和实例化等操作
peer chaincode invoke	对指定链码的智能合约方法的调用，参与 Fabric 网络中的复杂业务流程，并且可以及时了解调用结果和状态信息
peer chaincode query	查询指定链码的状态信息，以便了解链码的当前状态和状态变化情况

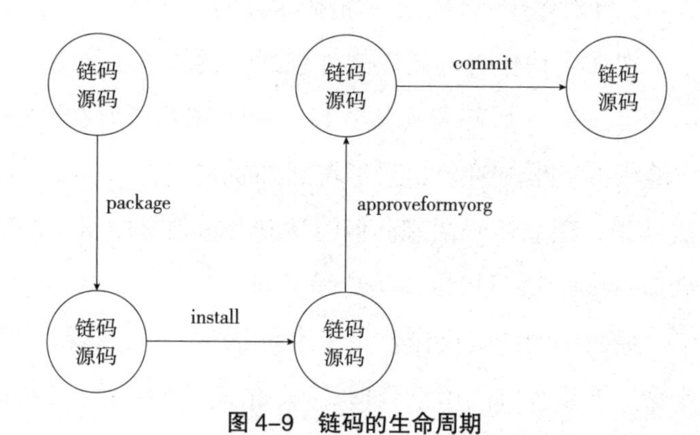

图 4–9　链码的生命周期

链码的操作支持全局命令选项，对应的功能如表 4–7 所示。

表 4–7　链码操作命令选项

全局选项	含义
--cafile	执行链码操作时使用指定 TLS 证书颁发机构（CA）的证书文件路径，对传输进行加密，保证数据传输的安全性
--certfile	执行链码操作时与排序服务进行双向 TLS 认证，对传输进行加密，保证数据传输的安全性
--clientauth	指定是否启用客户端 TLS 认证，设置为 true 表示开启客户端 TLS 认证，默认为 false
--connTimeout	指定 Fabric 节点与其他节点建立连接的超时时间，默认为 3 秒
--keyfile	在执行链码操作时对传输进行加密，并通过指定节点的 TLS 私钥文件路径进行身份验证，保证数据传输的安全性
-o，--orderer	指定 orderer 排序节点的地址

续表

全局选项	含义
--tls	在执行链码操作时，可以通过使用 --tls 选项启用 TLS 加密，以保护数据传输的安全性
--transient	在执行链码操作时，可以使用该选项将私有数据传输到链码中，并存储在链码中的私有数据中

1. 部署 Go 链码

（1）下载链码依赖包。运行以下命令为链码安装依赖项，命令执行成功后，所依赖的 go 包将安装在一个 vendor 文件夹中。结果如图 4–10 所示。

```
cd ../chaincode/fabcar/go/
GO111MODULE=on go mod vendor
```

```
root@Fabric:~/go/src/github.com/hyperledger/fabric-samples/chaincode/fabcar/go# GO111MODULE=on go mod vendor
go: downloading github.com/hyperledger/fabric-contract-api-go v1.2.0
go: downloading github.com/hyperledger/fabric-chaincode-go v0.0.0-20220720122508-9207360bbddd
go: downloading github.com/hyperledger/fabric-protos-go v0.0.0-20220613214546-bf864f01d75e
go: downloading github.com/xeipuuv/gojsonschema v1.2.0
go: downloading github.com/go-openapi/spec v0.20.6
go: downloading github.com/gobuffalo/packr v1.30.1
go: downloading github.com/golang/protobuf v1.5.2
go: downloading google.golang.org/grpc v1.48.0
go: downloading github.com/xeipuuv/gojsonreference v0.0.0-20180127040603-bd5ef7bd5415
go: downloading github.com/gobuffalo/envy v1.10.1
go: downloading github.com/gobuffalo/packd v1.0.1
go: downloading google.golang.org/protobuf v1.28.0
go: downloading github.com/go-openapi/jsonpointer v0.19.5
go: downloading github.com/go-openapi/jsonreference v0.20.0
go: downloading github.com/go-openapi/swag v0.21.1
go: downloading github.com/xeipuuv/gojsonpointer v0.0.0-20190905194746-02993c407bfb
go: downloading github.com/joho/godotenv v1.4.0
go: downloading github.com/rogpeppe/go-internal v1.8.1
go: downloading google.golang.org/genproto v0.0.0-20220719170305-83ca9fad585f
go: downloading golang.org/x/net v0.0.0-20220708220712-1185a9018129
go: downloading github.com/mailru/easyjson v0.7.7
go: downloading gopkg.in/yaml.v2 v2.4.0
go: downloading golang.org/x/sys v0.0.0-20220715151400-c0bba94af5f8
go: downloading github.com/josharian/intern v1.0.0
go: downloading golang.org/x/text v0.3.7
```

图 4–10　下载链码依赖包

（2）打包链码和其他网络组件。返回到 test–network 目录，执行如下命令，将 bin 目录中的二进制文件添加到 CLI 路径中，并设置 FABRIC_CFG_PATH 为 fabric–samples 中的 core.yaml 文件。

```
cd ../../../test-network
export PATH=${PWD}/../bin:$PATH
export FABRIC_CFG_PATH=$PWD/../config/
```

（3）创建链码包。执行 peer lifecycle chaincode package 命令创建链代码包。Package 子命令支持如下的参数：

- --label：链码包的标签

●-l，--lang：链码语言类型，默认为 Golang

●-p，--path：要安装的链码包的路径

```
peer lifecycle chaincode package fabcar.tar.gz \
--path ../chaincode/fabcar/go/ \
--lang golang --label fabcar_1
```

（4）安装链码包。在打包 Fabcar 链码后，可以在当前的节点上安装链代码。链代码需要安装在每个代认可交易的节点上。由于需要将背书策略设置为来自 Org1 和 Org2 的背书，所以需要在两个 Org 中的对等节点上安装链代码。

①在 Org1 的 Peer 节点中安装链码。执行如下命令，设置环境变量以 Peer 作为 Org1 管理员用户操作 Cli。将 CORE_PEER_ADDRESS 设置为指向 Org1 对等体。

```
export CORE_PEER_TLS_ENABLED=true
export CORE_PEER_LOCALMSPID="Org1MSP"
export CORE_PEER_TLS_ROOTCERT_FILE=${PWD}/organizations/peerOrganizations/org1.example.com/peers/peer0.org1.example.com/tls/ca.crt
export CORE_PEER_MSPCONFIGPATH=${PWD}/organizations/peerOrganizations/org1.example.com/users/Admin@org1.example.com/msp
export CORE_PEER_ADDRESS=localhost:7051
```

执行 peer lifecycle chaincode install 命令在对等 Peer 节点上安装链代码，如果命令成功，则会返回“status:200”，并返回该链码的 ID 号。install 子命令支持三个参数。

●--connectionProfile：网络访问信息文件路径，目前仅支持 Peer 连接信息。

●--peerAddresses：请求所发往的 Peer 地址列表。

●--tlsRootCertFiles：所连接的 Peer 信任的 TLS 根证书。

```
peer lifecycle chaincode install fabcar.tar.gz
```

②在 Org2 的 Peer 节点中安装链码。执行如下命令，设置环境变量以作为 Org2 管理员和目标 Org2 对等方运行。

```
export CORE_PEER_LOCALMSPID="Org2MSP"
```

```
export CORE_PEER_TLS_ROOTCERT_FILE=${PWD}/organizations/peerOrganizations/org2.example.com/peers/peer0.org2.example.com/tls/ca.crt
export CORE_PEER_MSPCONFIGPATH=${PWD}/organizations/peerOrganizations/org2.example.com/users/Admin@org2.example.com/msp
export CORE_PEER_ADDRESS=localhost:9051
```

执行 peer lifecycle chaincode install 命令以在对等节点上安装链代码，如果命令成功，则会返回"status:200"，并返回该链码的 ID 号。

```
peer lifecycle chaincode install fabcar.tar.gz
```

③验证。执行如下命令，确认链码已经成功安装，该命令会返回已经安装的所有链码包的信息列表，如图 4-11 所示。queryinstalled 子命令可以查询目标 Peer 上已经安装的链码信息，其支持的参数如下。

```
root@Fabric:~/go/src/github.com/hyperledger/fabric-samples/test-network# peer lifecycle chaincode queryinstalled
Installed chaincodes on peer:
Package ID: fabcar_1:91c27d42a384c0b27ba84698fb485d8f34c3a1aa7df9a1a89c9a9ac0563467dc, Label: fabcar_1
root@Fabric:~/go/src/github.com/hyperledger/fabric-samples/test-network#
```

图 4-11　查询已经安装的链码信息

- --connectionProfile：网络访问信息文件路径，目前仅支持 Peer 连接信息。
- -O，--output：结果输出的格式，目前支持格式化 JSON 格式。
- --peerAddresses：请求所发往的 Peer 地址列表。
- --tlsRootCertFiles：连接 Peer 启用 TLS 时，所信任的 TLS 根证书列表。

```
peer lifecycle chaincode queryinstalled
```

安装链码包时需要注意以下几点。

- 链码包安装后需要进行实例化才能被使用。
- 安装链码之前需要确认 Peer 节点已经加入了正确的组织和通道。
- 如果链码包依赖第三方库，需要预先把这些依赖项打包到链码包中。
- 如果链码更新，需要先将已经安装的链码卸载再进行重新安装。

（5）批准链码定义。

①执行如下命令，使用链码包的 ID，将其保存为环境变量。

```
export CC_PACKAGE_ID=fabcar_1:91c27d42a384c0b27ba84698fb485d8f34c3a1aa7df9a1a89c9a9ac0563467dc
```

②由于环境变量已设置 Peer 成为以 Org2 管理员身份运行的 Cli，因此执行 peer lifecycle chaincode approveformyorg 命令批准链码定义。approveformyorg 子命令允许用户将链码的定义发送给 Peer 进行背书，通过后发给 Orderer 节点进行排序与确认，所有需要执行链码的组织都需要完成此步骤。批准链码的参数如下。

●--channel-config-police：指定链码的背书策略名称，该策略名称需要提前存储在通道策略配置中。

●-C，--channelID：执行命令面向的通道名称。

●--collocations-config：启动私密数据功能时，指定集合文件的路径。

●--connectionProfile：网络访问信息文件路径，目前仅支持 Peer 连接信息。

●-E，--endorsement-plugin：链码所使用的背书插件名称。

●--init-required：是否需要调用 init 方法对链码进行初始化操作。

●-n，--name：链码的名称。

●--package-id：链码安装包的名称。

●--peerAddresses：请求所发往的 Peer 地址列表。

●--sequence：在通道内对链码进行定义的序列号默认为 1，每次更新链码定义则需要递增。

●--signature-policy：指定链码的背书策略，默认采用 Channel/Application/Endorsement 指定的策略，不能与 --channel-config-police 同时使用。

●--tlsRootCertFiles：连接 Peer 启用 TLS 时，所信任的 TLS 根证书列表。

●-V，--validation-plugin：链码所使用的校验系统插件名称。

●--waitForEvent：是否等待事件以确认交易在各个 Peer 提交，默认是开启状态。

●--waitForEventTimeout：等待事件的时间，默认是 30 秒。

```
peer lifecycle chaincode approveformyorg \
-o localhost:7050 \
--ordererTLSHostnameOverride orderer.example.com \
--channelID mychannel \
--name fabcar \
--version 1.0 \
--package-id $CC_PACKAGE_ID \
--sequence 1 \
```

--tls \

--cafile ${PWD}/organizations/ordererOrganizations/example.com/orderers/orderer.example.com/msp/tlscacerts/tlsca.example.com-cert.pem

③执行如下命令，设置环境变量依旧以 Org1 作为管理员运行，并批准链码定义为 Org1。

```
export CORE_PEER_LOCALMSPID="Org1MSP"
export CORE_PEER_MSPCONFIGPATH=${PWD}/organizations/peerOrganizations/org1.example.com/users/Admin@org1.example.com/msp
export CORE_PEER_TLS_ROOTCERT_FILE=${PWD}/organizations/peerOrganizations/org1.example.com/peers/peer0.org1.example.com/tls/ca.crt
export CORE_PEER_ADDRESS=localhost:7051
```

peer lifecycle chaincode approveformyorg \

-o localhost:7050 \

--ordererTLSHostnameOverride orderer.example.com \

--channelID mychannel \

--name fabcar \

--version 1.0 \

--package-id $CC_PACKAGE_ID \

--sequence 1 \

--tls \

--cafile ${PWD}/organizations/ordererOrganizations/example.com/orderers/orderer.example.com/msp/tlscacerts/tlsca.example.com-cert.pem

（6）将链码定义提交给 Channel。在足够数量的组织批准链码定义后，一个组织可以将链码定义提交到 Channel。如果大多数 Channel 成员批准了定义，则提交交易将成功，并且链码定义中约定的参数将在 Channel 上实现。该命令将生成一个 JSON 映射，如果 Channel 成员批准了命令中指定的参数，该映射就会显示 checkcommitreadiness。

①执行 peer lifecycle chaincode checkcommitreadiness 命令来检查 Channel 成员是否已批准相同的链码定义。checkcommitreadiness 子命令可以获得指定链码安装包

的当前批准状态，支持的参数与 approveformyorg 子命令类似，其结果如图 4-12 所示。

```
{
        "approvals": {
                "Org1MSP": true,
                "Org2MSP": true
        }
}
```

图 4-12　检查 Channel 成员是否已批准相同的链码定义

```
peer lifecycle chaincode checkcommitreadiness \
--channelID mychannel \
--name fabcar \
--version 1.0 \
--sequence 1 \
--tls \
--cafile ${PWD}/organizations/ordererOrganizations/example.com/orderers/orderer.example.com/msp/tlscacerts/tlsca.example.com-cert.pem \
--output json
```

②由于作为 Channel 成员的 2 个 Org 都批准了相同的参数，因此链码定义已准备好提交给 Channel。执行 peer lifecycle chaincode commit 命令将链码定义提交到 Channel，其结果如图 4-13 所示。commit 子命令的参数如下。

```
root@Fabric:~/go/src/github.com/hyperledger/fabric-samples/test-network# peer lifecycle chaincode commit -o localhost:7050 --ordererTLSHostnameO
verride orderer.example.com --channelID mychannel --name fabcar --version 1.0 --sequence 1 --tls --cafile ${PWD}/organizations/ordererOrganizati
ons/example.com/orderers/orderer.example.com/msp/tlscacerts/tlsca.example.com-cert.pem --peerAddresses localhost:7051 --tlsRootCertFiles ${PWD}/
organizations/peerOrganizations/org1.example.com/peers/peer0.org1.example.com/tls/ca.crt --peerAddresses localhost:9051 --tlsRootCertFiles ${PWD
}/organizations/peerOrganizations/org2.example.com/peers/peer0.org2.example.com/tls/ca.crt
2023-06-30 21:15:07.795 CST 0001 INFO [chaincodeCmd] ClientWait -> txid [7bba4567f1035660766ee1db45b8d8a0fa39fc430c5b63046bffa82b178ff3ee] commi
tted with status (VALID) at localhost:9051
2023-06-30 21:15:07.831 CST 0002 INFO [chaincodeCmd] ClientWait -> txid [7bba4567f1035660766ee1db45b8d8a0fa39fc430c5b63046bffa82b178ff3ee] commi
tted with status (VALID) at localhost:7051
```

图 4-13　将链码定义提交到 Channel

●--channel-config-police：指定链码的背书策略名称，该策略需要存储在 Channel 策略配置中。

●-C，--channelID：执行命令 Channel 的名称。

●--collection-config：启用私密数据功能时所需集合 JSON 文件的路径。

●-- collectionProfile：网络访问信息文件路径，目前仅支持 Peer 连接信息。

●-E，--endorsement-plugin：链码所使用的背书插件的名称。

●--init-required：是否需要调用 init 方法对链码进行初始化。

●-n，--name：链码的名称。

●--peerAddresses：所连接的 Peer 地址列表。

●--sequence：在通道内对链码进行定义的序列号默认为 1，每次更新链码定义则需要递增。

●--signature-policy：指定链码的背书策略，默认采用Channel/Application/Endorsement指定的策略。

●--tlsRootCertFiles：连接Peer启用TLS时，所信任的TLS根证书列表，连接时需要与Peer地址顺序匹配。

●-V，--validation-plugin：链码所使用的校验系统插件名称。

●--waitForEvent：是否等待事件以确认交易在各个Peer提交，默认是开启状态。

●--waitForEventTimeout：等待事件的时间，默认是30秒。

```
peer lifecycle chaincode commit \
-o localhost:7050 \
--ordererTLSHostnameOverride orderer.example.com \
--channelID mychannel \
--name fabcar \
--version 1.0 \
--sequence 1 \
--tls \
--cafile ${PWD}/organizations/ordererOrganizations/example.com/orderers/orderer.example.com/msp/tlscacerts/tlsca.example.com-cert.pem --peerAddresses localhost:7051 \
--tlsRootCertFiles ${PWD}/organizations/peerOrganizations/org1.example.com/peers/peer0.org1.example.com/tls/ca.crt --peerAddresses localhost:9051 \
--tlsRootCertFiles ${PWD}/organizations/peerOrganizations/org2.example.com/peers/peer0.org2.example.com/tls/ca.crt
```

③执行peer lifecycle chaincode querycommitted命令来确认链码定义是否已提交到Channel。如果链码成功提交到通道，该querycommitted命令将返回链码定义的序列和版本，结果如图4-14所示。querycommitted子命令的参数如下。

●-C，--channelID：执行命令Channel的名称。

●-- collectionProfile：网络访问信息文件路径，目前仅支持Peer连接信息。

●-n，--name：链码的名称。

●-O，--output：结果输出的格式，目前支持格式化JSON格式。

```
Committed chaincode definition for chaincode 'fabcar' on channel 'mychannel':
Version: 1.0, Sequence: 1, Endorsement Plugin: escc, Validation Plugin: vscc,
Approvals: [Org1MSP: true, Org2MSP: true]
```

图 4-14 确认链码定义是否已提交

●--peerAddresses：所连接的 Peer 地址列表。

●-tlsRootCertFiles：连接 Peer 启用 TLS 时，所信任的 TLS 根证书列表，连接时需要与 Peer 地址顺序匹配。

```
peer lifecycle chaincode querycommitted \
--channelID mychannel \
--name fabcar \
--cafile ${PWD}/organizations/ordererOrganizations/example.com/orderers/orderer.example.com/msp/tlscacerts/tlsca.example.com-cert.pem
```

（7）调用链码。在将链码定义提交到 Channel 后，链码将在加入安装链码的 Channel 中的对等节点上启动。Fabcar 链码现在已准备好供客户端应用程序调用。通过 peer chaincode invoke 命令可以调用运行在分类账上创建一组初始汽车，所指定的函数名和参数会被传到链码的 Invoke( ) 方法进行处理。若调用链码成功，则会返回“Chaincode invoke successful. result:status:200”。调用链码的 peer chaincode invoke 子命令支持的参数如下。

●-C，--channelID：执行命令 Channel 的名称。

●-- collectionProfile：网络访问信息文件路径。

●-c，--ctor：传递给链码 Invoke 方法的参数。

●-I，--isInit：是否调用 init 方法对链码进行初始化。

●-n，--name：链码的名称。

●--peerAddresses：所连接的 Peer 地址列表。

●-tlsRootCertFiles：连接 Peer 启用 TLS 时，所信任的 TLS 根证书列表，连接时需要与 Peer 地址顺序匹配。

●--waitForEvent：是否等待事件以确认交易在各个 Peer 提交，默认是开启状态。

●--waitForEventTimeout：等待事件的时间，默认是 30 秒。

```
peer chaincode invoke \
```

-o localhost:7050 \

--ordererTLSHostnameOverride orderer.example.com \

--tls \

--cafile ${PWD}/organizations/ordererOrganizations/example.com/orderers/orderer.example.com/msp/tlscacerts/tlsca.example.com-cert.pem -C mychannel -n fabcar --peerAddresses localhost:7051 \

--tlsRootCertFiles ${PWD}/organizations/peerOrganizations/org1.example.com/peers/peer0.org1.example.com/tls/ca.crt --peerAddresses localhost:9051 \

--tlsRootCertFiles ${PWD}/organizations/peerOrganizations/org2.example.com/peers/peer0.org2.example.com/tls/ca.crt -c '{"function":"initLedger","Args":[]}'

执行如下 peer chaincode query 指令，通过查询函数来读取由链码创建的汽车集合，可以看到所有汽车的信息数据，结果如图 4-15 所示。query 操作与 invoke 操作的区别在于，query 操作用来查询 Peer 上账本的状态，需要链码支持查询逻辑，不会产生交易，也不会与 Orderer 排序节点打交道。同时，query 命令默认只返回一个 Peer 节点的查询结果，其支持的参数如下。

```
root@Fabric:~/go/src/github.com/hyperledger/fabric-samples/test-network# peer chaincode quer
y -C mychannel -n fabcar -c '{"Args":["queryAllCars"]}'
[{"Key":"CAR0","Record":{"make":"Toyota","model":"Prius","colour":"blue","owner":"Tomoko"}},
{"Key":"CAR1","Record":{"make":"Ford","model":"Mustang","colour":"red","owner":"Brad"}},{"Ke
y":"CAR2","Record":{"make":"Hyundai","model":"Tucson","colour":"green","owner":"Jin Soo"}},{
"Key":"CAR3","Record":{"make":"Volkswagen","model":"Passat","colour":"yellow","owner":"Max"}
},{"Key":"CAR4","Record":{"make":"Tesla","model":"S","colour":"black","owner":"Adriana"}},{"
Key":"CAR5","Record":{"make":"Peugeot","model":"205","colour":"purple","owner":"Michel"}},{"
Key":"CAR6","Record":{"make":"Chery","model":"S22L","colour":"white","owner":"Aarav"}},{"Key
":"CAR7","Record":{"make":"Fiat","model":"Punto","colour":"violet","owner":"Pari"}},{"Key":"
CAR8","Record":{"make":"Tata","model":"Nano","colour":"indigo","owner":"Valeria"}},{"Key":"C
AR9","Record":{"make":"Holden","model":"Barina","colour":"brown","owner":"Shotaro"}}]
```

图 4-15　查询链码

- -C，--channelID：执行命令 Channel 的名称。
- -- collectionProfile：网络访问信息文件路径。
- -c，--ctor：传递给链码 Invoke 方法的参数。
- -x，--hex：采用十六进制输出查询结果。
- -n，--name：链码的名称。
- --peerAddresses：所连接的 Peer 地址列表。
- -r，--raw：输出结果的原始字段，默认为格式化打印方式。
- -tlsRootCertFiles：连接 Peer 启用 TLS 时，所信任的 TLS 根证书列表，连接

时需要与 Peer 地址顺序匹配。

```
peer chaincode query \
-C mychannel \
-n fabcar \
-c '{"Args":["queryAllCars"]}'
```

2. 部署 Java 链码

（1）安装 Java 和 Maven。

①安装 Java。将 jdk-8u162-linux-x64.tar.gz 安装包上传至 root 目录下并移动至 /usr/local/ 目录下，对其进行解压缩与重命名操作，然后配置环境变量，最后使用 source 指令让环境变量生效，并使用“java-version”指令查看 Java 的版本，如图 4-16 所示。

```
root@Fabric:~# java -version
java version "1.8.0_162"
Java(TM) SE Runtime Environment (build 1.8.0_162-b12)
Java HotSpot(TM) 64-Bit Server VM (build 25.162-b12, mixed mode)
```

图 4-16 查看 Java 版本

```
mv jdk-8u162-linux-x64.tar.gz /usr/local/
cd /usr/local/
tar -zxvf jdk-8u162-linux-x64.tar.gz
mv jdk1.8.0_162/ jdk1.8
cd ~
vim /etc/profile                          # 配置环境变量
```

```
export JAVA_HOME=/usr/local/jdk1.8
export PATH=$JAVA_HOME/bin:$PATH
export CLASSPATH=.:$JAVA_HOME/lib/dt.jar:$JAVA_HOME/lib/tools.jar
```

```
source /etc/profile
java -version
```

②安装 Maven。使用 wget 方法下载 Maven 的压缩文件，安装方法和 Java 一样，

将压缩包移动至 /usr/local/ 目录下，对其进行解压缩与重命名操作，然后配置环境变量，最后使用 source 指令让环境变量生效，并使用“mvn -v”指令查看 Maven 的版本，如图 4-17 所示。

```
root@Fabric:~# mvn -v
Apache Maven 3.3.9 (bb52d8502b132ec0a5a3f4c09453c07478323dc5; 2015-11-11T00:41:47+08:00)
Maven home: /usr/local/maven
Java version: 1.8.0_162, vendor: Oracle Corporation
Java home: /usr/local/jdk1.8/jre
Default locale: en_US, platform encoding: UTF-8
OS name: "linux", version: "5.4.0-126-generic", arch: "amd64", family: "unix"
```

图 4-17 查看 Maven 版本

wget http://mirrors.tuna.tsinghua.edu.cn/apache/maven/maven-3/3.3.9/binaries/apache-maven-3.3.9-bin.tar.gz

mv apache-maven-3.3.9-bin.tar.gz /usr/local/

cd /usr/local/

tar -zxvf apache-maven-3.3.9-bin.tar.gz

mv apache-maven-3.3.9 maven

cd ~

vim /etc/profile

```
export MAVEN_HOME=/usr/local/maven
export PATH=$MAVEN_HOME/bin:$PATH
```

source /etc/profile

mvn -v

（2）启动 Fabric 网络并创建 Channel。（若在 4.2.5 节启动了 Fabric 网络，则不需要此步骤）

在 go/src/github.com/hyperledger/fabric-samples/test-network 目录中启动 Fabric 网络，并创建 Channel。此时 docker 容器只启动了 4 个，分别是 hyperledger/fabric-tools:latest、hyperledger/fabric-orderer:latest 和 2 个 hyperledger/fabric-peer:latest。

./network.sh up createChannel

（3）打包智能合约。

①在 /root/go/src/github.com/hyperledger/fabric-samples/chaincode 中下载 hyperledger-fabric-contract-java-demo 合约源码到本地。

```
cd ../chaincode/
git clone https://gitee.com/kernelHP/hyperledger-fabric-contract-java-demo.git
```

②返回到 test-network 所在目录，将链码和其他网络部件打包在一起。

```
cd ../test-network
```

③将 bin 目录中的二进制文件添加到 CLI 路径。

所需格式的链码包可以使用 Peer CLI 创建，使用以下命令将这些二进制文件添加到你的 CLI 路径。

```
export PATH=${PWD}/../bin:$PATH
```

④设置 FABRIC_CFG_PATH 指向 fabric-samples 中的 core.yaml 文件。

```
export FABRIC_CFG_PATH=$PWD/../config/
```

⑤创建链码包。

输入如下指令，将链码包打包成 tar.gz 文件，其中该命令将在当前目录中创建一个名为 hyperledger-fabric-contract-java-demo.tar.gz 的链码包。--lang 标签用于指定链码语言，--path 标签提供智能合约代码的位置，该路径必须是标准路径或相对于当前工作目录的路径，--label 标签用于指定一个链码标签，该标签将在安装链码后对其进行标识。建议标签包含链码名称和版本。打包完毕后可以在 test-network 目录下查看到已经打包好的链码包，结果如图 4-18 所示。

```
peer lifecycle chaincode package hyperledger-fabric-contract-java-demo.tar.gz \
--path ../chaincode/hyperledger-fabric-contract-java-demo/ \
--lang java \
--label hyperledger-fabric-contract-java-demo_1
```

```
root@Fabric:~/go/src/github.com/hyperledger/fabric-samples/test-network# ll
total 188
drwxr-xr-x 10 root root  4096 6月   4 15:45 ./
drwxr-xr-x 34 root root  4096 5月  16 19:37 ../
drwxr-xr-x  4 root root  4096 5月  16 19:37 addOrg3/
-rw-r--r--  1 root root 13717 5月  16 19:37 CHAINCODE_AS_A_SERVICE_TUTORIAL.md
drwxr-xr-x  2 root root  4096 6月   4 11:49 channel-artifacts/
drwxr-xr-x  4 root root  4096 5月  16 19:37 compose/
drwxr-xr-x  2 root root  4096 5月  16 19:37 configtx/
-rw-r--r--  1 root root   344 5月  16 19:37 .gitignore
-rw-------  1 root root 91327 6月   4 15:45 hyperledger-fabric-contract-java-demo.tar.gz
-rw-r--r--  1 root root   268 6月   4 11:49 log.txt
-rwxr-xr-x  1 root root   774 5月  16 19:37 monitordocker.sh*
-rwxr-xr-x  1 root root 20292 5月  16 19:37 network.sh*
drwxr-xr-x  6 root root  4096 6月   4 10:38 organizations/
drwxr-xr-x  5 root root  4096 5月  16 19:37 prometheus-grafana/
-rw-r--r--  1 root root  2994 5月  16 19:37 README.md
drwxr-xr-x  3 root root  4096 5月  16 19:37 scripts/
-rwxr-xr-x  1 root root  2291 5月  16 19:37 setOrgEnv.sh*
drwxr-xr-x  2 root root  4096 5月  16 19:37 system-genesis-block/
```

图 4-18 查看已经打包好的链码包

（4）安装链码包。打包 hyperledger-fabric-contract-java-demo 智能合约后，可以在 Peer 节点上安装链码。需要在将认可交易的每个 Peer 节点上安装链码。由于将设置背书策略以要求来自 Org1 和 Org2 的背书，所以需要在两个 Org 中的 Peer 节点上安装链码，即 peer0.org1.example.com 和 peer0.org2.example.com

①在 Org1 中的 Peer 节点安装链码。设置以下环境变量，以 Org1 管理员的身份操作 Peer 的 Cli。

```
export CORE_PEER_TLS_ENABLED=true
export CORE_PEER_LOCALMSPID="Org1MSP"
export CORE_PEER_TLS_ROOTCERT_FILE=${PWD}/organizations/
peerOrganizations/org1.example.com/peers/peer0.org1.example.com/tls/ca.crt
export CORE_PEER_MSPCONFIGPATH=${PWD}/organizations/peerOrganizations/
org1.example.com/users/Admin@org1.example.com/msp
export CORE_PEER_ADDRESS=localhost:7051
```

使用如下的 peer lifecycle chaincode install 指令在 Peer 节点上安装链码。

peer lifecycle chaincode install hyperledger-fabric-contract-java-demo.tar.gz

在链码的安装过程中需要下载依赖的 jar 包文件，由于下载 jar 包文件是通过一个名为 hyperledger/fabric-javaenv:2.4 的 Docker 容器进行下载，所以整个过程会非常缓慢，甚至出现多次下载失败所提示的报错。如果报错“chaincode install failed with status:500 – error in simulation”，可以再执行一遍或者多遍上面的指令。在安装链码过程中，为了查看下载进度，可以另外开一个窗口查看该容器的工作日志文件，当工作日志中提示“BUILD SUCCESS”的时候表示依赖的 jar 包都下载完毕了，结果如图 4–19 所示。

```
[INFO] Replacing /tmp/tmp.ehcnHP/target/chaincode.jar with /tmp/tmp.ehcnHP/ta
[INFO] ------------------------------------------------------------------------
[INFO] BUILD SUCCESS
[INFO] ------------------------------------------------------------------------
[INFO] Total time:  03:33 min
[INFO] Finished at: 2023-06-04T08:10:36Z
```

图 4–19 链码打包成功

指令：docker logs –f 容器 ID

注意事项：

● 安装链码时，链码由 Peer 节点构建。如果智能合约代码有问题，install 命令将从链码中返回所有构建错误。因为安装 Java 链码的时候需要经过 Maven 构建以及下载依赖包的过程，这个过程有可能会较慢，所以 install 命令有可能会返回一个超时错误。但是其实链码的 Docker 容器内此时还在执行构建任务没有完成。等到构建成功了链码包也就安装成功了。

● 当链码已经安装完毕后，虽然在报错的开头会提示“chaincode install failed with status:500– failed to invoke backing implementation”，但是当看到提示“chaincode already successfully installed”表示该链码已经安装完毕，结果如图 4–20 所示。

```
root@Fabric:~/go/src/github.com/hyperledger/fabric-samples/test-network# peer lifecycle chaincode install hyperle
dger-fabric-contract-java-demo.tar.gz
Error: chaincode install failed with status: 500 - failed to invoke backing implementation of 'InstallChaincode':
 chaincode already successfully installed (package ID 'hyperledger-fabric-contract-java-demo_1:54a21ac334812b0505
cd548f1aed0bc0a7b603eef44c98a17ef05f004737b451')
```

图 4–20　链码安装完毕

②在 Org2 中的 Peer 节点安装链码。

设置以下环境变量，以 Org2 管理员的身份操作 Peer 的 CLI。

```
export CORE_PEER_LOCALMSPID="Org2MSP"
export CORE_PEER_TLS_ROOTCERT_FILE=${PWD}/organizations/peerOrganizations/org2.example.com/peers/peer0.org2.example.com/tls/ca.crt
export CORE_PEER_TLS_ROOTCERT_FILE=${PWD}/organizations/peerOrganizations/org2.example.com/peers/peer0.org2.example.com/tls/ca.crt
export CORE_PEER_MSPCONFIGPATH=${PWD}/organizations/peerOrganizations/org2.example.com/users/Admin@org2.example.com/msp
export CORE_PEER_ADDRESS=localhost:9051
```

使用如下的 peer lifecycle chaincode install 命令在 Peer 节点上安装链码，若出现安装失败，可多执行几次命令。

```
peer lifecycle chaincode install hyperledger-fabric-contract-java-demo.tar.gz
```

（5）通过链码定义。安装链码包后，需要通过组织的链码定义。该定义包括链码管理的重要参数，例如名称、版本和链码认可策略。如果组织已在其 Peer 节点上安装了链码，则需要在其组织内通过的链码定义包 ID。包 ID 用于将 Peer 节点上安装的链码与通过的链码定义相关联，并允许组织使用链码来认可交易。

①查询包 ID。输入如下指令可以查看到包 ID，包 ID 是链码标签和链码二进制文件的哈希值的组合。每个 Peer 节点将生成相同的包 ID，结果如图 4-21 所示。

peer lifecycle chaincode queryinstalled

```
root@Fabric:~/go/src/github.com/hyperledger/fabric-samples/test-network# peer lifecycle chaincode queryinstall
ed
Installed chaincodes on peer:
Package ID: hyperledger-fabric-contract-java-demo_1:54a21ac334812b0505cd548f1aed0bc0a7b603eef44c98a17ef05f0047
37b451, Label: hyperledger-fabric-contract-java-demo_1
```

图 4-21　查询包 ID

②当使用链码的时候，为了方便使用包 ID，需要执行如下指令将包 ID 保存为环境变量。

export CC_PACKAGE_ID=hyperledger-fabric-contract-java-demo_1:54a21ac334812b0505cd548f1aed0bc0a7b603eef44c98a17ef05f004737b451

③ Org2 通过链码定义。

由于已经设置了环境变量，为了使 Peer 的 Cli 作为 Org2 管理员进行操作，可以以 Org2 组织级别将 hyperledger-fabric-contract-java-demo 的链码定义通过。使用 peer lifecycle chaincode approveformyorg 命令通过链码定义。部署完毕后返回交易 Hash 等信息，结果如图 4-22 所示。

peer lifecycle chaincode approveformyorg \

-o localhost:7050 \

--ordererTLSHostnameOverride orderer.example.com \

--channelID mychannel \

--name hyperledger-fabric-contract-java-demo --version 1.0 \

--package-id $CC_PACKAGE_ID \

--sequence 1 \

--tls \

--cafile ${PWD}/organizations/ordererOrganizations/example.com/orderers/orderer.example.com/msp/tlscacerts/tlsca.example.com-cert.pem

```
root@Fabric:~/go/src/github.com/hyperledger/fabric-samples/test-network# export CC_PACKAGE_ID=hyperledger-fabr
ic-contract-java-demo_1:54a21ac334812b0505cd548f1aed0bc0a7b603eef44c98a17ef05f004737b451
root@Fabric:~/go/src/github.com/hyperledger/fabric-samples/test-network# peer lifecycle chaincode approveformy
org -o localhost:7050 --ordererTLSHostnameOverride orderer.example.com --channelID mychannel --name hyperledge
r-fabric-contract-java-demo --version 1.0 --package-id $CC_PACKAGE_ID --sequence 1 --tls --cafile ${PWD}/organ
izations/ordererOrganizations/example.com/orderers/orderer.example.com/msp/tlscacerts/tlsca.example.com-cert.p
em
2023-06-05 22:56:35.716 CST 0001 INFO [chaincodeCmd] ClientWait -> txid [234518588f17693c3d8a233fc4daf4d0948b6
92d712d6182c1a6d90b018cedef] committed with status (VALID) at localhost:9051
```

图 4-22　Org2 通过链码定义

④ Org1 通过链码定义。

设置以下环境变量以 Org1 管理员身份运行。

```
export CORE_PEER_LOCALMSPID="Org1MSP"
export CORE_PEER_MSPCONFIGPATH=${PWD}/organizations/peerOrganizations/
org1.example.com/users/Admin@org1.example.com/msp
export CORE_PEER_TLS_ROOTCERT_FILE=${PWD}/organizations/
peerOrganizations/org1.example.com/peers/peer0.org1.example.com/tls/ca.crt
export CORE_PEER_ADDRESS=localhost:7051
```

用 peer lifecycle chaincode approveformyorg 命令通过链码定义，结果如图 4-23 所示。

```
peer lifecycle chaincode approveformyorg \
-o localhost:7050 \
--ordererTLSHostnameOverride orderer.example.com \
--channelID mychannel \
--name hyperledger-fabric-contract-java-demo \
--version 1.0 \
--package-id $CC_PACKAGE_ID \
--sequence 1 \
--tls \
--cafile ${PWD}/organizations/ordererOrganizations/example.com/orderers/
orderer.example.com/msp/tlscacerts/tlsca.example.com-cert.pem
```

```
root@Fabric:~/go/src/github.com/hyperledger/fabric-samples/test-network# peer lifecycle chaincode approveformy
org -o localhost:7050 --ordererTLSHostnameOverride orderer.example.com --channelID mychannel --name hyperledge
r-fabric-contract-java-demo --version 1.0 --package-id $CC_PACKAGE_ID --sequence 1 --tls --cafile ${PWD}/organ
izations/ordererOrganizations/example.com/orderers/orderer.example.com/msp/tlscacerts/tlsca.example.com-cert.p
em
2023-06-05 22:58:26.074 CST 0001 INFO [chaincodeCmd] ClientWait -> txid [d69382517d344eee95c1a5a407c204252a84f
2870449fe92d07c3a1ca26653ea] committed with status (VALID) at localhost:7051
```

图 4-23　Org1 通过链码定义

（6）将链码定义提交给 Channel。

① 使用 peer lifecycle chaincode checkcommitreadiness 命令来检查 Channel 成

员是否已批准相同的链码定义，该命令将生成一个 JSON 映射，该映射显示 Channel 成员是否批准了 checkcommitreadiness 命令中指定的参数，其结果如图 4-24 所示。

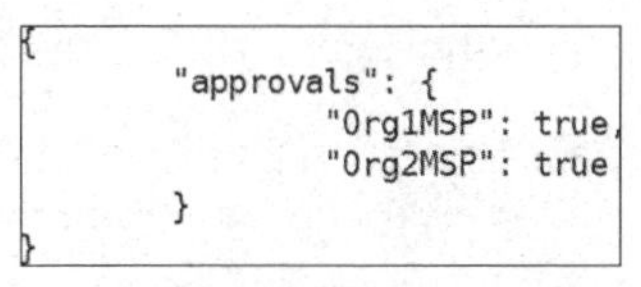

图 4-24　Channel 成员均已批准相同的链码定义

```
peer lifecycle chaincode checkcommitreadiness \
--channelID mychannel \
--name hyperledger-fabric-contract-java-demo \
--version 1.0 \
--sequence 1 \
--tls \
--cafile ${PWD}/organizations/ordererOrganizations/example.com/orderers/orderer.example.com/msp/tlscacerts/tlsca.example.com-cert.pem \
--output json
```

②由于作为 Channel 成员的两个组织都同意了相同的参数，因此链码定义已准备好提交给通道。可以使用 peer lifecycle chaincode commit 命令将链码定义提交到通道。commit 命令还需要由组织管理员提交，其结果如图 4-25 所示。

```
peer lifecycle chaincode commit \
-o localhost:7050 \
--ordererTLSHostnameOverride orderer.example.com \
--channelID mychannel \
--name hyperledger-fabric-contract-java-demo \
--version 1.0 \
--sequence 1 \
--tls \
--cafile ${PWD}/organizations/ordererOrganizations/example.com/orderers/orderer.example.com/msp/tlscacerts/tlsca.example.com-cert.pem \
--peerAddresses localhost:7051 \
--tlsRootCertFiles ${PWD}/organizations/peerOrganizations/org1.example.com/peers/peer0.org1.example.com/tls/ca.crt \
--peerAddresses localhost:9051 \
```

--tlsRootCertFiles ${PWD}/organizations/peerOrganizations/org2.example.com/peers/peer0.org2.example.com/tls/ca.crt

```
root@Fabric:~/go/src/github.com/hyperledger/fabric-samples/test-network# peer lifecycle chaincode commit -o lo
calhost:7050 --ordererTLSHostnameOverride orderer.example.com --channelID mychannel --name hyperledger-fabric-
contract-java-demo --version 1.0 --sequence 1 --tls --cafile ${PWD}/organizations/ordererOrganizations/example
.com/orderers/orderer.example.com/msp/tlscacerts/tlsca.example.com-cert.pem --peerAddresses localhost:7051 --t
lsRootCertFiles ${PWD}/organizations/peerOrganizations/org1.example.com/peers/peer0.org1.example.com/tls/ca.cr
t --peerAddresses localhost:9051 --tlsRootCertFiles ${PWD}/organizations/peerOrganizations/org2.example.com/pe
ers/peer0.org2.example.com/tls/ca.crt
2023-06-05 23:05:48.823 CST 0001 INFO [chaincodeCmd] ClientWait -> txid [e9e5ab61d08a8b6a659f4f83aec70bae06321
4c6cf3c120cd550fb64b5947bc9] committed with status (VALID) at localhost:7051
2023-06-05 23:05:48.824 CST 0002 INFO [chaincodeCmd] ClientWait -> txid [e9e5ab61d08a8b6a659f4f83aec70bae06321
4c6cf3c120cd550fb64b5947bc9] committed with status (VALID) at localhost:9051
```

图 4–25　将链码定义提交给 Channel

③可以使用 peer lifecycle chaincode querycommitted 命令来确认链码定义已提交给 Channel，如果将链码成功提交给 Channel，结果如图 4–26 所示。

peer lifecycle chaincode querycommitted \

--channelID mychannel \

--name hyperledger-fabric-contract-java-demo \

--cafile ${PWD}/organizations/ordererOrganizations/example.com/orderers/orderer.example.com/msp/tlscacerts/tlsca.example.com-cert.pem

```
root@Fabric:~/go/src/github.com/hyperledger/fabric-samples/test-network# peer lifecycle chaincode querycommitt
ed --channelID mychannel --name hyperledger-fabric-contract-java-demo --cafile ${PWD}/organizations/ordererOrg
anizations/example.com/orderers/orderer.example.com/msp/tlscacerts/tlsca.example.com-cert.pem
Committed chaincode definition for chaincode 'hyperledger-fabric-contract-java-demo' on channel 'mychannel':
Version: 1.0, Sequence: 1, Endorsement Plugin: escc, Validation Plugin: vscc, Approvals: [Org1MSP: true, Org2M
SP: true]
```

图 4–26　确认链码定义已提交给 Channel

（7）调用链码。

①执行如下指令调用链码，创建一条猫的数据，当提示“Chaincode invoke successful，result:status:200”，则表示已经猫的数据成功上链，结果如图 4–27 所示。

peer chaincode invoke \

-o localhost:7050 \

--ordererTLSHostnameOverride orderer.example.com \

--tls \

--cafile ${PWD}/organizations/ordererOrganizations/example.com/orderers/orderer.example.com/msp/tlscacerts/tlsca.example.com-cert.pem \

-C mychannel \

```
-n hyperledger-fabric-contract-java-demo \
--peerAddresses localhost:7051 \
--tlsRootCertFiles ${PWD}/organizations/peerOrganizations/org1.example.com/peers/peer0.org1.example.com/tls/ca.crt \
--peerAddresses localhost:9051 \
--tlsRootCertFiles ${PWD}/organizations/peerOrganizations/org2.example.com/peers/peer0.org2.example.com/tls/ca.crt \
-c '{"function":"createCat","Args":["cat-0","tom","3"," 蓝色 "," 大懒猫 "]}'
```

```
2023-06-05 23:11:58.765 CST 0001 INFO [chaincodeCmd] chaincodeInvokeOrQuery -> Chaincode invoke successful. re
sult: status:200 payload:"{\"name\":\"tom\",\"color\":\"\350\223\235\350\211\262\",\"age\":3,\"breed\":\"\345\
244\247\346\207\222\347\214\253\"}"
```

图 4–27 创建猫的数据成功

②查询猫的信息。

执行如下代码可以查询到“cat–0”这只猫的详细信息，结果如图 4–28 所示。

```
peer chaincode query \
-C mychannel \
-n hyperledger-fabric-contract-java-demo \
-c '{"Args":["queryCat","cat-0"]}'
```

```
root@Fabric:~/go/src/github.com/hyperledger/fabric-samples/test-network# peer chaincode query -C mychannel -n
hyperledger-fabric-contract-java-demo -c '{"Args":["queryCat" , "cat-0"]}'
{"name":"tom","color":"蓝色","age":3,"breed":"大懒猫"}
```

图 4–28 cat–0 的详细信息

3. 通过 jar 包安装 Java 链码

在本部分需要提前在 Windows 宿主机中安装 Java、Maven 和 IntelliJ IDEA，并配置好 IntelliJ IDEA 中的 Java 与 Maven 环境。

（1）直接部署 Java 链码的问题。Fabric 支持 Java 语言编写的合约，Java 项目一般都采用了 Maven 或 gradle 进行管理构建，Fabric 也支持这两种构建方式。可以将 .jar 源文件和 pom.xml 或 build.gradle 或 build.gradle.kts 放在同一目录下一起打包，并安装到 Fabric，Fabric 会从目录中寻找 pom.xml 或 build.gradle 或 build.gradle.kts 文件作为构建的依据。

但是这种方式有一个缺点就是会很慢，整个过程是在 hyperledger/fabric-javaenv 容器中进行。在 4.2.5 节中可以发现，整个构建过程非常缓慢，经常会出现下载超时，即便能正常构建，也要持续十几分钟。

为了解决上述问题，Fabric 还支持一种方式就是直接使用打包好的 jar 包，构建过程已经在容器外完成了，直接得到一个 jar 包，hyperledger/fabric-javaenv 容器内发现有这个 jar 包，就会直接使用，前提是目录下不能存在 pom.xml 或 build.gradle 或 build.gradle.kts 文件。

（2）下载 Java 链码文件（在 Windows 宿主机内操作）。打开如下网址，下载 Java 链码压缩文件，解压缩后使用 IntelliJ IDEA 将该项目打开，并同时配置好 IntelliJ IDEA 内的 JDK 和 Maven。

https://gitee.com/kernelHP/hyperledger-fabric-contract-java-demo

（3）生成 jar 包（在 Windows 宿主机内操作）。在 IntelliJ IDEA 内的右侧单击 Maven 工具栏，在当前项目的 Lifecycle 目录下依次执行 clean 和 package 脚本，分别对当前项目的原有 jar 包进行清除和重新打包操作，其结果如图 4-29 和图 4-30 所示。执行完毕后，打包好的 jar 包会存放在本项目的 target 目录中。

```
[INFO] Scanning for projects...
[INFO]
[INFO] ----------< org.hepeng:hyperledger-fabric-contract-java-demo >----------
[INFO] Building hyperledger-fabric-contract-java-demo 1.0-SNAPSHOT
[INFO] --------------------------------[ jar ]---------------------------------
[INFO]
[INFO] --- maven-clean-plugin:2.5:clean (default-clean) @ hyperledger-fabric-contract-java-demo ---
[INFO] ------------------------------------------------------------------------
[INFO] BUILD SUCCESS
[INFO] ------------------------------------------------------------------------
[INFO] Total time:  0.202 s
[INFO] Finished at: 2023-07-02T19:52:48+08:00
[INFO] ------------------------------------------------------------------------

Process finished with exit code 0
```

图 4-29　clean 操作

```
[WARNING] present in two or more JARs. When this happens, only one
[WARNING] single version of the class is copied to the uber jar.
[WARNING] Usually this is not harmful and you can skip these warnings,
[WARNING] otherwise try to manually exclude artifacts based on
[WARNING] mvn dependency:tree -Ddetail=true and the above output.
[WARNING] See http://maven.apache.org/plugins/maven-shade-plugin/
[INFO] Replacing C:\Users\Administrator\Desktop\hyperledger-fabric-contract-java-demo\targe
[INFO] ------------------------------------------------------------------------
[INFO] BUILD SUCCESS
[INFO] ------------------------------------------------------------------------
[INFO] Total time:  6.249 s
[INFO] Finished at: 2023-07-02T19:55:46+08:00
[INFO] ------------------------------------------------------------------------

Process finished with exit code 0
```

图 4-30　package 操作

（4）重新部署 Java 链码（Ubuntu 虚拟机中操作）。

①克隆一台基于 4.2.3 节的虚拟机，配置合适的 IP 地址。

②安装 Java 和 Maven。安装 Java 和 Maven 可参考 4.2.5 节“2. 部署 Java 链码”。

③上传文件。

在 Ubuntu 虚拟机的 go/src/github.com/hyperledger/fabric-samples/chaincode 目录中新建 hyperledger-fabric-contract-java-demo 目录，将 Windows 宿主机内 hyperledger-fabric-contract-java-demo\target\chaincode.jar 文件、META-INF 文件夹和 collections_config.json 文件通过 Xftp 传到此目录中，可以使用 tree 命令查看其当前文件夹的结构，其结构如图 4-31 所示。

```
cd /root/go/src/github.com/hyperledger/fabric-samples/chaincode
mkdir hyperledger-fabric-contract-java-demo
cd hyperledger-fabric-contract-java-demo
tree ./
```

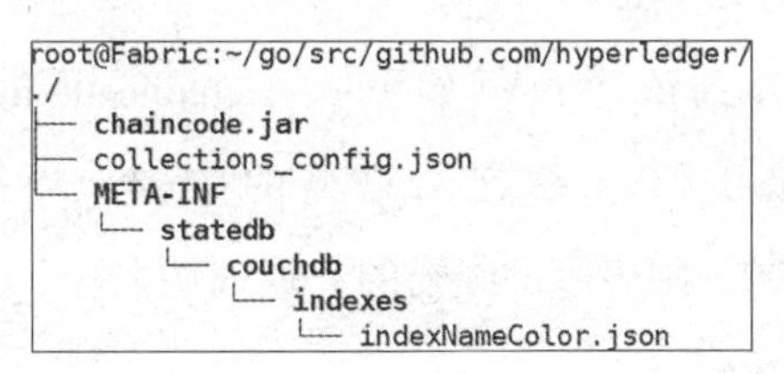

图 4-31　hyperledger-fabric-contract-java-demo 目录结构

④开启 Fabric 网络并创建 Channel。

```
cd ../../test-network
./network.sh up createChannel
```

⑤部署 Java 链码包。

部署 Java 链码包从 4.2.5 节“2. 部署 Java 链码”中的第（3）步中的第③步开始进行操作。在使用 peer lifecycle chaincode install 执行在 Peer 节点上安装链码的过程中，原本需要半小时以上的部署过程，由于提前打包好了 jar 包文件，现在能够在 3 分钟甚至更短的时间内完成这一步操作，从而大幅减少部署 Java 链码的时间。

4.2.6　Fabric 中 CouchDB 的使用

（1）什么是 CouchDB。Fabric 支持两种类型的节点数据库：LevelDB 和

CouchDB。LevelDB 是默认嵌入在 Peer 节点的状态数据库。LevelDB 用于将链码数据存储为简单的键值对，仅支持键、键范围和复合键查询。CouchDB 是一个可选的状态数据库，支持以 JSON 格式在账本上建模数据并支持富查询，以便查询实际数据内容而不是键。CouchDB 同样支持在链码中部署索引，以便高效查询和对大型数据集的支持。

为了发挥 CouchDB 的优势，也就是说基于内容的 JSON 查询，数据必须以 JSON 格式建模。必须在设置 Fabric 网络之前确定使用 LevelDB 还是 CouchDB。由于数据兼容性的问题，不支持节点从 LevelDB 切换为 CouchDB。Fabric 网络中的所有节点必须使用相同的数据库类型。如果开发者想进行 JSON 和二进制数据混合使用，同样可以使用 CouchDB，但是二进制数据只能根据键、键范围和复合键查询。

（2）启动 CouchDB。在 4.2.5 节“2. 部署 Java 链码”的基础上，在 root/go/src/github.com/hyperledger/ fabric-samples/test-network 目录中输入如下指令启动 CouchDB。

```
./network.sh up -s couchdb
```

（3）调用链码。分别依次执行如下 peer chaincode invoke 指令调用已部署的 Java 链码，创建 cat-1 和 cat-2 这两只猫的数据，当提示“Chaincode invoke successful,result:status:200”则表示已经猫的数据成功上链。

```
peer chaincode invoke \
-o localhost:7050 \
--ordererTLSHostnameOverride orderer.example.com \
--tls \
--cafile ${PWD}/organizations/ordererOrganizations/example.com/orderers/orderer.example.com/msp/tlscacerts/tlsca.example.com-cert.pem \
-C mychannel \
-n hyperledger-fabric-contract-java-demo \
--peerAddresses localhost:7051 \
--tlsRootCertFiles ${PWD}/organizations/peerOrganizations/org1.example.com/peers/peer0.org1.example.com/tls/ca.crt \
--peerAddresses localhost:9051 \
--tlsRootCertFiles ${PWD}/organizations/peerOrganizations/org2.example.com/
```

```
peers/peer0.org2.example.com/tls/ca.crt \
    -c '{"function":"createCat","Args":["cat-1","jerry","2"," 棕色 "," 小懒猫 "]}'
                                                                    # 创建 cat-1
    peer chaincode invoke \
    -o localhost:7050 \
    --ordererTLSHostnameOverride orderer.example.com \
    --tls \
    --cafile ${PWD}/organizations/ordererOrganizations/example.com/orderers/
orderer.example.com/msp/tlscacerts/tlsca.example.com-cert.pem \
    -C mychannel \
    -n hyperledger-fabric-contract-java-demo \
    --peerAddresses localhost:7051 \
    --tlsRootCertFiles ${PWD}/organizations/peerOrganizations/org1.example.com/
peers/peer0.org1.example.com/tls/ca.crt \
    --peerAddresses localhost:9051 \
    --tlsRootCertFiles ${PWD}/organizations/peerOrganizations/org2.example.com/
peers/peer0.org2.example.com/tls/ca.crt \
    -c '{"function":"createCat","Args":["cat-2","spike","4"," 灰色 "," 大大懒猫 "]}'
# 创建 cat-2
```

（4）数据查询。分别依次执行如下代码，可以利用富查询的方式，通过猫的 name 查询到“cat-0”“cat-1”和“cat-2”这 3 只猫的详细信息，结果如图 4-32 所示。

```
    peer chaincode query \
    -C mychannel \
    -n hyperledger-fabric-contract-java-demo \
    -c '{"Args":["queryCatByName","tom"]}'              # 查询 cat-0 的信息
    peer chaincode query \
    -C mychannel \
    -n hyperledger-fabric-contract-java-demo \
    -c '{"Args":["queryCatByName","jerry"]}'            # 查询 cat-1 的信息
```

```
peer chaincode query \
-C mychannel \
-n hyperledger-fabric-contract-java-demo \
-c '{"Args":["queryCatByName","spike"]}'                # 查询 cat-2 的信息
```

```
root@Fabric:~/go/src/github.com/hyperledger/fabric-samples/test-network# peer chaincode query \
> -C mychannel \
> -n hyperledger-fabric-contract-java-demo \
> -c '{"Args":["queryCatByName" , "tom"]}'
{"cats":[{"cat":{"color":"蓝色","name":"tom","age":3,"breed":"大懒猫"},"key":"cat-0"}]}
root@Fabric:~/go/src/github.com/hyperledger/fabric-samples/test-network# peer chaincode query \
> -C mychannel \
> -n hyperledger-fabric-contract-java-demo \
> -c '{"Args":["queryCatByName" , "jerry"]}'
{"cats":[{"cat":{"color":"棕色","name":"jerry","age":2,"breed":"小懒猫"},"key":"cat-1"}]}
root@Fabric:~/go/src/github.com/hyperledger/fabric-samples/test-network# peer chaincode query \
> -C mychannel \
> -n hyperledger-fabric-contract-java-demo \
> -c '{"Args":["queryCatByName" , "spike"]}'
{"cats":[{"cat":{"color":"灰色","name":"spike","age":4,"breed":"大大懒猫"},"key":"cat-2"}]}
```

图 4-32　3 只猫的详细信息

（5）通过 CouchDB 浏览器查看上链数据。

①登录 CouchDB。在 Windows 宿主机的浏览器中输入如下网址，便可访问 CouchDB 浏览器，其默认的账号为 admin，密码为 adminpw。登录界面如图 4-33 所示。

虚拟机 IP：5984/_utils

②数据库的账号和密码。CouchDB 数据的账号和密码设置位于 /root/go/src/github.com/hyperledger/fabric-samples/test-network/compose 目录中的 compose-couch.yaml 文件里。默认的账号为 admin，密码为 adminpw。在 services 属性中的 environment 选项中可以直接修改 CouchDB 的用户名和密码，结果如图 4-34 所示。

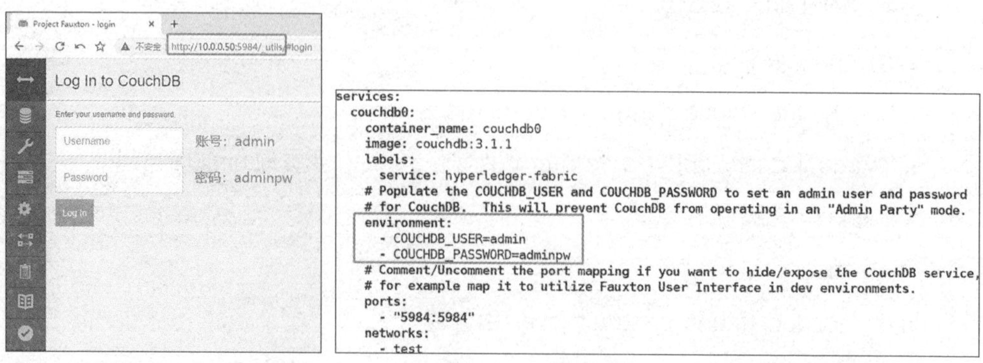

图 4-33　CouchDB 的登录界面　　　　图 4-34　修改 CouchDB 的登录账号和密码

③ CouchDB 的首页。输入正确的账号密码后就可以登录 CouchDB，主界面如图 4-35 所示，可以直接在首页的 Databases 中查看到当前数据库内的所有信息，如部署的 mychannel_hyperledger-fabric-contract-java-demo 项目的上链数据。

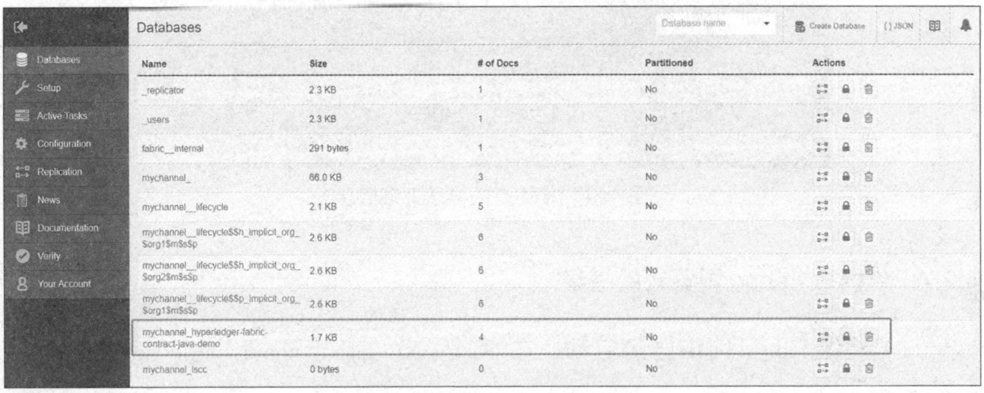

Name	Size	# of Docs	Partitioned	Actions
_replicator	2.3 KB	1	No	
_users	2.3 KB	1	No	
fabric__internal	291 bytes	1	No	
mychannel_	66.0 KB	3	No	
mychannel__lifecycle	2.1 KB	5	No	
mychannel__lifecycle$$h_implicit_org_$org1$msp	2.6 KB	6	No	
mychannel__lifecycle$$h_implicit_org_$org2$msp	2.6 KB	6	No	
mychannel__lifecycle$$p_implicit_org_$org1$msp	2.6 KB	6	No	
mychannel_hyperledger-fabric-contract-java-demo	1.7 KB	4	No	
mychannel_lscc	0 bytes	0	No	

图 4-35 Databases 中的信息

④ hyperledger-fabric-contract-java-demo 链码中的信息。单击 mychannel_hyperledger-fabric-contract-java-demo，可以看到刚才成功上链的 3 只猫的信息，结果如图 4-36 所示。

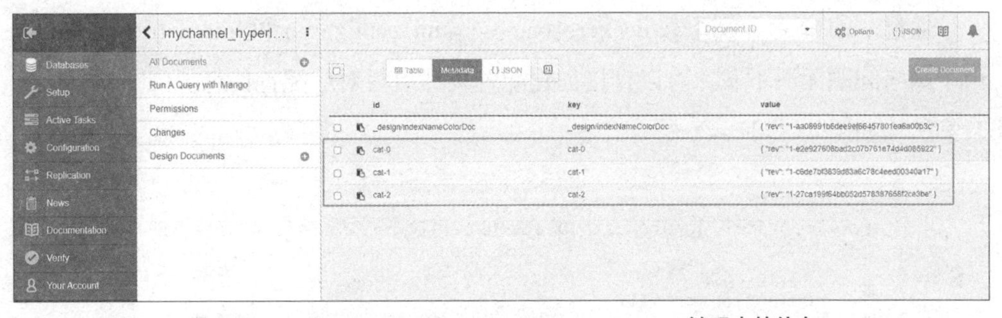

图 4-36 hyperledger-fabric-contract-java-demo 链码中的信息

⑤ cat-0 的上链信息。单击任意一只猫的信息，可以查询到该猫的信息，如 id、age、breed、color 等详细信息，结果如图 4-37 所示。

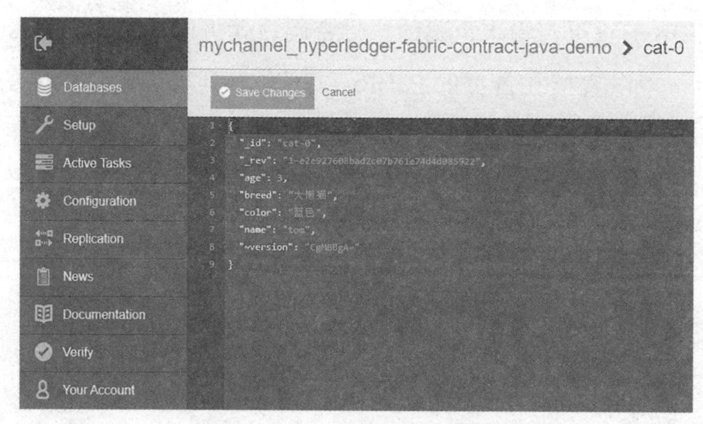

图 4-37　cat-0 的详细上链信息

4.2.7　单机板 Fabric 浏览器的搭建

（1）确保 Fabric 网络已经启动，在 /root/go/src/github.com/hyperledger 目录下新建一个 explorer 文件夹。

```
cd /root/go/src/github.com/hyperledger
mkdir explorer &&cd explorer
```

（2）复制 /fabric-samples/test-network/ 目录下的证书文件夹 organizations 至 explorer 文件夹中。

```
cp -r ../fabric-samples/test-network/organizations/ ./
```

（3）下载 Fabric 浏览器的配置文件。

通过 wget 指令分别下载 docker-compose.yaml、config.json 和 test-network.json（若由于网络问题无法下载，可以直接创建配置文件填写对应配置信息），此时 explorer 目录结构如图 4-38 所示。

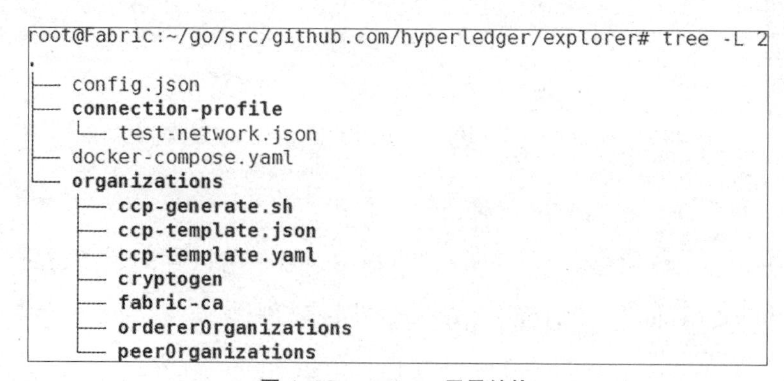

```
root@Fabric:~/go/src/github.com/hyperledger/explorer# tree -L 2
.
├── config.json
├── connection-profile
│   └── test-network.json
├── docker-compose.yaml
└── organizations
    ├── ccp-generate.sh
    ├── ccp-template.json
    ├── ccp-template.yaml
    ├── cryptogen
    ├── fabric-ca
    ├── ordererOrganizations
    └── peerOrganizations
```

图 4-38　explorer 目录结构

wget https://raw.githubusercontent.com/hyperledger/blockchain-explorer/main/examples/net1/config.json

wget https://raw.githubusercontent.com/hyperledger/blockchain-explorer/main/examples/net1/connection-profile/test-network.json -P connection-profile

wget https://raw.githubusercontent.com/hyperledger/blockchain-explorer/main/docker-compose.yaml

（4）修改配置文件。

①执行如下指令，查看当前 Fabric 网络的 NAME，结果如图 4-39 所示。

docker network ls

```
root@Fabric:~/go/src/github.com/hyperledger/explorer# docker network ls
NETWORK ID     NAME          DRIVER    SCOPE
1d1db3a81671   bridge        bridge    local
383c8ae3a4a4   fabric_test   bridge    local
8571746d6637   host          host      local
e71c768b5a23   none          null      local
```

图 4-39　Fabric 网络的 NAME

②修改 config.json。

vim config.json

```
{
    "network-configs":{
        "test-network":{
            "name":"fabric_test",
            "profile":"./connection-profile/test-network.json"
        }
    },
    "license":"Apache-2.0"
}
```

③修改 test-network.json。test-network.json 文件中包含 4 个配置信息，分别是客户端 client、通道 channels、组织 organizations 和 Peer 节点。其中在客户端 client 的配置信息中，配置了 Fabric 浏览器登录所需要的账号和密码信息，在本节中，将账号设为 iie，密码为 123456。

vim connection-profile/test-network.json

```
{
  "name":"fabric_test",
  "version":"1.0.0",
  "client":{
      "tlsEnable":true,
      "adminCredential":{
          "id":"iie",
          "password":"123456"
      },
      "enableAuthentication":true,
      "organization":"Org1MSP",
      "connection":{
          "timeout":{
              "peer":{
                  "endorser":"300"
              },
              "orderer":"300"
          }
      }
  },
  "channels":{
      "mychannel":{
          "peers":{
              "peer0.org1.example.com":{}
          }
      }
  },
  "organizations":{
      "Org1MSP":{
          "mspid":"Org1MSP",
```

```
            "adminPrivateKey":{
                "path":"/tmp/crypto/peerOrganizations/org1.example.com/users/
Admin@org1.example.com/msp/keystore/priv_sk"
            },
            "peers":["peer0.org1.example.com"],
            "signedCert":{
                "path":"/tmp/crypto/peerOrganizations/org1.example.com/users/
Admin@org1.example.com/msp/signcerts/Admin@org1.example.com-cert.pem"
            }
        }
    },
    "peers":{
        "peer0.org1.example.com":{
            "tlsCACerts":{
                "path":"/tmp/crypto/peerOrganizations/org1.example.com/peers/
peer0.org1.example.com/tls/ca.crt"
            },
            "url":"grpcs://peer0.org1.example.com:7051"
        }
    }
}
```

④修改 docker-compose.yaml。在 services 属性里的 explorerdb.mynetwork.com 中，对比 Fabric1.× 版本，2.× 版本中新增了健康检查 healthcheck 属性，其目的是对容器进行定期的检查，4 个字段的用途如表 4-8 所示。

表 4-8　healthcheck 中各个字段的用途

字段	用途
test	字符串或者列表形式的命令
interval	每次执行的间隔时间
timeout	每次执行时的超时时间，超过则不健康
retries	重复次数，若都是失败则表示不健康

vim docker-compose.yaml

```
# SPDX-License-Identifier:Apache-2.0
version:'2.1'

volumes:
 pgdata:
 walletstore:

networks:
 mynetwork.com:
  name:fabric_test

services:

 explorerdb.mynetwork.com:
  image:hyperledger/explorer-db:latest
  container_name:explorerdb.mynetwork.com
  hostname:explorerdb.mynetwork.com
  environment:
   - DATABASE_DATABASE=fabricexplorer
   - DATABASE_USERNAME=hppoc
   - DATABASE_PASSWORD=password
  healthcheck:
   test:"pg_isready -h localhost -p 5432 -q -U postgres"
   interval:30s
   timeout:10s
   retries:5
  volumes:
   - pgdata:/var/lib/postgresql/data
  networks:
   - mynetwork.com

 explorer.mynetwork.com:
  image:hyperledger/explorer:latest
  container_name:explorer.mynetwork.com
```

```
    hostname:explorer.mynetwork.com
    environment:
      - DATABASE_HOST=explorerdb.mynetwork.com
      - DATABASE_DATABASE=fabricexplorer
      - DATABASE_USERNAME=hppoc
      - DATABASE_PASSWD=password
      - LOG_LEVEL_APP=info
      - LOG_LEVEL_DB=info
      - LOG_LEVEL_CONSOLE=debug
      - LOG_CONSOLE_STDOUT=true
      - DISCOVERY_AS_LOCALHOST=false
      - PORT=${PORT:-8080}
    volumes:
      - ${EXPLORER_CONFIG_FILE_PATH}:/opt/explorer/app/platform/fabric/
config.json
      - ${EXPLORER_PROFILE_DIR_PATH}:/opt/explorer/app/platform/fabric/
connection-profile
      - ${FABRIC_CRYPTO_PATH}:/tmp/crypto
      - walletstore:/opt/explorer/wallet
    ports:
      - ${PORT:-8080}:${PORT:-8080}
    depends_on:
      explorerdb.mynetwork.com:
        condition:service_healthy
    networks:
      - mynetwork.com
```

（5）启动 Fabric 浏览器。

①设置环境变量。

```
export EXPLORER_CONFIG_FILE_PATH=./config.json
export EXPLORER_PROFILE_DIR_PATH=./connection-profile
export FABRIC_CRYPTO_PATH=./organizations
```

②启动 Fabric 浏览器。

```
docker-compose up -d
```

③在 Ubuntu 虚拟机或者 Windows 宿主机中的浏览器输入如下网址，可以开启 Fabric 浏览器，其中账号为 iie，密码为 123456，登录界面如图 4-40 所示。

```
虚拟机 IP 地址：8080
```

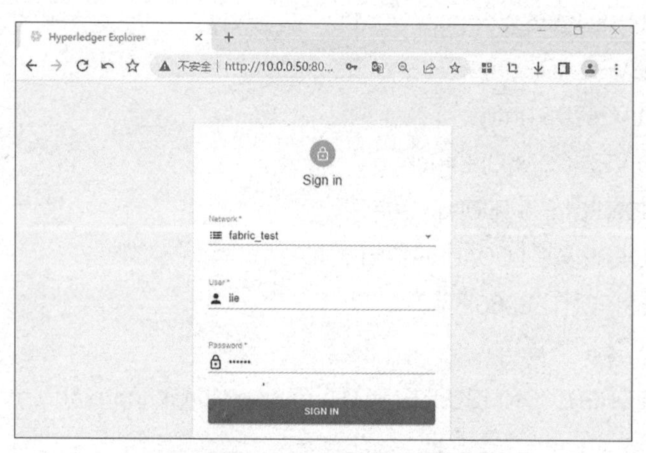

图 4-40 Fabric 浏览器登录界面

④登录之后，可以看到 DASHBOARD 界面下的当前 Fabric 网络相关面板信息，如区块高度、交易信息、Node 节点数量和链码等，由于在 4.2.5 节中分别部署了 Go 链码和 Java 链码，所以当前的 Fabric 网络存在相对应的区块信息和交易信息等数据，结果如图 4-41 所示。

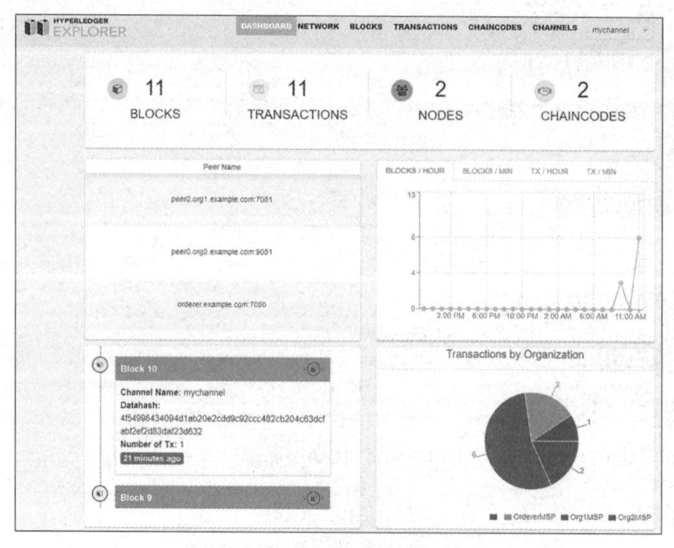

图 4-41 Fabric 浏览器主页面

⑤单击 NETWORK，可以查看到当前 Fabric 网络的相关信息，结果如图 4–42 所示。从图 4–42 中可以看到，当前 Fabric 网络由 2 个 Peer 节点和 1 个 Order 排序节点构成。

Peer Name	Request Url	Peer Type	MSPID	Ledger Height High	Ledger Height Low	Ledger Height Unsigned
peer0.org1.example.co...	peer0.org1.example.co...	PEER	Org1MSP	0	7	true
peer0.org2.example.co...	peer0.org2.example.co...	PEER	Org2MSP	0	7	true
orderer.example.com:7...	orderer.example.com:7...	ORDERER	OrdererMSP	-	-	-

图 4–42　NETWORK 相关信息

⑥单击 BLOCKS，可以查看到当前 Fabric 网络的区块高度和某一个区块的相关信息，如区块高度、区块创建时间、区块 Hash、数据 Hash 和前区块 Hash 等，结果如图 4–43 所示。

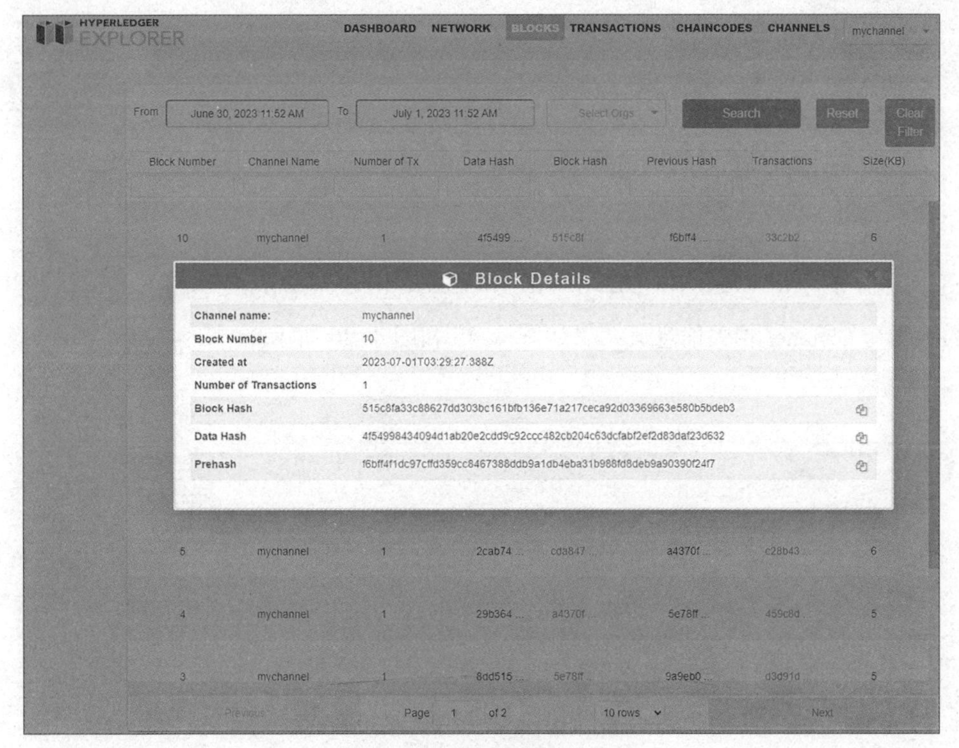

图 4–43　某个区块的相关信息

⑦ 单击 TRANSACTIONS，可以查看到当前 Fabric 网络的交易信息，如交易 ID、交易 Hash、创建时间和交易数据等，结果如图 4–44 所示。

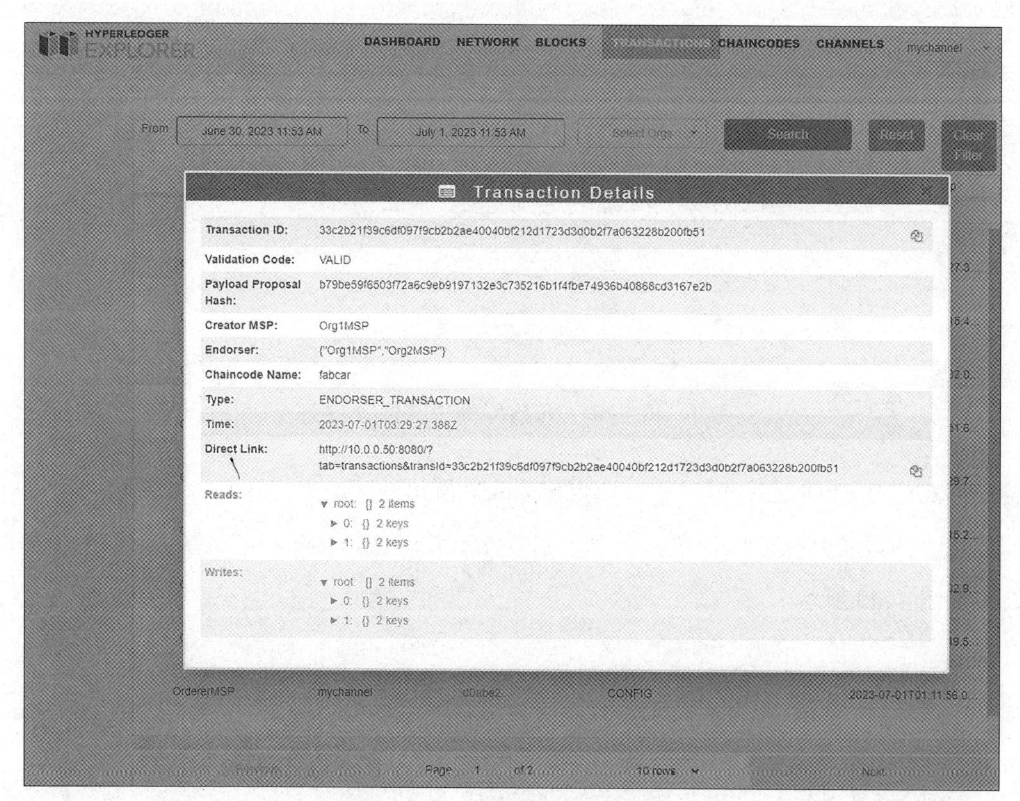

图 4–44　某条交易的相关信息

⑧ 分别单击 CHAINCODES 和 CHANNELS，分别可以查看当前 Fabric 网络中的链码与 Channel 相关信息，结果如图 4–45 和图 4–46 所示。

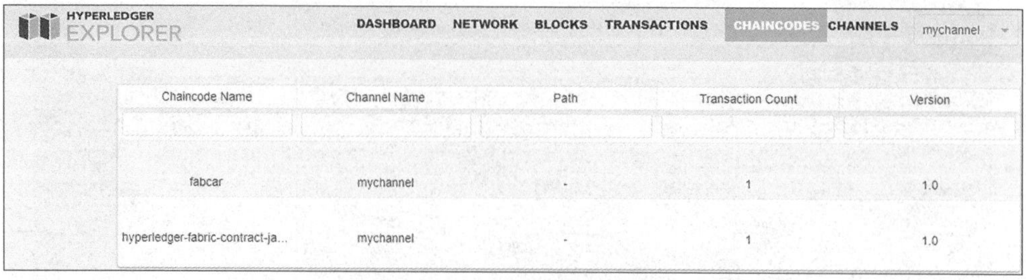

HYPERLEDGER EXPLORER　DASHBOARD　NETWORK　BLOCKS　TRANSACTIONS　CHAINCODES　CHANNELS　mychannel

Chaincode Name	Channel Name	Path	Transaction Count	Version
fabcar	mychannel	-	1	1.0
hyperledger-fabric-contract-ja...	mychannel	-	1	1.0

图 4–45　Fabric 网络中链码的相关信息

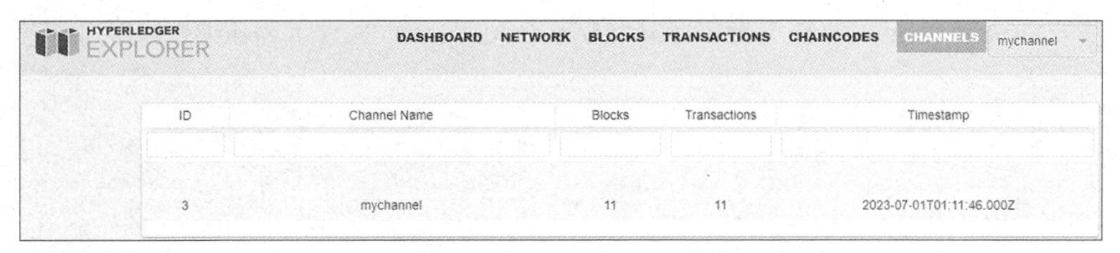

图 4–46　Fabric 网络中 Channel 的相关信息

4.2.8　Fabric 中的 Caliper 测试吞吐量

（1）Caliper 的定义。Caliper 是超级账本 Fabric 中的性能测试工具，用于对 Fabric 网络进行压力测试和性能测试。它具有生成交易负载、执行性能测试和生成性能报告的功能。Caliper 支持不同的智能合约平台和语言，可以使用 JavaScript、Java 和 Go 编写智能合约，并通过配置文件指定测试参数、测试网络拓扑结构等，从而进行性能测试。

在使用 Caliper 测试 Fabric 网络时，需要先按照官方文档指引安装和配置 Caliper，然后通过编写测试脚本来执行测试。测试脚本可以使用 JSON 或 JavaScript 格式编写，根据实际需求生成不同的测试负载，如模拟多个用户并发访问网络、使用不同的交易类型和频率等。在测试过程中，Caliper 会自动收集测试数据，并生成相应的性能报告。由于测试结果受到各种因素的影响，包括网络拓扑、测试参数、测试负载、硬件配置等，因此需要进行多次测试，对比不同的测试结果，才能得出较为准确的结论。

（2）Caliper 的工作流程。在 Caliper 中，可扩展性是其最重要的目标之一。从单台机器生成工作负载可以快速达到机器的资源限制。如果希望工作负载率与所评估的 SUT 的可扩展性和性能特征相匹配，那么需要使用分布式的区块链网络。因此，Caliper（作为一个框架）由两个不同的服务 / 进程组成：一个管理器进程和许多工作进程。

（3）安装 Caliepr。

①安装 nodej.s。

● 在 https://nodejs.org/en/download/releases/ 下载 nodejs16.15.1 的 Linux 安装包：node–v16.15.1–linux–x64.tar.gz。

tar -xvf node-v16.15.1-linux-x64.tar.gz -C /usr/local/ # 将压缩包解压到指定目录下

● 在 /usr/local/ 目录下修改 nodejs 的文件名。

cd /usr/local/

mv node-v16.15.1-linux-x64/ nodejs

cd ~

● 建立软链接。

ln -s /usr/local/nodejs/bin/npm /usr/local/bin/

ln -s /usr/local/nodejs/bin/node /usr/local/bin/

● 设置国内源。

npm config set registry https://registry.npmmirror.com

● 升级 npm 至最新版。

npm install -g npm

● 检查是否安装成功。

node -v && npm -v

● 查看 npm 已安装的软件。

npm ls -g

● 新增的命令行工具 npx。

ln -sf /usr/local/nodejs/bin/npx /usr/local/bin/

②下载 Caliper 的安装包。在 /root/go/src/github.com/hyperledger 目录中下载 Caliper 的安装包。

cd /root/go/src/github.com/hyperledger

git clone https://gitee.com/hyperledger/caliper-benchmarks.git

③初始化 Caliper 项目。进入 caliper-benchmarks 目录中，执行如下指令对 Caliper 项目进行初始化操作，它会在当前目录下生成一个默认的 package.json 文件，该文件里面包含配置文件、启动打包命令、声明依赖包等，结果如图 4-47 所示。

cd caliper-benchmarks/

npm init -y

```
root@Fabric:~/go/src/github.com/hyperledger/caliper-benchmarks# cat package.json
{
  "name": "caliper-benchmarks",
  "version": "1.0.0",
  "description": "This repository contains sample benchmarks that may be used by Caliper, a blockch
ain performance benchmark framework. For more information on Caliper, please see the [Caliper main
repository](https://github.com/hyperledger/caliper/)",
  "main": "index.js",
  "scripts": {
    "test": "echo \"Error: no test specified\" && exit 1"
  },
  "keywords": [],
  "author": "",
  "license": "ISC"
}
```

图 4–47　package.json 文件

④安装 Caliper–Cli。执行如下指令安装 Caliper–Cli，该命令会将相关依赖下载到 node module 目录下，其中在版本选择方面，0.5.0 对应的是 Fabric2.4.6。

```
npm install --only=prod @hyperledger/caliper-cli@0.5.0
npx caliper --version
```

⑤绑定 Fabric SDK。

```
npx caliper bind --caliper-bind-sut fabric:2.4
```

（4）启动 Fabric 测试网络并创建链码。（若在 4.2.5 节部署了 Go 链码则不需要该步骤）

①启动 Fabric 测试网络并创建 Channel。

```
cd ../fabric-samples/test-network
./network.sh up createChannel
```

②创建并启动链码。

```
apt-get install jq -y
./network.sh deployCC -ccn fabcar -ccp ../../caliper-benchmarks/src/fabric/samples/fabcar/go/ -ccl go
```

（5）使用 Caliper 测试吞吐量。

①查看 fabcar 项目的基准配置文件 config.yaml，其中的参数含义如表 4–9 所示。

表 4–9　config.yaml 中的参数

属性	描述
test.name	报告中要显示的基准的简称
test.description	详细描述报告中要显示的基准

续表

属性	描述
test.workers	工人相关配置的对象
test.workers.type	目前未使用
test. workers.number	指定用于执行工作负载的工人进程数量
test.rounds	对象数组，每个对象都描述一个回合的设置
test. test.rounds[i].label	回合的简单名称，通常对应于提交的 TX 类型
test. test.rounds[i].txNumber	Caliper 中 TX 的数量应该在回合中提交
test. test.rounds[i].Duration	Caliper 提交的回合长度（以秒为单位）
test. test.rounds[i].rateControl	描述用于回合的速录控制器的对象
test. test.rounds[i].workload	描述本轮工作负载模块的对象
test. test.rounds[i].workload.module	构建要提交的 TX 的基准工作负载模块实现路径
test. test.rounds[i].workload.arguments	将作为配置传递给工作负载模块的任意对象

②使用 Caliper 进行测试。

在 caliper-benchmarks 目录中输入如下指令使用 Caliper 进行测试，其中的参数如下。

caliper-workspace：指定工作区的路径。

caliper-networkconfig：指定网络配置文件的路径。

caliper-benchconfig：指定基准配置文件的路径。

caliper-flow-only-test：指定只执行测试阶段，因为链码已经安装和初始化。

caliper-fabric-gateway-enable 和 --caliper-fabric-gateway-discovery：指定使用 Fabric 的网关和服务发现功能，因为 Fabric 网络已经启动了网络发现。

```
cd ../../caliper-benchmarks/
npx caliper launch manager \
--caliper-workspace ./ \
--caliper-networkconfig networks/fabric/test-network.yaml \
--caliper-benchconfig benchmarks/samples/fabric/fabcar/config.yaml \
--caliper-flow-only-test \
--caliper-fabric-gateway-enable
```

③最终的测试结果。

等到全部测试完毕，Caliper 给出了最终的测试结果，其结果如图 4–48 所示，里面 4 轮压力测试的最终结果，其中包括成功与失败的交易量、最小最大与平均时延、吞吐量等信息，并同时在 caliper–benchmarks 目录下生成了一个 report.html 压力测试报告文件。

Name	Succ	Fail	Send Rate (TPS)	Max Latency (s)	Min Latency (s)	Avg Latency (s)	Throughput (TPS)
Create a car.	5000	0	52.0	2.05	0.02	0.12	51.0
Change car owner.	1626	0	55.7	2.05	0.03	0.12	52.4
Query all cars.	12155	0	418.7	0.05	0.00	0.01	418.7
Query a car.	30875	0	1064.6	0.03	0.00	0.00	1064.5

2023.08.23-15:25:41.139 info [caliper] [report-builder]   Generated report with path /root/go/src/github.com/hyperledger/caliper-benchmarks/report.html

图 4–48　Caliper 最终测试结果

④查看报告和交易记录。

在 Ubuntu 虚拟机内打开 report.html 报告文件，可以看到报告中涵盖了基准配置和测试结果，其结果如图 4–49 所示。在 Fabric 浏览器中可以看到测试产生了大量的交易，使得区块数量和交易数量相比 4.2.6 节中均有了大幅的增长，结果如图 4–50 所示。

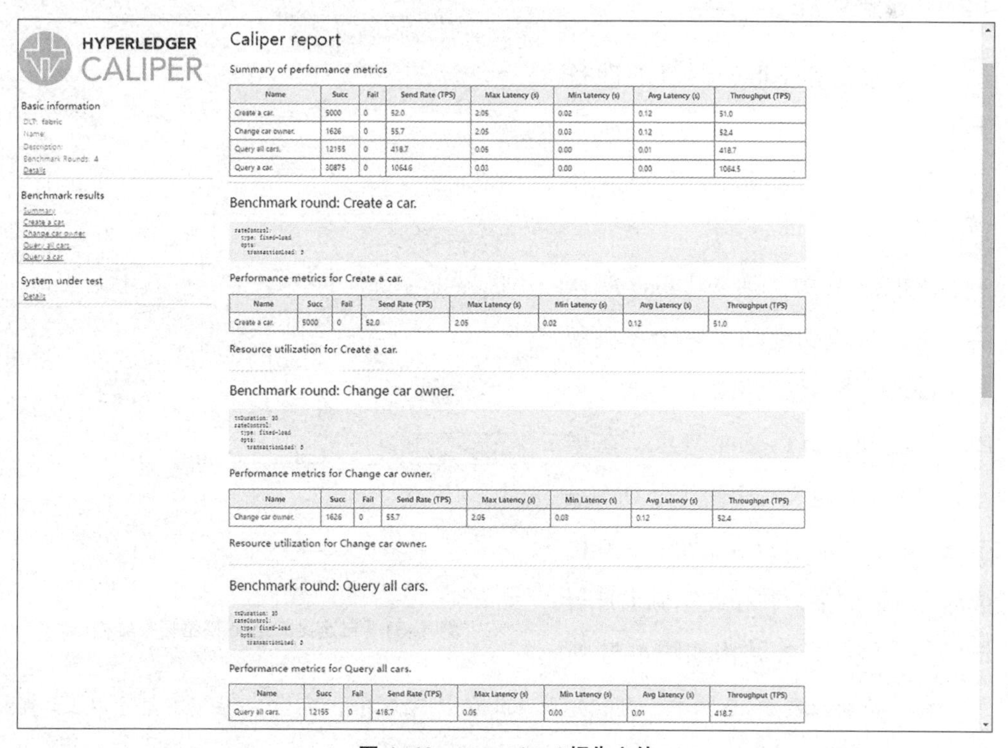

图 4–49　report.html 报告文件

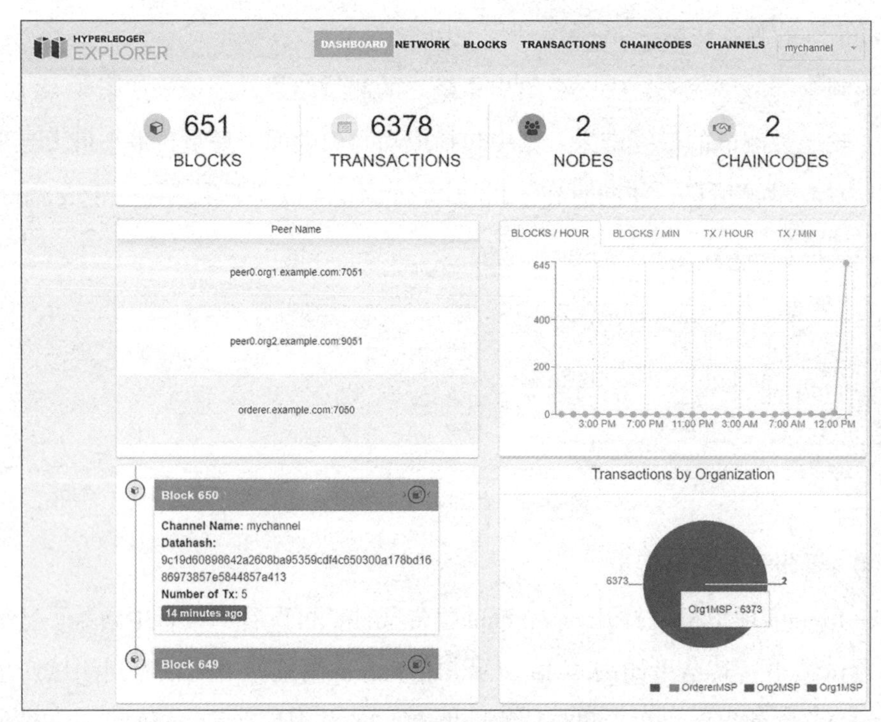

图 4–50　Fabric 浏览器中的面板信息

4.2.9　自定义 Fabric 网络

（1）自定义 Fabric 网络的准备工作。

① 自定义 Fabric 网络的拓扑结构。

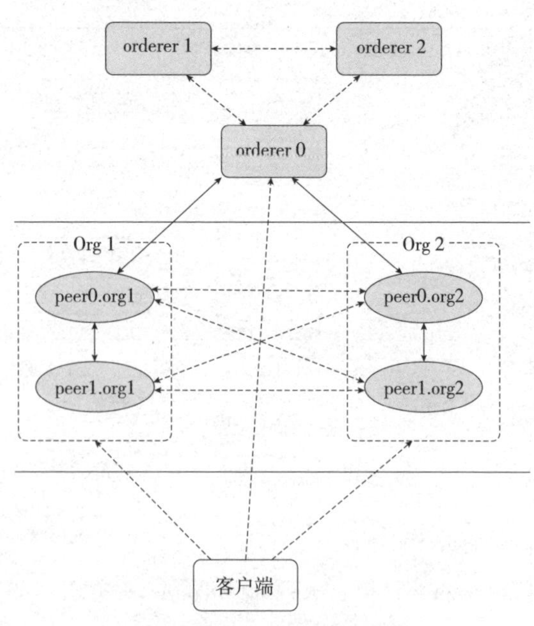

图 4–51　自定义 Fabric 网络拓扑结构

在 4.2.4 节中，通过 Fabric 默认的配置文件成功启动了一个单机版的 Fabric 网络，该网络默认包含 2 个 Peer 节点和 1 个 Orderer 节点。在本小节中，将自定义一个由 3 个 Orderer 节点、4 个 Peer 节点和 2 个 Org 所构成的 Fabric 网络，并在此基础上部署链码，其网络拓扑结构如图 4–51 所示，端口规划如表 4–10 所示。在自定义 Fabric 网络之前，需要克隆一台基于 4.2.3 节的 Ubuntu 虚拟机，并提前将 Fabric 指令设置为全局指令。

表 4–10　定义 Fabric 网络端口规划表

节点	IP	hosts	端口
Cli 容器	10.0.0.50	N/A	N/A
orderer0	10.0.0.50	orderer0.example.com	7050：7050
orderer1	10.0.0.50	orderer1.example.com	8050：8050
orderer2	10.0.0.50	orderer2.example.com	9050：9050
peer0.org1	10.0.0.50	peer0.org1.example.com	7051：7051、7052：7052、7053：7053
peer1.org1	10.0.0.50	peer1.org1.example.com	7061：7061、7062：7062、7063：7063
peer0.org2	10.0.0.50	peer0.org2.example.com	8051：8051、8052：8052、8053：8053
peer1.org2	10.0.0.50	peer1.org2.example.com	8061：8061、8062：8062、8063：8063

②修改 Ubuntu 虚拟机的 hosts 文件，保存各个节点之间的映射关系。

vim /etc/hosts

```
127.0.0.1 orderer0.example.com
127.0.0.1 orderer1.example.com
127.0.0.1 orderer2.example.com

127.0.0.1 peer0.org1.example.com
127.0.0.1 peer1.org1.example.com
127.0.0.1 peer0.org2.example.com
127.0.0.1 peer1.org2.example.com
```

③新建测试网络文件夹。

在 root 目录下创建自定义 Fabric 网络的文件夹 testwork，并进入该目录中。

mkdir testwork && cd testwork

（2）编写生成身份证书文件 crypto–config.yaml。

① crypto–config.yaml 的作用。

Fabric 网络通过证书和密钥来管理和认证成员身份，经常需要生成证书文件。通常这些操作可以使用 PKI 服务（如 Fabric–CA）或者 OpenSSL 工具来实现（针对单个证书的签发）。为了方便批量管理组织证书，在 Fabric 中有基于 Go 语言的标准 crypto 库——cryptogen（crypto generator）模块。cryptogen 模块可以根据指定配置批量生成所需要的密钥和证书文件，或查看配置模板信息。cryptogen 模块是通过命令行的方式运行的，一个 cryptogen 命令由命令行参数和配置文件两部分组成，通过执行命令 cryptogen --help 可以显示 cryptogen 模块的命令行选项，其结果如图 4–52 所示，具体解释如下。

```
root@Fabric:~/testwork# cryptogen --help
usage: cryptogen [<flags>] <command> [<args> ...]

Utility for generating Hyperledger Fabric key material

Flags:
  --help  Show context-sensitive help (also try --help-long and --help-man).

Commands:
  help [<command>...]
    Show help.

  generate [<flags>]
    Generate key material

  showtemplate
    Show the default configuration template

  version
    Show version information

  extend [<flags>]
    Extend existing network
```

图 4–52　cryptogen 模块的命令行选项

●help：显示帮助信息。

●generate：根据配置文件生成证书信息。

●showtemplate：显示系统默认 cryptogen 模块配置文件信息。

●version：显示当前模块的版本号。

●extend：用于扩展现有的加密材料。

其中，showtemplate 指令会展示一个 crypto–config.yaml 配置文件模板。一般情况下，配置文件中会指定网络的拓扑结构，还可以指定如下两类组织的信息。

●OrdererOrgs，构成 Orderer 集群的节点所属组织。

●PeerOrgs，构成 Peer 集群的节点所属组织。

②编写 crypto–config.yaml 文件。

crypto–config.yaml 的配置项如表 4–11 所示，如果自定义 Fabric 网络中拥有多个 Orderer 节点，可以通过增加 hostname，在这里新增 Hostname:orderer1 和 Hostname:orderer2。如果自定义 Fabric 网络有多个 Org，可以增加很多 Peer 组织，每个 Org 内可以通过修改 count 值来控制节点和用户的数量。这里修改 PeerOrgs 中的 Org1 与 Org2 的 Template 中的 Count 的参数，从 1 修改到 2。这样就可以自动生成一个由 3 个 Orderer 节点、4 个 Peer 节点和 2 个 Org 自定义的 Fabric 网络所需要的身份认证文件。

表 4-11　crypto-config.yaml 的配置项

配置项	作用	默认值
name	组织的名称	N/A
domain	组织的域名	N/A
EnableNodeOUs	是否启用 NodeOU，指定是否根据证书中的 OU 域来判断持有者角色	FALSE
CA	组织的 CA 地址，包括 Hostname 域	
Specs.Hostname	可以直接用 Hostname 多次指定若干节点	N/A
Specs.CommonName	（可选配置）指定 CN 的模板或显式覆盖。模板："{{. hostname}}.{{.Domain}}	N/A
Specs.SANS	这里可以配置节点支持的多个域名或者 IP	N/A
Template	指定自动生成节点的个数	1
Users.Count	顺序生成指定个数的普通用户（除默认的 Admin 用户外）	1

vim crypto-config.yaml

```
OrdererOrgs:
 - Name:Orderer
   Domain:example.com
   EnableNodeOUs:true
   Specs:
     - Hostname:orderer0
     - Hostname:orderer1
     - Hostname:orderer2

PeerOrgs:
 - Name:Org1
   Domain:org1.example.com
   EnableNodeOUs:true

   Template:
     Count:2
   Users:
     Count:1
```

```
- Name:Org2
  Domain:org2.example.com
  EnableNodeOUs:true
  Template:
    Count:2
  Users:
    Count:1
```

③生成密钥文件。

执行如下指令，生成一个 crypto-config 目录，里面包含 ordererOrganizations 和 peerOrganizations 两个目录，每个目录都存有自定义 Fabric 整个网络结构和密钥文件等，结果如图 4-53 所示。

```
root@Fabric:~/testwork# cryptogen generate --config=crypto-config.yaml
org1.example.com
org2.example.com
```

图 4-53 生成密钥文件

cryptogen generate --config=crypto-config.yaml

使用 tree 命令查看文件结构，从图 4-54 中可以看到每个节点下都有一个 msp 文件夹，这里面都会有一个 admin 的密钥，每个节点会根据管理员的身份对其进行操作。

tree crypto-config -L 3

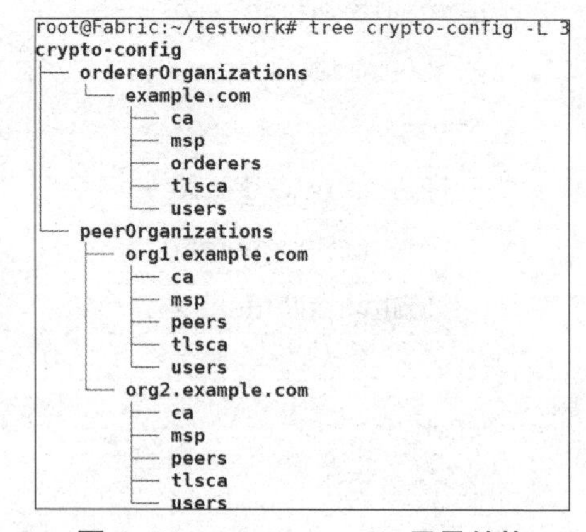

图 4-54 crypto-config 目录结构

④ peerOrganizations 目录解析。

组织（例如：org1.example.com/）相关身份文件目录及文件说明如表 4-12 所示。

表 4-12 组织相关身份文件目录及文件说明

目录	存放文件说明
ca	存放组织的 CA 根证书和对应的私钥文件，默认采用 ECDSA 算法，证书为自签名。组织内的实体将该根证书作为证书根
msp	存放代表该组织的身份信息，有时还存放中间层证书和运维证书

续表

目录	存放文件说明
msp/admincerts	组织管理员的身份验证证书，被根证书签名
msp/cacerts	组织信任的 CA 根证书，同 ca 目录下文件
msp/tlscacerts	用于 TLS 验证的信任的 CA 证书，自签名
msp/config.yaml	指定是否开启 OU（OrganizationalUnit），以及存放组织根证书路径和 OU 识别关键字
users/Admin	管理员用户的信息，包括其 MSP 证书和 TLS 证书
users/Admin/msp	存放代表身份的相关证书和私钥文件
users/Admin/tls	存放与 tls 相关的证书和私钥

组织节点（例如：org1.example.com/peers/peer0.org1.example.com/ ）相关身份文件目录及文件说明如表 4-13 所示。

表 4-13　组织节点相关身份文件目录及文件说明

目录	存放文件说明
msp	存放代表身份的相关证书和私钥文件
msp/admincerts	该 Peer 认可的管理员的身份证书。Peer 将基于这里的证书来认证交易签署者是否为管理员身份。这里默认存放有组织 Admin 用户的身份证书
msp/cacerts	存放组织的 CA 根证书
msp/keystore	节点的身份私钥，用来签名
msp/signcerts	验证本节点签名的证书，被组织根证书签名
msp/tlscacerts	TLS 连接用的 CA 证书，默认只有组织 TLSCA 证书
msp/ig.yaml	指定是否开启 OU，以及存放组织根证书路径和 OU 识别关键字
tls	存放与 TLS 相关的证书和私钥
tls/ca.crt	组织的 TLS CA 证书
tls/server.crt	验证本节点签名的证书，被组织根证书签名
tls/server.key	本节点的 TLS 私钥，用来签名

（3）编写 configtx.yaml 文件。

① configtx.yaml 的作用。

configtx.yaml 配置文件中存储创世块文件的初始通道的配置，用于生成通道初始区块、通道文件、锚节点配置更新文件，使用此命令通过 profile 参数来加载网络配置文件。Fabric 网络是分布式系统，采用通道配置（Channel Configuration）来定义共享账本的各项行为。通道配置的管理对于网络功能至关重要。通道配置一般包括通道全局配置、排序配置和应用配置等多个层级，这些配置都存放在通道的配置区块内。通道全局配置定义该通道内全局的默认配置，排序配置和应用配置分别管理与排序服务相关配置和与应用组织相关配置。用户可采用 configtx.yaml 文件初始化通道配置，使用配置更新交易和更新通道配置。configtx.yaml 配置文件一般包括若干字段：Organizations、Capabilities、Channel、Orderer、Application 和 Profiles。用户可指定直接使用其中某个 Profile，自动引用其他字段中的定义，其配置项和作用如表 4–14 所示。

表 4–14　configtx.yaml 中配置项及其作用

配置项	作用
Organizations	一系列组织的结构定义，包括名称、MSP 路径、读写和管理权限、锚节点等，可被 Profiles 等部分引用
Capabilities	一系列能力定义，如通道、排序服务、应用等的能力，可被 Channel 等部分引用
Channel	定义通道相关的默认配置，包括读写和管理权限、能力等，可被 Profiles 等部分引用
Orderer	与排序服务相关的配置，包括排序服务类型、地址、切块时间和大小、参与排序服务的组织、权限和能力，可被 Profiles 等部分引用
Application	与应用通道相关的配置，主要包括默认访问控制权限、参与应用网络的组织、权限和能力，可被 Profiles 等部分引用
Profiles	一系列的配置定义，包括指定排序服务配置、应用配置和联盟配置等，直接被 configtxgen 工具指定使用

在 Organizations 字段中，其配置项及其作用如表 4–15 所示。

表 4–15　Organizations 中配置项及其作用

配置项	作用
Name	组织名称
SkipAsForeign	指定在创建新通道时是否从系统通道内继承该组织，configtxgen 会忽略从本地读取
ID	MSP 的 ID
MSPDir	MSP 文件本地路径
Policies.Readers	读角色
Policies.Writers	写角色
Policies.Admins	管理角色

续表

配置项	作用
Policies.Endorsement	背书策略
OrdererEndpoints	排序节点地址列表
AnchorPeers	锚节点地址，用于跨组织的 gossip 信息交换

在 Capabilities 字段中，主要定义一系列能力模板，分为通道能力、排序服务能力和应用能力三种类型，可被其他部分引用，其配置项和作用如表 4-16 所示。

表 4-16　Capabilities 中配置项及其作用

配置项	作用
Channel	通道范围能力版本
Orderer	排序服务能力版本
Application	应用范围能力版本

在 Channel 字段中，定义了读写和管理权限、能力等。主要被其他部分引用。完整的通道配置应该还包括应用和排序字段，其配置项和作用如表 4-17 所示。

表 4-17　Channel 中配置项及其作用

配置项	作用
Policies.Readers	通道读角色权限，可获取通道内信息和数据
Policies.Writers	通道写角色权限，可以向通道内发送交易
Policies.Admins	通道管理员角色权限，可修改配置
Capabilities	引用通道默认的能力集合

在 Orderer 字段中定义与排序服务相关的配置，包括排序服务类型、地址、切块时间和大小、最大通道数、参与排序服务的组织、权限和能力，其配置项和作用如表 4-18 所示。

表 4-18　Orderer 中配置项及其作用

配置项	作用	默认值
OrdererType	要启动的 orderer 类型，支持 Solo、Kafka 和 Etcdraft	solo

续表

配置项	作用	默认值
Addresses	排序服务地址列表	N/A
BatchTimeout	切块最大超时时间	2s
BatchSize	控制写入区块交易个数	N/A
BatchSize.MaxMessageCount	一批消息最大个数	500
BatchSize.AbsoluteMaxBytes	batch 最大字节数，任何时候不能超过	10 MB
BatchSize.PreferredMaxBytes	通常情况下切块大小，极端情况下（比如单个消息就超过）允许超过	2 MB
MaxChannels	最大支持的应用通道数，0 表示无限	0
Kafka	采用 Kafka 类型共识时相关配置，仅在 1.× 版本中使用	N/A
EtcdRaft	采用 EtcdRaft 类型共识时相关配置，推荐在 2.× 版本中使用	
EtcdRaft.Consenters	共识节点地址	N/A
EtcdRaft.Options.TickInterval	etcd 集群当作一次 tick 的时间，心跳或选举都以 tick 为基本单位	500ms
EtcdRaft.Options.lectionTick	follower 长时间收不到 leader 心跳信息后，开始新一轮选举的时间间隔	10
EtcdRaft.Options.HeartbeatTick	两次心跳的间隔，必须小于选举时间	1
EtcdRaft.Options.MaxInflightBlocks	复制过程中最大的传输中的区块消息个数	5
EtcdRaft.Options.SnapshotIntervalSize	每次快照间隔的大小	16 MB
Organizations	维护排序服务组织，默认为空，可以在 Profile 中自行定义	N/A
Capabilities	引用排序服务默认的能力集合	<<:*Orderer Capabilities

在 Application 字段中定义了与应用通道相关的配置，包括默认访问控制权限、参与应用网络的组织、权限和能力，可被 Profiles 部分引用，其配置项和作用如表 4-19 所示。

在 Profiles 字段中定义了一系列的配置模板，每个模板代表了特定应用场景下自定义的通道配置，可以用来创建系统通道或应用通道。配置模板中可以包括 Application、Capabilities、Consortium、Consortiums、Policies、Orderer 等配置字段，根据使用目的不同，一般只包括部分字段。

表 4-19　Application 中配置项及其作用

配置项	作用
_lifecycle	指定新的 _lifecycle 系统链码的提交，查询方法的默认策略
lscc	lscc（Lifecycle System Chaincode）系统链码的方法调用权限
qscc	qscc（Query System Chaincode）系统链码的方法调用权限
cscc	cscc（Configuration System Chaincode）系统链码的方法调用权限
peer	通道内链码调用权限
event	接收区块事件权限

②编写 configtx.yaml。

vim configtx.yaml

```
Organizations:
  - &OrdererOrg
    Name:OrdererOrg
    ID:OrdererMSP
    MSPDir:./crypto-config/ordererOrganizations/example.com/msp
    Policies:
      Readers:
        Type:Signature
        Rule:"OR('OrdererMSP.member')"
      Writers:
        Type:Signature
        Rule:"OR('OrdererMSP.member')"
      Admins:
        Type:Signature
        Rule:"OR('OrdererMSP.admin')"
      Enorsement:
        Type:Signature
        Rule:"OR('OrdererMSP.member')"
    OrdererEndpoints:
      - "orderer0.example.com:7050"
      - "orderer1.example.com:8050"
```

```
    - "orderer2.example.com:9050"

- &Org1
  Name:Org1MSP
  ID:Org1MSP
  MSPDir:./crypto-config/peerOrganizations/org1.example.com/msp
  Policies:
    Readers:
      Type:Signature
      Rule:"OR('Org1MSP.admin','Org1MSP.peer','Org1MSP.client')"
    Writers:
      Type:Signature
      Rule:"OR('Org1MSP.admin','Org1MSP.client')"
    Admins:
      Type:Signature
      Rule:"OR('Org1MSP.admin')"
    Endorsement:
      Type:Signature
      Rule:"OR('Org1MSP.peer')"

  AnchorPeers:
    - Host:peer0.org1.example.com
      Port:7051

- &Org2
  Name:Org2MSP
  ID:Org2MSP
  MSPDir:./crypto-config/peerOrganizations/org2.example.com/msp
  Policies:
    Readers:
      Type:Signature
      Rule:"OR('Org2MSP.admin','Org2MSP.peer','Org2MSP.client')"
    Writers:
```

```
            Type:Signature
            Rule:"OR('Org2MSP.admin','Org2MSP.client')"
          Admins:
            Type:Signature
            Rule:"OR('Org2MSP.admin')"
          Endorsement:
            Type:Signature
            Rule:"OR('Org2MSP.peer')"

        AnchorPeers:
          - Host:peer0.org2.example.com
            Port:8051


Capabilities:
  Channel:&ChannelCapabilities
    V2_0:true
  Orderer:&OrdererCapabilities
    V2_0:true
  Application:&ApplicationCapabilities
    V2_0:true

Application:&ApplicationDefaults

  Organizations:

  Policies:
    Readers:
      Type:ImplicitMeta
      Rule:"ANY Readers"
    Writers:
      Type:ImplicitMeta
      Rule:"ANY Writers"
```

```
    Admins:
      Type:ImplicitMeta
      Rule:"MAJORITY Admins"
    LifecycleEndorsement:
      Type:ImplicitMeta
      Rule:"MAJORITY Endorsement"
    Endorsement:
      Type:ImplicitMeta
      Rule:"MAJORITY Endorsement"

  Capabilities:
    <<:*ApplicationCapabilities

Orderer:&OrdererDefaults

  OrdererType:etcdraft
  Addresses:
    - orderer0.example.com:7050
    - orderer1.example.com:8050
    - orderer2.example.com:9050

  BatchTimeout:2s

  BatchSize:
    MaxMessageCount:10
    AbsoluteMaxBytes:99 MB
    PreferredMaxBytes:512 KB

  Kafka:
    Brokers:
        - Kafka:9092
        - Kafka2:9092
        - Kafka3:9092
```

```
    EtcdRaft:
      Consenters:
        - Host:orderer0.example.com
          Port:7050
          ClientTLSCert:crypto-config/ordererOrganizations/example.com/orderers/
orderer0.example.com/tls/server.crt
          ServerTLSCert:crypto-config/ordererOrganizations/example.com/orderers/
orderer0.example.com/tls/server.crt
        - Host:orderer1.example.com
          Port:8050
          ClientTLSCert:crypto-config/ordererOrganizations/example.com/orderers/
orderer1.example.com/tls/server.crt
          ServerTLSCert:crypto-config/ordererOrganizations/example.com/orderers/
orderer1.example.com/tls/server.crt
        - Host:orderer2.example.com
          Port:9050
          ClientTLSCert:crypto-config/ordererOrganizations/example.com/orderers/
orderer2.example.com/tls/server.crt
          ServerTLSCert:crypto-config/ordererOrganizations/example.com/orderers/
orderer2.example.com/tls/server.crt

    Organizations:

    Policies:
      Readers:
        Type:ImplicitMeta
        Rule:"ANY Readers"
      Writers:
        Type:ImplicitMeta
        Rule:"ANY Writers"
      Admins:
        Type:ImplicitMeta
        Rule:"MAJORITY Admins"
```

```
        # BlockValidation specifies what signatures must be included in the block
        # from the orderer for the peer to validate it.
        BlockValidation:
            Type:ImplicitMeta
            Rule:"ANY Writers"

Channel:&ChannelDefaults

    Policies:
        # Who may invoke the 'Deliver' API
        Readers:
            Type:ImplicitMeta
            Rule:"ANY Readers"
        # Who may invoke the 'Broadcast' API
        Writers:
            Type:ImplicitMeta
            Rule:"ANY Writers"
        # By default，who may modify elements at this config level
        Admins:
            Type:ImplicitMeta
            Rule:"MAJORITY Admins"

    Capabilities:
        <<:*ChannelCapabilities

Profiles:

    TwoOrgsOrdererGenesis:
        <<:*ChannelDefaults
        Capabilities:
            <<:*ChannelCapabilities
        Orderer:
            <<:*OrdererDefaults
```

```
        Organizations:
            - *OrdererOrg
        Capabilities:
            <<:*OrdererCapabilities
    Consortiums:
        SampleConsortium:
            Organizations:
                - *Org1
                - *Org2

TwoOrgsChannel:
    Consortium:SampleConsortium
    <<:*ChannelDefaults
    Application:
        <<:*ApplicationDefaults
        Organizations:
            - *Org1
            - *Org2
        Capabilities:
            <<:*ApplicationCapabilities
```

③生成创世块。

执行如下指令，使用系统通道生成创世块文件，结果如图 4-55 所示。从图 4-55 中可以看到已经成功地生成了创世区块，创建了系统通道、创世区块链和向创世区块写入数据等操作。指令执行完毕后，自动生成 channel-artifacts 文件夹，里面包含 Fabric 网络的创世区块文件 genesis.block。

```
configtxgen -profile TwoOrgsOrdererGenesis \
-outputBlock ./channel-artifacts/genesis.block \
-channelID test-channel
```

```
root@Fabric:~/testwork# configtxgen -profile TwoOrgsOrdererGenesis \
> -outputBlock ./channel-artifacts/genesis.block \
> -channelID test-channel
2023-07-14 09:54:03.213 CST 0001 INFO [common.tools.configtxgen] main -> Loading configuration
2023-07-14 09:54:03.222 CST 0002 INFO [common.tools.configtxgen.localconfig] completeInitializat
ion -> orderer type: solo
2023-07-14 09:54:03.222 CST 0003 INFO [common.tools.configtxgen.localconfig] Load -> Loaded conf
iguration: configtx.yaml
2023-07-14 09:54:03.237 CST 0004 INFO [common.tools.configtxgen] doOutputBlock -> Generating gen
esis block
2023-07-14 09:54:03.237 CST 0005 INFO [common.tools.configtxgen] doOutputBlock -> Creating syste
m channel genesis block
2023-07-14 09:54:03.237 CST 0006 INFO [common.tools.configtxgen] doOutputBlock -> Writing genesi
s block
```

图 4–55　生成创世块

④更新应用通道。

生成完创世区块后执行如下指令，更新应用通道，指定的名字是应用通道，要和刚刚的系统通道进行区分，结果如图 4–56 所示。

```
configtxgen -profile TwoOrgsChannel \
-outputCreateChannelTx ./channel-artifacts/channel.tx \
-channelID mychannel
```

```
root@Fabric:~/testwork# configtxgen -profile TwoOrgsChannel \
> -outputCreateChannelTx ./channel-artifacts/channel.tx \
> -channelID mychannel
2023-07-14 10:11:28.787 CST 0001 INFO [common.tools.configtxgen] main -> Loading configuration
2023-07-14 10:11:28.793 CST 0002 INFO [common.tools.configtxgen.localconfig] Load -> Loaded conf
iguration: configtx.yaml
2023-07-14 10:11:28.793 CST 0003 INFO [common.tools.configtxgen] doOutputChannelCreateTx -> Gene
rating new channel configtx
2023-07-14 10:11:28.795 CST 0004 INFO [common.tools.configtxgen] doOutputChannelCreateTx -> Writ
ing new channel tx
```

图 4–56　生成并更新通道 Channel 文件

⑤更新锚节点。

执行如下指令，分别更新 Org1 和 Org2 中的锚节点，结果如图 4–57 所示。

```
configtxgen -outputAnchorPeersUpdate ./channel-artifacts/Org1MSPanchors.tx \
-profile TwoOrgsChannel \
-channelID mychannel \
-asOrg Org1MSP                    # 更新 Org1 的锚节点
configtxgen -outputAnchorPeersUpdate ./channel-artifacts/Org2MSPanchors.tx \
-profile TwoOrgsChannel \
-channelID mychannel \
-asOrg Org2MSP                    # 更新 Org2 的锚节点
```

```
root@Fabric:~/testwork# configtxgen -outputAnchorPeersUpdate ./channel-artifacts/Org1MSPanchors.tx \
> -profile TwoOrgsChannel \
> -channelID mychannel \
> -asOrg Org1MSP
2023-07-27 09:28:13.130 CST 0001 INFO [common.tools.configtxgen] main -> Loading configuration
2023-07-27 09:28:13.137 CST 0002 INFO [common.tools.configtxgen.localconfig] Load -> Loaded configuration: configtx.yaml
2023-07-27 09:28:13.137 CST 0003 INFO [common.tools.configtxgen] doOutputAnchorPeersUpdate -> Generating anchor peer update
2023-07-27 09:28:13.139 CST 0004 INFO [common.tools.configtxgen] doOutputAnchorPeersUpdate -> Writing anchor peer update
root@Fabric:~/testwork# configtxgen -outputAnchorPeersUpdate ./channel-artifacts/Org2MSPanchors.tx \
> -profile TwoOrgsChannel \
> -channelID mychannel \
> -asOrg Org2MSP
2023-07-27 09:28:19.699 CST 0001 INFO [common.tools.configtxgen] main -> Loading configuration
2023-07-27 09:28:19.706 CST 0002 INFO [common.tools.configtxgen.localconfig] Load -> Loaded configuration: configtx.yaml
2023-07-27 09:28:19.706 CST 0003 INFO [common.tools.configtxgen] doOutputAnchorPeersUpdate -> Generating anchor peer update
2023-07-27 09:28:19.707 CST 0004 INFO [common.tools.configtxgen] doOutputAnchorPeersUpdate -> Writing anchor peer update
```

图 4-57　更新锚节点

（4）配置 docker-compose.yaml 文件。

① docker-compose.yaml 文件的主要功能。

docker-compose.yaml 文件的主要功能是启动 Fabric 节点容器，整个配置文件由 4 个字段构成，作用如表 4-20 所示。

表 4-20　docker-compose.yaml 中各字段作用

字段	作用
version	定义 Fabric 的版本
volumes	定义 Orderer 排序节点和 Peer 节点的根域名
networks	定义网络名字，每个容器都在此网络中才可以进行互通
services	分别定义 Orderer 排序服务、Peer 服务和 Cli 客户端，在这里需要配置 3 个 Orderer 节点和 4 个 Peer 节点，并配置一个 Cli 客户端

②编写 docker-compose.yaml。

vim docker-compose.yaml

```
version:'2'

volumes:
  orderer0.example.com:
  orderer1.example.com:
  orderer2.example.com:
  peer0.org1.example.com:
  peer1.org1.example.com:
  peer0.org2.example.com:
  peer1.org2.example.com:
```

```
networks:
  testwork:

services:
  orderer0.example.com:
    container_name:orderer0.example.com
    image:hyperledger/fabric-orderer:latest
    environment:
      - FABRIC_LOGGING_SPEC=INFO
      - ORDERER_GENERAL_LISTENADDRESS=0.0.0.0
      - ORDERER_GENERAL_LISTENPORT=7050
      - ORDERER_GENERAL_BOOTSTRAPMETHOD=file
      - ORDERER_GENERAL_BOOTSTRAPFILE=/var/hyperledger/orderer/orderer.
genesis.block
      - ORDERER_GENERAL_LOCALMSPID=OrdererMSP
      - ORDERER_GENERAL_LOCALMSPDIR=/var/hyperledger/orderer/msp
      # enabled TLS
      - ORDERER_GENERAL_TLS_ENABLED=true
      - ORDERER_GENERAL_TLS_PRIVATEKEY=/var/hyperledger/orderer/tls/server.
key
      - ORDERER_GENERAL_TLS_CERTIFICATE=/var/hyperledger/orderer/tls/ser
ver.crt
      - ORDERER_GENERAL_TLS_ROOTCAS=[/var/hyperledger/orderer/tls/ca.crt]
      - ORDERER_GENERAL_CLUSTER_CLIENTCERTIFICATE=/var/hyperledger/
orderer/tls/server.crt
      - ORDERER_GENERAL_CLUSTER_CLIENTPRIVATEKEY=/var/hyperledger/
orderer/tls/server.key
      - ORDERER_GENERAL_CLUSTER_ROOTCAS=[/var/hyperledger/orderer/tls/
ca.crt]
    working_dir:/opt/gopath/src/github.com/hyperledger/fabric
    command:orderer
    volumes:
      - ./channel-artifacts/genesis.block:/var/hyperledger/orderer/orderer.genesis.
```

```
block
      - ./crypto-config/ordererOrganizations/example.com/orderers/orderer0.
example.com/msp:/var/hyperledger/orderer/msp
      - ./crypto-config/ordererOrganizations/example.com/orderers/orderer0.
example.com/tls/:/var/hyperledger/orderer/tls
      - orderer0.example.com:/var/hyperledger/production/orderer
    ports:
      - 7050:7050
    networks:
      - testwork

   orderer1.example.com:
    container_name:orderer1.example.com
    image:hyperledger/fabric-orderer:latest
    environment:
      - FABRIC_LOGGING_SPEC=INFO
      - ORDERER_GENERAL_LISTENADDRESS=0.0.0.0
      - ORDERER_GENERAL_LISTENPORT=8050
      - ORDERER_GENERAL_BOOTSTRAPMETHOD=file
      - ORDERER_GENERAL_BOOTSTRAPFILE=/var/hyperledger/orderer/orderer.
genesis.block
      - ORDERER_GENERAL_LOCALMSPID=OrdererMSP
      - ORDERER_GENERAL_LOCALMSPDIR=/var/hyperledger/orderer/msp
      # enabled TLS
      - ORDERER_GENERAL_TLS_ENABLED=true
      - ORDERER_GENERAL_TLS_PRIVATEKEY=/var/hyperledger/orderer/tls/server.
key
      - ORDERER_GENERAL_TLS_CERTIFICATE=/var/hyperledger/orderer/tls/server.
crt
      - ORDERER_GENERAL_TLS_ROOTCAS=[/var/hyperledger/orderer/tls/ca.crt]
      - ORDERER_GENERAL_CLUSTER_CLIENTCERTIFICATE=/var/hyperledger/
orderer/tls/server.crt
      - ORDERER_GENERAL_CLUSTER_CLIENTPRIVATEKEY=/var/hyperledger/
```

```
orderer/tls/server.key
        - ORDERER_GENERAL_CLUSTER_ROOTCAS=[/var/hyperledger/orderer/tls/
ca.crt]
      working_dir:/opt/gopath/src/github.com/hyperledger/fabric
      command:orderer
      volumes:
        - ./channel-artifacts/genesis.block:/var/hyperledger/orderer/orderer.genesis.
block
        - ./crypto-config/ordererOrganizations/example.com/orderers/orderer1.
example.com/msp:/var/hyperledger/orderer/msp
        - ./crypto-config/ordererOrganizations/example.com/orderers/orderer1.
example.com/tls/:/var/hyperledger/orderer/tls
        - orderer1.example.com:/var/hyperledger/production/orderer
      ports:
        - 8050:8050
      networks:
        - testwork

    orderer2.example.com:
      container_name:orderer2.example.com
      image:hyperledger/fabric-orderer:latest
      environment:
        - FABRIC_LOGGING_SPEC=INFO
        - ORDERER_GENERAL_LISTENADDRESS=0.0.0.0
        - ORDERER_GENERAL_LISTENPORT=9050
        - ORDERER_GENERAL_BOOTSTRAPMETHOD=file
        - ORDERER_GENERAL_BOOTSTRAPFILE=/var/hyperledger/orderer/orderer.
genesis.block
        - ORDERER_GENERAL_LOCALMSPID=OrdererMSP
        - ORDERER_GENERAL_LOCALMSPDIR=/var/hyperledger/orderer/msp
        # enabled TLS
        - ORDERER_GENERAL_TLS_ENABLED=true
        - ORDERER_GENERAL_TLS_PRIVATEKEY=/var/hyperledger/orderer/tls/server.
```

```
key
      - ORDERER_GENERAL_TLS_CERTIFICATE=/var/hyperledger/orderer/tls/server.
crt
      - ORDERER_GENERAL_TLS_ROOTCAS=[/var/hyperledger/orderer/tls/ca.crt]
      - ORDERER_GENERAL_CLUSTER_CLIENTCERTIFICATE=/var/hyperledger/
orderer/tls/server.crt
      - ORDERER_GENERAL_CLUSTER_CLIENTPRIVATEKEY=/var/hyperledger/
orderer/tls/server.key
      - ORDERER_GENERAL_CLUSTER_ROOTCAS=[/var/hyperledger/orderer/tls/
ca.crt]
    working_dir:/opt/gopath/src/github.com/hyperledger/fabric
    command:orderer
    volumes:
      - ./channel-artifacts/genesis.block:/var/hyperledger/orderer/orderer.genesis.
block
      - ./crypto-config/ordererOrganizations/example.com/orderers/orderer2.
example.com/msp:/var/hyperledger/orderer/msp
      - ./crypto-config/ordererOrganizations/example.com/orderers/orderer2.
example.com/tls/:/var/hyperledger/orderer/tls
      - orderer2.example.com:/var/hyperledger/production/orderer
    ports:
      - 9050:9050
    networks:
      - testwork

   peer0.org1.example.com:
    container_name:peer0.org1.example.com
    image:hyperledger/fabric-peer:latest
    environment:
      - CORE_VM_ENDPOINT=unix:///host/var/run/docker.sock
      - CORE_PEER_ID=peer0.org1.example.com
      - CORE_PEER_ADDRESS=peer0.org1.example.com:7051
      - CORE_PEER_LISTENADDRESS=0.0.0.0:7051
```

```
      - CORE_PEER_CHAINCODEADDRESS=peer0.org1.example.com:7052
      - CORE_PEER_CHAINCODELISTENADDRESS=0.0.0.0:7052
      - CORE_PEER_GOSSIP_BOOTSTRAP=peer1.org1.example.com:7061
      - CORE_PEER_GOSSIP_EXTERNALENDPOINT=peer0.org1.example.com:7051
      - CORE_PEER_LOCALMSPID=Org1MSP
      - FABRIC_LOGGING_SPEC=INFO
      - CORE_PEER_TLS_ENABLED=true
      - CORE_PEER_GOSSIP_USELEADERELECTION=true
      - CORE_PEER_GOSSIP_ORGLEADER=false
      - CORE_PEER_PROFILE_ENABLED=true
      - CORE_PEER_TLS_CERT_FILE=/etc/hyperledger/fabric/tls/server.crt
      - CORE_PEER_TLS_KEY_FILE=/etc/hyperledger/fabric/tls/server.key
      - CORE_PEER_TLS_ROOTCERT_FILE=/etc/hyperledger/fabric/tls/ca.crt
      - CORE_CHAINCODE_EXECUTETIMEOUT=300s
    working_dir:/opt/gopath/src/github.com/hyperledger/fabric/peer
    command:peer node start
    volumes:
      - /var/run/:/host/var/run/
      - ./crypto-config/peerOrganizations/org1.example.com/peers/peer0.org1.
example.com/msp:/etc/hyperledger/fabric/msp
      - ./crypto-config/peerOrganizations/org1.example.com/peers/peer0.org1.
example.com/tls:/etc/hyperledger/fabric/tls
      - peer0.org1.example.com:/var/hyperledger/production
    ports:
      - 7051:7051
      - 7052:7052
      - 7053:7053
    networks:
      - testwork

  peer1.org1.example.com:
    container_name:peer1.org1.example.com
    image:hyperledger/fabric-peer:latest
```

```
  environment:
    - CORE_VM_ENDPOINT=unix:///host/var/run/docker.sock
    - CORE_PEER_ID=peer1.org1.example.com
    - CORE_PEER_ADDRESS=peer1.org1.example.com:7061
    - CORE_PEER_LISTENADDRESS=0.0.0.0:7061
    - CORE_PEER_CHAINCODEADDRESS=peer1.org1.example.com:7062
    - CORE_PEER_CHAINCODELISTENADDRESS=0.0.0.0:7062
    - CORE_PEER_GOSSIP_BOOTSTRAP=peer0.org1.example.com:7051
    - CORE_PEER_GOSSIP_EXTERNALENDPOINT=peer1.org1.example.com:7061
    - CORE_PEER_LOCALMSPID=Org1MSP
    - FABRIC_LOGGING_SPEC=INFO
    - CORE_PEER_TLS_ENABLED=true
    - CORE_PEER_GOSSIP_USELEADERELECTION=true
    - CORE_PEER_GOSSIP_ORGLEADER=false
    - CORE_PEER_PROFILE_ENABLED=true
    - CORE_PEER_TLS_CERT_FILE=/etc/hyperledger/fabric/tls/server.crt
    - CORE_PEER_TLS_KEY_FILE=/etc/hyperledger/fabric/tls/server.key
    - CORE_PEER_TLS_ROOTCERT_FILE=/etc/hyperledger/fabric/tls/ca.crt
    - CORE_CHAINCODE_EXECUTETIMEOUT=300s
  working_dir:/opt/gopath/src/github.com/hyperledger/fabric/peer
  command:peer node start
  volumes:
    - /var/run/:/host/var/run/
    - ./crypto-config/peerOrganizations/org1.example.com/peers/peer1.org1.
example.com/msp:/etc/hyperledger/fabric/msp
    - ./crypto-config/peerOrganizations/org1.example.com/peers/peer1.org1.
example.com/tls:/etc/hyperledger/fabric/tls
    - peer1.org1.example.com:/var/hyperledger/production
  ports:
    - 7061:7061
    - 7062:7062
    - 7063:7063
  networks:
```

```
      - testwork

  peer0.org2.example.com:
    container_name:peer0.org2.example.com
    image:hyperledger/fabric-peer:latest
    environment:
      - CORE_VM_ENDPOINT=unix:///host/var/run/docker.sock
      - CORE_PEER_ID=peer0.org2.example.com
      - CORE_PEER_ADDRESS=peer0.org2.example.com:8051
      - CORE_PEER_LISTENADDRESS=0.0.0.0:8051
      - CORE_PEER_CHAINCODEADDRESS=peer0.org2.example.com:8052
      - CORE_PEER_CHAINCODELISTENADDRESS=0.0.0.0:8052
      - CORE_PEER_GOSSIP_BOOTSTRAP=peer1.org2.example.com:8061
      - CORE_PEER_GOSSIP_EXTERNALENDPOINT=peer0.org2.example.com:8051
      - CORE_PEER_LOCALMSPID=Org2MSP
      - FABRIC_LOGGING_SPEC=INFO
      - CORE_PEER_TLS_ENABLED=true
      - CORE_PEER_GOSSIP_USELEADERELECTION=true
      - CORE_PEER_GOSSIP_ORGLEADER=false
      - CORE_PEER_PROFILE_ENABLED=true
      - CORE_PEER_TLS_CERT_FILE=/etc/hyperledger/fabric/tls/server.crt
      - CORE_PEER_TLS_KEY_FILE=/etc/hyperledger/fabric/tls/server.key
      - CORE_PEER_TLS_ROOTCERT_FILE=/etc/hyperledger/fabric/tls/ca.crt
      - CORE_CHAINCODE_EXECUTETIMEOUT=300s
    working_dir:/opt/gopath/src/github.com/hyperledger/fabric/peer
    command:peer node start
    volumes:
      - /var/run/:/host/var/run/
      - ./crypto-config/peerOrganizations/org2.example.com/peers/peer0.org2.
example.com/msp:/etc/hyperledger/fabric/msp
      - ./crypto-config/peerOrganizations/org2.example.com/peers/peer0.org2.
example.com/tls:/etc/hyperledger/fabric/tls
      - peer0.org2.example.com:/var/hyperledger/production
```

```
    ports:
      - 8051:8051
      - 8052:8052
      - 8053:8053
    networks:
      - testwork

  peer1.org2.example.com:
    container_name:peer1.org2.example.com
    image:hyperledger/fabric-peer:latest
    environment:
      - CORE_VM_ENDPOINT=unix:///host/var/run/docker.sock
      - CORE_PEER_ID=peer1.org2.example.com
      - CORE_PEER_ADDRESS=peer1.org2.example.com:8061
      - CORE_PEER_LISTENADDRESS=0.0.0.0:8061
      - CORE_PEER_CHAINCODEADDRESS=peer1.org2.example.com:8062
      - CORE_PEER_CHAINCODELISTENADDRESS=0.0.0.0:8062
      - CORE_PEER_GOSSIP_BOOTSTRAP=peer0.org2.example.com:8051
      - CORE_PEER_GOSSIP_EXTERNALENDPOINT=peer1.org2.example.com:8061
      - CORE_PEER_LOCALMSPID=Org2MSP
      - FABRIC_LOGGING_SPEC=INFO
      - CORE_PEER_TLS_ENABLED=true
      - CORE_PEER_GOSSIP_USELEADERELECTION=true
      - CORE_PEER_GOSSIP_ORGLEADER=false
      - CORE_PEER_PROFILE_ENABLED=true
      - CORE_PEER_TLS_CERT_FILE=/etc/hyperledger/fabric/tls/server.crt
      - CORE_PEER_TLS_KEY_FILE=/etc/hyperledger/fabric/tls/server.key
      - CORE_PEER_TLS_ROOTCERT_FILE=/etc/hyperledger/fabric/tls/ca.crt
      - CORE_CHAINCODE_EXECUTETIMEOUT=300s
    working_dir:/opt/gopath/src/github.com/hyperledger/fabric/peer
    command:peer node start
    volumes:
      - /var/run/:/host/var/run/
```

```
      - ./crypto-config/peerOrganizations/org2.example.com/peers/peer1.org2.
example.com/msp:/etc/hyperledger/fabric/msp
      - ./crypto-config/peerOrganizations/org2.example.com/peers/peer1.org2.
example.com/tls:/etc/hyperledger/fabric/tls
      - peer1.org2.example.com:/var/hyperledger/production
    ports:
      - 8061:8061
      - 8062:8062
      - 8063:8063
    networks:
      - testwork

  cli:
    container_name:cli
    image:hyperledger/fabric-tools:latest
    tty:true
    stdin_open:true
    environment:
      - GOPATH=/opt/gopath
      - CORE_VM_ENDPOINT=unix:///host/var/run/docker.sock
      #- FABRIC_LOGGING_SPEC=DEBUG
      - FABRIC_LOGGING_SPEC=INFO
      - CORE_PEER_ID=cli
      - CORE_PEER_ADDRESS=peer0.org1.example.com:7051
      - CORE_PEER_LOCALMSPID=Org1MSP
      - CORE_PEER_TLS_ENABLED=true
      - CORE_PEER_TLS_CERT_FILE=/opt/gopath/src/github.com/hyperledger/
fabric/peer/crypto/peerOrganizations/org1.example.com/peers/peer0.org1.
example.com/tls/server.crt
      - CORE_PEER_TLS_KEY_FILE=/opt/gopath/src/github.com/hyperledger/fabric/
peer/crypto/peerOrganizations/org1.example.com/peers/peer0.org1.example.com/
tls/server.key
      - CORE_PEER_TLS_ROOTCERT_FILE=/opt/gopath/src/github.com/hyperledger/
```

```
fabric/peer/crypto/peerOrganizations/org1.example.com/peers/peer0.org1.
example.com/tls/ca.crt
      - CORE_PEER_MSPCONFIGPATH=/opt/gopath/src/github.com/hyperledger/
fabric/peer/crypto/peerOrganizations/org1.example.com/users/Admin@org1.
example.com/msp
    working_dir:/opt/gopath/src/github.com/hyperledger/fabric/peer
    command:/bin/bash
    volumes:
      - /var/run/:/host/var/run/
      - ./chaincode/go/:/opt/gopath/src/github.com/hyperledger/multiple-
deployment/chaincode/go
      - ./crypto-config:/opt/gopath/src/github.com/hyperledger/fabric/peer/crypto/
      - ./channel-artifacts:/opt/gopath/src/github.com/hyperledger/fabric/peer/
channel-artifacts
    depends_on:
      - peer0.org1.example.com
      - peer1.org1.example.com
      - peer0.org2.example.com
      - peer1.org2.example.com
      - orderer0.example.com
      - orderer1.example.com
      - orderer2.example.com

    networks:
      - testwork
```

③启动自定义 Fabric 网络。

将 docker-compose.yaml 配置完成之后，执行如下指令对自定义 Fabric 网络进行启动，也就是启动刚才配置的那些容器，结果如图 4-58 所示。从图 4-58 中可以看到一共开启了 8 个 Docker 容器，其中，3 个为 Orderer 排序节点，4 个为 Peer 节点，1 个为 Cli 客户端。其中可以通过环境变量的设置使 Cli 指向特点组织的节点，通过操作 Cli 容器就可以操作组织的节点了。

docker-compose -f docker-compose.yaml up -d　　　　　# 启动容器

```
root@Fabric:~/testwork# docker-compose -f docker-compose.yaml up -d
[+] Running 16/16
 Network testwork_testwork                  Created
 Volume "testwork_peer1.org2.example.com"   Created
 Volume "testwork_orderer.example.com"      Created
 Volume "testwork_orderer1.example.com"     Created
 Volume "testwork_orderer2.example.com"     Created
 Volume "testwork_peer0.org1.example.com"   Created
 Volume "testwork_peer1.org1.example.com"   Created
 Volume "testwork_peer0.org2.example.com"   Created
 Container peer0.org1.example.com           Started
 Container peer1.org2.example.com           Started
 Container peer1.org1.example.com           Started
 Container orderer1.example.com             Started
 Container peer0.org2.example.com           Started
 Container orderer.example.com              Started
 Container orderer2.example.com             Started
 Container cli                              Started
```

图 4–58　启动自定义 Fabric 网络

④查看 Orderer 节点的通信情况。

由于自定义 Fabric 网络中由 3 个 Orderer 排序节点构成，所以在 configtx.yaml 配置文件中将整个 Fabric 网络的共识算法更改为 etcdraft。3 个 Orderer 容器启动后，可输入如下指令查看某 1 个 Orderer 节点的工作日志，用以查询这 3 个 Orderer 节点是否能够正常通信，结果如图 4–59 所示。

docker logs -f orderer0.example.com

```
 Version: 2.4.6
 Commit SHA: 8359607
 Go version: go1.18.2
 OS/Arch: linux/amd64
2023-08-20 01:22:05.508 UTC 0023 INFO [orderer.common.server] Main -> Beginning to serve requests
2023-08-20 01:22:05.509 UTC 0024 INFO [orderer.consensus.etcdraft] apply -> Applied config change to add node 1, current nodes in channel: [1 2 3] cha
=1
2023-08-20 01:22:05.509 UTC 0025 INFO [orderer.consensus.etcdraft] apply -> Applied config change to add node 2, current nodes in channel: [1 2 3] cha
=1
2023-08-20 01:22:05.509 UTC 0026 INFO [orderer.consensus.etcdraft] apply -> Applied config change to add node 3, current nodes in channel: [1 2 3] cha
=1
2023-08-20 01:22:05.557 UTC 0027 INFO [orderer.consensus.etcdraft] Step -> 1 [logterm: 1, index: 3, vote: 0] cast MsgPreVote for 2 [logterm: 1, index:
test-channel node=1
2023-08-20 01:22:05.558 UTC 0028 INFO [orderer.consensus.etcdraft] Step -> 1 [term: 1] received a MsgVote message with higher term from 2 [term: 2] ch
e=1
2023-08-20 01:22:05.558 UTC 0029 INFO [orderer.consensus.etcdraft] becomeFollower -> 1 became follower at term 2 channel=test-channel node=1
2023-08-20 01:22:05.558 UTC 002a INFO [orderer.consensus.etcdraft] Step -> 1 [logterm: 1, index: 3, vote: 0] cast MsgVote for 2 [logterm: 1, index: 3]
t-channel node=1
2023-08-20 01:22:05.558 UTC 002b INFO [orderer.consensus.etcdraft] run -> raft.node: 1 elected leader 2 at term 2 channel=test-channel node=1
2023-08-20 01:22:05.558 UTC 002c INFO [orderer.consensus.etcdraft] run -> Raft leader changed: 0 -> 2 channel=test-channel node=1
```

图 4–59　查看某个 Orderer 节点的工作日志

（5）创建并加入通道。

①进入 Cli 客户端（此时默认值为 peer0.org1 的值）。

docker exec -it cli bash

②生成通道文件 mychannel.block。

```
peer channel create -o orderer0.example.com:7050 \
-c mychannel \
-f ./channel-artifacts/channel.tx \
--tls true \
--cafile /opt/gopath/src/github.com/hyperledger/fabric/peer/crypto/ordererOrganizations/example.com/msp/tlscacerts/tlsca.example.com-cert.pem
```

③将当前节点加入通道当中，若提示“Successfully submitted proposal to join channel”，则表示加入通道成功。

```
peer channel join -b mychannel.block
```

（6）更新锚节点及相关操作。

①更新锚节点，若提示“Successfully submitted channel update”，则表示更新锚节点成功。

```
peer channel update -o orderer0.example.com:7050 \
-c mychannel \
-f ./channel-artifacts/Org1MSPanchors.tx \
--tls \
--cafile /opt/gopath/src/github.com/hyperledger/fabric/peer/crypto/ordererOrganizations/example.com/msp/tlscacerts/tlsca.example.com-cert.pem
```

②查看该通道上的区块信息，若返回 Blockchain info 的相关信息，则表示操作无误。

```
peer channel getinfo -c mychannel
```

③查看当前节点加入的通道，若提示“Channels peers has joined:mychannel”，则表示当前节点已经成功地加入 mychannel 通道中。

```
peer channel list
exit
```

（7）安装链码。

①选用测试网络自带的 SACC 链码，将其复制到 testwork 目录中。

```
cd ../go/src/github.com/hyperledger/fabric-samples/chaincode/
cp -r sacc/ ../../../../../../testwork/chaincode/go/
cd ../../../../../../testwork/
```

②进入 Cli 客户端设置 Go 代理和拉取链码所需依赖包。

```
docker exec -it cli bash
cd ../../multiple-deployment/chaincode/go/
go env -w GOPROXY=https://goproxy.cn,direct          # 设置 go 代理
cd sacc/
go mod vendor                    # 拉取依赖包
```

③进入 peer 文件夹，打包链码，打包完成之后生成 sacc.tar.gz 文件。

```
cd /opt/gopath/src/github.com/hyperledger/fabric/peer/          # 进入 peer 文件夹
peer lifecycle chaincode package sacc.tar.gz \
--path /opt/gopath/src/github.com/hyperledger/multiple-deployment/
chaincode/go/sacc \
--label sacc_1                    # 打包链码
```

④安装链码并查看安装情况。

```
peer lifecycle chaincode install sacc.tar.gz     # 安装链码
peer lifecycle chaincode queryinstalled          # 查看安装情况
```

（8）批准链码并查看批准状态。

①批准链码。

```
peer lifecycle chaincode approveformyorg \
--channelID mychannel \
--name sacc \
--version 1.0 \
--init-required \
--package-id sacc_1:84ca9adc1a80b0964ac0b8bad50042a75dbd8aa25bb4df8f
4073e9818d17f1e6 \
--sequence 1 \
--tls true \
--cafile /opt/gopath/src/github.com/hyperledger/fabric/peer/crypto/
ordererOrganizations/example.com/orderers/orderer0.example.com/msp/tlscacerts/
tlsca.example.com-cert.pem
```

②查看批准状态，其中此时 Org1MSP 为 true，Org2MSP 为 false。

```
peer lifecycle chaincode checkcommitreadiness \
--channelID mychannel \
--name sacc \
--version 1.0 \
--init-required \
--sequence 1 \
--tls true \
--cafile /opt/gopath/src/github.com/hyperledger/fabric/peer/crypto/ordererOrganizations/example.com/orderers/orderer0.example.com/msp/tlscacerts/tlsca.example.com-cert.pem \
--output json
```

（9）在 peer1.org1 节点中加入通道并安装链码。

①切换至 peer1.org1 节点。

```
export CORE_PEER_ADDRESS=peer1.org1.example.com:7061
export CORE_PEER_LOCALMSPID=Org1MSP
export CORE_PEER_TLS_ENABLED=true
export CORE_PEER_TLS_CERT_FILE=/opt/gopath/src/github.com/hyperledger/fabric/peer/crypto/peerOrganizations/org1.example.com/peers/peer1.org1.example.com/tls/server.crt
export peerCORE_PEER_TLS_KEY_FILE=/opt/gopath/src/github.com/hyperledger/fabric/peer/crypto/peerOrganizations/org1.example.com/peers/peer1.org1.example.com/tls/server.key
export CORE_PEER_TLS_ROOTCERT_FILE=/opt/gopath/src/github.com/hyperledger/fabric/peer/crypto/peerOrganizations/org1.example.com/peers/peer1.org1.example.com/tls/ca.crt
export CORE_PEER_MSPCONFIGPATH=/opt/gopath/src/github.com/hyperledger/fabric/peer/crypto/peerOrganizations/org1.example.com/users/Admin@org1.example.com/msp
```

②将 peer1.org1 节点加入通道中。

```
peer channel join -b mychannel.block
```

③在 peer1.org1 节点中安装链码。

```
peer lifecycle chaincode install sacc.tar.gz
```

（10）在 peer0.org2 节点中加入通道并安装链码。

①切换至 peer0.org2 节点。

```
export CORE_PEER_ADDRESS=peer0.org2.example.com:8051
export CORE_PEER_LOCALMSPID=Org2MSP
export CORE_PEER_TLS_ENABLED=true
export CORE_PEER_TLS_CERT_FILE=/opt/gopath/src/github.com/hyperledger/fabric/peer/crypto/peerOrganizations/org2.example.com/peers/peer0.org2.example.com/tls/server.crt
export CORE_PEER_TLS_KEY_FILE=/opt/gopath/src/github.com/hyperledger/fabric/peer/crypto/peerOrganizations/org2.example.com/peers/peer0.org2.example.com/tls/server.key
export CORE_PEER_TLS_ROOTCERT_FILE=/opt/gopath/src/github.com/hyperledger/fabric/peer/crypto/peerOrganizations/org2.example.com/peers/peer0.org2.example.com/tls/ca.crt
export CORE_PEER_MSPCONFIGPATH=/opt/gopath/src/github.com/hyperledger/fabric/peer/crypto/peerOrganizations/org2.example.com/users/Admin@org2.example.com/msp
```

②将 peer0.org2 节点加入通道中。

```
peer channel join -b mychannel.block
```

③在 peer0.org2 节点中安装链码。

```
peer lifecycle chaincode install sacc.tar.gz
```

④批准通道。

```
peer lifecycle chaincode approveformyorg \
--channelID mychannel \
--name sacc \
--version 1.0 \
--init-required \
--package-id sacc_1:84ca9adc1a80b0964ac0b8bad50042a75dbd8aa25bb4df8f
```

```
4073e9818d17f1e6 \
    --sequence 1 \
    --tls true \
    --cafile /opt/gopath/src/github.com/hyperledger/fabric/peer/crypto/
ordererOrganizations/example.com/orderers/orderer0.example.com/msp/tlscacerts/
tlsca.example.com-cert.pem
```

⑤查看批准状态，此时 2 个 OrgMSP 都是 true。

```
peer lifecycle chaincode checkcommitreadiness \
    --channelID mychannel \
    --name sacc \
    --version 1.0 \
    --init-required \
    --sequence 1 \
    --tls true \
    --cafile /opt/gopath/src/github.com/hyperledger/fabric/peer/crypto/
ordererOrganizations/example.com/orderers/orderer0.example.com/msp/tlscacerts/
tlsca.example.com-cert.pem \
    --output json
```

（11）在 peer1.org2 节点中加入通道并安装链码。

①切换至 peer1.org2 节点。

```
export CORE_PEER_ADDRESS=peer1.org2.example.com:8061
export CORE_PEER_LOCALMSPID=Org2MSP
export CORE_PEER_TLS_ENABLED=true
export CORE_PEER_TLS_CERT_FILE=/opt/gopath/src/github.com/hyperledger/
fabric/peer/crypto/peerOrganizations/org2.example.com/peers/peer1.org2.example.
com/tls/server.crt
export CORE_PEER_TLS_KEY_FILE=/opt/gopath/src/github.com/hyperledger/
fabric/peer/crypto/peerOrganizations/org2.example.com/peers/peer1.org2.example.
com/tls/server.key
export CORE_PEER_TLS_ROOTCERT_FILE=/opt/gopath/src/github.com/
```

hyperledger/fabric/peer/crypto/peerOrganizations/org2.example.com/peers/peer1.org2.example.com/tls/ca.crt

export CORE_PEER_MSPCONFIGPATH=/opt/gopath/src/github.com/hyperledger/fabric/peer/crypto/peerOrganizations/org2.example.com/users/Admin@org2.example.com/msp

②将 peer1.org2 节点加入通道中。

```
peer channel join -b mychannel.block
```

③在 peer1.org2 节点中安装链码。

```
peer lifecycle chaincode install sacc.tar.gz
```

（12）提交链码。

在 4 个 Peer 节点安装完链码后，可以提交链码。当通道中的组织批准了链码定义后，一个组织可以提交该定义给通道，也就是说组织管理员发起一个提交交易，来将链码提交给通道。

```
peer lifecycle chaincode commit \
-o orderer0.example.com:7050 \
--channelID mychannel \
--name sacc \
--version 1.0 \
--sequence 1 \
--init-required \
--tls true \
--cafile /opt/gopath/src/github.com/hyperledger/fabric/peer/crypto/ordererOrganizations/example.com/orderers/orderer0.example.com/msp/tlscacerts/tlsca.example.com-cert.pem \
--peerAddresses peer0.org1.example.com:7051 \
--tlsRootCertFiles /opt/gopath/src/github.com/hyperledger/fabric/peer/crypto/peerOrganizations/org1.example.com/peers/peer0.org1.example.com/tls/ca.crt \
--peerAddresses peer0.org2.example.com:8051 \
--tlsRootCertFiles /opt/gopath/src/github.com/hyperledger/fabric/peer/crypto/peerOrganizations/org2.example.com/peers/peer0.org2.example.com/tls/ca.crt
```

（13）初始化链码。

根据 SACC 链码中的初始函数，传入相应的参数进行链码的初始化操作。初始化的操作依然只需要一个节点，执行即可。若返回“Chaincode invoke successful. result:status:200”，则表示链码初始化成功。

```
peer chaincode invoke \
-o orderer0.example.com:7050 \
--isInit \
--ordererTLSHostnameOverride orderer0.example.com \
--tls true \
--cafile /opt/gopath/src/github.com/hyperledger/fabric/peer/crypto/ordererOrganizations/example.com/orderers/orderer0.example.com/msp/tlscacerts/tlsca.example.com-cert.pem \
-C mychannel \
-n sacc \
--peerAddresses peer0.org1.example.com:7051 \
--tlsRootCertFiles /opt/gopath/src/github.com/hyperledger/fabric/peer/crypto/peerOrganizations/org1.example.com/peers/peer0.org1.example.com/tls/ca.crt \
--peerAddresses peer0.org2.example.com:8051 \
--tlsRootCertFiles /opt/gopath/src/github.com/hyperledger/fabric/peer/crypto/peerOrganizations/org2.example.com/peers/peer0.org2.example.com/tls/ca.crt \
-c '{"Args":["a","USY"]}'
```

（14）查询链码。

①本地查询。输入如下指令，可查询到刚才 a 所存入的值，查询结果如图 4-60 所示。同时可以在任意一个 Peer 节点上进行链码的查询。

```
peer chaincode query \
-C mychannel \
-n sacc \
-c '{"Args":["query","a"]}'
```

```
bash-5.1# peer chaincode query \
-C mychannel \
-n sacc \
-c '{"Args":["query","a"]}'
USY
```

图 4–60 本地查询链码

②上链查询。

输入如下指令依旧可以查询到 a 的值，当提示“Chaincode invoke successful. result:status:200”，则表示查询成功，结果如图 4–61 所示。

```
peer chaincode invoke \
-o orderer0.example.com:7050 \
--tls true \
--cafile /opt/gopath/src/github.com/hyperledger/fabric/peer/crypto/ordererOrganizations/example.com/orderers/orderer0.example.com/msp/tlscacerts/tlsca.example.com-cert.pem \
-C mychannel \
-n sacc \
--peerAddresses peer0.org1.example.com:7051 \
--tlsRootCertFiles /opt/gopath/src/github.com/hyperledger/fabric/peer/crypto/peerOrganizations/org1.example.com/peers/peer0.org1.example.com/tls/ca.crt \
--peerAddresses peer0.org2.example.com:8051 \
--tlsRootCertFiles /opt/gopath/src/github.com/hyperledger/fabric/peer/crypto/peerOrganizations/org2.example.com/peers/peer0.org2.example.com/tls/ca.crt \
-c '{"Args":["query","a"]}'
```

```
bash-5.1# peer chaincode invoke \
-o orderer.example.com:7050 \
--tls true \
--cafile /opt/gopath/src/github.com/hyperledger/fabric/peer/crypto/ordererOrganizations/example.com/orderers/orderer.example.c
om/msp/tlscacerts/tlsca.example.com-cert.pem \
-C mychannel \
-n sacc \
--peerAddresses peer0.org1.example.com:7051 \
--tlsRootCertFiles /opt/gopath/src/github.com/hyperledger/fabric/peer/crypto/peerOrganizations/org1.example.com/peers/peer0.or
g1.example.com/tls/ca.crt \
--peerAddresses peer0.org2.example.com:8051 \
--tlsRootCertFiles /opt/gopath/src/github.com/hyperledger/fabric/peer/crypto/peerOrganizations/org2.example.com/peers/peer0.or
g2.example.com/tls/ca.crt \
-c '{"Args":["query","a"]}'
2023-07-28 01:19:38.652 UTC 0001 INFO [chaincodeCmd] chaincodeInvokeOrQuery -> Chaincode invoke successful. result: status:200
payload:"USY"
```

图 4–61 上链查询链码

③本地查询和上链查询的区别。

第一种查询是本地查询，对整个区块链网络的区块高度没有影响，只对自己的 Peer 节点有影响，其实仅做了一个本地查询。第二种查询是上链查询，会导致整个区块链网络的区块高度变化。查询过程依然是先本地查询，然后 Peer1 和 Pee3 都会收到几个信息，其中 个是交易的提交，这说明这个命令进行了共识操作。

4.3　超级账本 Fabric 的 4 节点集群部署

在本小节中将使用 4 台 Ubuntu 虚拟机实现 4 台主机、4 个组织、8 个 Peer 和 5 个 Orderer 的分布式超级账本 Fabric，版本为 2.4.6，其组织架构如图 4–62 所示。

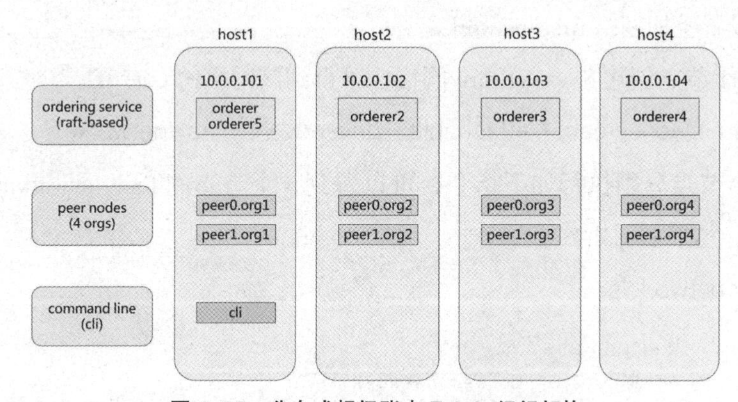

图 4–62　分布式超级账本 Fabric 组织架构

4.3.1　Fabric 集群多机部署规划

基于 4.2.3 节的 Ubuntu 虚拟机进行克隆操作，根据图 4–62 的规划需要克隆 4 台。4 台 Ubuntu 虚拟机的内存、hostname、IP 地址与 hosts 规划如表 4–21 所示。若宿主机内存不足，可以将 4 台虚拟机的内存各减少 1 GB。

表 4–21　分布式 Fabric 中虚拟机规划表

<table>
<tr><th>hostname</th><th>内存</th><th>IP</th><th>hosts</th></tr>
<tr><td>host1</td><td>4 GB</td><td>10.0.0.101</td><td rowspan="4">10.0.0.101 orderer.example.com
10.0.0.101 orderer5.example.com
10.0.0.102 orderer2.example.com
10.0.0.103 orderer3.example.com
10.0.0.104 orderer4.example.com</td></tr>
<tr><td>host2</td><td>3 GB</td><td>10.0.0.102</td></tr>
<tr><td>host3</td><td>3 GB</td><td>10.0.0.103</td></tr>
<tr><td>host4</td><td>3 GB</td><td>10.0.0.104</td></tr>
</table>

4.3.2 Fabric 集群多机部署

（1）4 个节点全部要拉取 docker swarm 镜像。

```
docker pull swarm
```

（2）在 host1 中设置该节点为 manager，其中 10.0.0.101 为 host1 的 IP 地址。

```
docker swarm init --advertise-addr 10.0.0.101
```

执行如下指令获得 host2、host3 和 host4 连接 host1 的指令。

```
docker swarm join-token manager
```

（3）在 host2、host3 和 host4 中分别执行连接 host1 的指令。

```
docker swarm join --token SWMTKN-1-1muop0m9me5cbzgh3px0pjsfw267dwy
1abk7aiwh5v6463bgq8-bcy0yvczzdetesoqezb77udm2 10.0.0.101:2377
```

（4）设置叠加网络 first-network。

在 host1 节点创建 first-network 网络，可得到该网络的专有 ID。

```
docker network create --attachable --driver overlay first-network
```

在 4 个节点分别执行如下指令，可以看到 4 个节点的 first-network 网络 ID 均为同一 ID，结果如图 4-63。

```
docker network ls
```

```
root@host2:~# docker network ls
NETWORK ID     NAME              DRIVER    SCOPE
6c561d5b0b3e   bridge            bridge    local
888a36f77e3b   docker_gwbridge   bridge    local
umi4uts4493j   first-network     overlay   swarm
e6202eb5f818   host              host      local
d4dub2nb7dcz   ingress           overlay   swarm
c3a481ab1864   none              null      local
```

图 4-63　first-network 的网络 ID

（5）在 host1 进行配置文件的复制与修改。

①在 fabric-samples 目录中创建 asset_network 目录。

```
cd ~/go/src/github.com/hyperledger/fabric-samples
mkdir asset_network && cd asset_network/
```

②在 asset_network 目录通过 vim 指令创建 crypto-config.yaml 和 configtx.yaml。

crypto-config.yaml 是超级账本 Fabric 中用于配置加密材料（Crypto Material）的文件之一，包含了组织（Organizations）、节点（Peers）和排序服务（Ordering

Service）等区块链网络中的所有实体的证书颁发机构（Certificate Authority，CA）配置信息，以及这些实体的加密证书、签名证书和私钥等。通过配置 crypto-config.yaml 文件，可以确定组织、节点、证书颁发机构和用户的身份信息、加密证书以及签名证书等关键信息，用于创建和管理基于超级账本 Fabric 的区块链网络，其核心字段的功能如表 4-22 所示。

表 4-22 crypto-config.yaml 中核心字段的功能

字段名	功能
OrdererOrgs	定义了排序服务组织的相关信息，如组织名称、CA 名称、CA 组织单位、CA 服务器地址等
PeerOrgs	定义了节点组织的相关信息，如组织名称、CA 名称、CA 组织单位、CA 服务器地址等
Template	定义了生成加密材料时所使用的模板。例如，可以指定包含多少个 Orderer、Peer 节点以及组织中用户的数量等信息
Users	定义了组织中的用户列表。其中，每个用户包括其身份标识（名称和密码）和角色等信息
Orderer 和 Peer	定义了排序服务和节点的名称、主机名、访问地址、监听地址、TLS 加密证书等信息

```
vim crypto-config.yaml
```

```
# Copyright IBM Corp. All Rights Reserved.
#
# SPDX-License-Identifier:Apache-2.0

OrdererOrgs:

  - Name:Orderer
    Domain:example.com
    Specs:
      - Hostname:orderer
      - Hostname:orderer2
      - Hostname:orderer3
      - Hostname:orderer4
      - Hostname:orderer5
```

```
PeerOrgs:
  - Name:Org1
    Domain:org1.example.com
    EnableNodeOUs:true
    Template:
      Count:2
    Users:
      Count:1

  - Name:Org2
    Domain:org2.example.com
    EnableNodeOUs:true
    Template:
      Count:2
    Users:
      Count:1

  - Name:Org3
    Domain:org3.example.com
    EnableNodeOUs:true
    Template:
      Count:2
    Users:
      Count:1

  - Name:Org4
    Domain:org4.example.com
    EnableNodeOUs:true
    Template:
      Count:2
    Users:
      Count:1
```

configtx.yaml 文件是超级账本 Fabric 中用于配置通道的文件之一，包含了通道配置的各个方面，例如组织的配置、排序服务的配置、背书策略的配置等。通过配置 configtx.yaml 文件，可以了解到区块链网络中每个组织的角色、排序服务、背书策略以及通道的配置信息。这对于创建和管理超级账本 Fabric 区块链网络至关重要，其核心字段的功能如表 4-23 所示。

表 4-23　configtx.yaml 中核心字段的功能

字段名	功能
Profiles	定义了组织在区块链网络中拥有的角色以及其相应权限。每个 Profile 包括了该组织的成员、排序服务、背书策略和通道配置等信息
Organizations	定义了每个组织的名称、MSP ID、CA 证书以及根证书等。此外，还可以通过指定 AnchorPeers 来确定该组织的锚节点，并提供连接其他组织的连接信息
Orderer	定义了排序服务的配置信息，如排序服务类型、广播模式、批处理大小和超时等。此外，还可以指定 Kafka 的相关配置参数
Capabilities	定义了区块链网络所支持的功能和特性，如版本号、共识算法等。这些功能可以在创建通道时进行启用和禁用
Application	定义了应用程序的配置，如链码版本、背书策略和语言类型等
Policies	定义了背书策略，包括背书节点的数量、背书节点的 MSP ID、背书节点的类型等。背书策略的配置可以影响交易被认可的方式
ACLs	定义了谁有哪些权限来访问通道中的资源，如查询、执行和加入等操作

```
vim configtx.yaml
```

```
# Copyright IBM Corp. All Rights Reserved.
#
# SPDX-License-Identifier:Apache-2.0

Organizations:

  - &OrdererOrg
    Name:OrdererOrg
    ID:OrdererMSP
    MSPDir:crypto-config/ordererOrganizations/example.com/msp
    Policies:
```

```
        Readers:
            Type:Signature
            Rule:"OR('OrdererMSP.member')"
        Writers:
            Type:Signature
            Rule:"OR('OrdererMSP.member')"
        Admins:
            Type:Signature
            Rule:"OR('OrdererMSP.admin')"

    OrdererEndpoints:
        - orderer.example.com:7050

  - &Org1
    Name:Org1MSP
    ID:Org1MSP
    MSPDir:crypto-config/peerOrganizations/org1.example.com/msp
    Policies:
        Readers:
            Type:Signature
            Rule:"OR('Org1MSP.admin','Org1MSP.peer','Org1MSP.client')"
        Writers:
            Type:Signature
            Rule:"OR('Org1MSP.admin','Org1MSP.client')"
        Admins:
            Type:Signature
            Rule:"OR('Org1MSP.admin')"
        Endorsement:
            Type:Signature
            Rule:"OR('Org1MSP.peer')"

    AnchorPeers:
        - Host:peer0.org1.example.com
```

```
    Port:7051

- &Org2
  Name:Org2MSP
  ID:Org2MSP
  MSPDir:crypto-config/peerOrganizations/org2.example.com/msp
  Policies:
    Readers:
      Type:Signature
      Rule:"OR('Org2MSP.admin','Org2MSP.peer','Org2MSP.client')"
    Writers:
      Type:Signature
      Rule:"OR('Org2MSP.admin','Org2MSP.client')"
    Admins:
      Type:Signature
      Rule:"OR('Org2MSP.admin')"
    Endorsement:
      Type:Signature
      Rule:"OR('Org2MSP.peer')"

  AnchorPeers:
    - Host:peer0.org2.example.com
      Port:7050

- &Org3
  Name:Org3MSP
  ID:Org3MSP
  MSPDir:crypto-config/peerOrganizations/org3.example.com/msp
  Policies:
    Readers:
      Type:Signature
      Rule:"OR('Org3MSP.admin','Org3MSP.peer','Org3MSP.client')"
    Writers:
```

```
        Type:Signature
        Rule:"OR('Org3MSP.admin','Org3MSP.client')"
      Admins:
        Type:Signature
        Rule:"OR('Org3MSP.admin')"
      Endorsement:
        Type:Signature
        Rule:"OR('Org3MSP.peer')"

    AnchorPeers:
      - Host:peer0.org3.example.com
        Port:7050

  - &Org4
    Name:Org4MSP
    ID:Org4MSP
    MSPDir:crypto-config/peerOrganizations/org4.example.com/msp
    Policies:
      Readers:
        Type:Signature
        Rule:"OR('Org4MSP.admin','Org4MSP.peer','Org4MSP.client')"
      Writers:
        Type:Signature
        Rule:"OR('Org4MSP.admin','Org4MSP.client')"
      Admins:
        Type:Signature
        Rule:"OR('Org4MSP.admin')"
      Endorsement:
        Type:Signature
        Rule:"OR('Org4MSP.peer')"

    AnchorPeers:
      - Host:peer0.org4.example.com
```

```
        Port:7050

Capabilities:
    Channel:&ChannelCapabilities
        V2_0:true
    Orderer:&OrdererCapabilities
        V2_0:true

    Application:&ApplicationCapabilities
        V2_0:true

Application:&ApplicationDefaults
    Organizations:
    Policies:
        Readers:
            Type:ImplicitMeta
            Rule:"ANY Readers"
        Writers:
            Type:ImplicitMeta
            Rule:"ANY Writers"
        Admins:
            Type:ImplicitMeta
            Rule:"MAJORITY Admins"
        LifecycleEndorsement:
            Type:ImplicitMeta
            Rule:"MAJORITY Endorsement"
        Endorsement:
            Type:ImplicitMeta
            Rule:"MAJORITY Endorsement"

    Capabilities:
        <<:*ApplicationCapabilities
```

```
Orderer:&OrdererDefaults

  OrdererType:etcdraft
  BatchTimeout:2s
  BatchSize:
    MaxMessageCount:10
    AbsoluteMaxBytes:99 MB
    PreferredMaxBytes:512 KB

  Organizations:
  Policies:
    Readers:
      Type:ImplicitMeta
      Rule:"ANY Readers"
    Writers:
      Type:ImplicitMeta
      Rule:"ANY Writers"
    Admins:
      Type:ImplicitMeta
      Rule:"MAJORITY Admins"
    BlockValidation:
      Type:ImplicitMeta
      Rule:"ANY Writers"

Channel:&ChannelDefaults
  Policies:
    Readers:
      Type:ImplicitMeta
      Rule:"ANY Readers"
    Writers:
      Type:ImplicitMeta
      Rule:"ANY Writers"
    Admins:
```

```
            Type:ImplicitMeta
            Rule:"MAJORITY Admins"

    Capabilities:
        <<:*ChannelCapabilities

Profiles:

    FourOrgsChannel:
        Consortium:SampleConsortium
        <<:*ChannelDefaults
        Application:
            <<:*ApplicationDefaults
            Organizations:
                - *Org1
                - *Org2
                - *Org3
                - *Org4
            Capabilities:
                <<:*ApplicationCapabilities

    SampleMultiNodeEtcdRaft:
        <<:*ChannelDefaults
        Capabilities:
            <<:*ChannelCapabilities
        Orderer:
            <<:*OrdererDefaults
            OrdererType:etcdraft
            EtcdRaft:
                Consenters:
                - Host:orderer.example.com
                  Port:7050
                  ClientTLSCert:crypto-config/ordererOrganizations/example.com/
```

```
orderers/orderer.example.com/tls/server.crt
              ServerTLSCert:crypto-config/ordererOrganizations/example.com/
orderers/orderer.example.com/tls/server.crt
            - Host:orderer2.example.com
              Port:7050
              ClientTLSCert:crypto-config/ordererOrganizations/example.com/
orderers/orderer2.example.com/tls/server.crt
              ServerTLSCert:crypto-config/ordererOrganizations/example.com/
orderers/orderer2.example.com/tls/server.crt
            - Host:orderer3.example.com
              Port:7050
              ClientTLSCert:crypto-config/ordererOrganizations/example.com/orderers/
orderer3.example.com/tls/server.crt
              ServerTLSCert:crypto-config/ordererOrganizations/example.com/
orderers/orderer3.example.com/tls/server.crt
            - Host:orderer4.example.com
              Port:7050
              ClientTLSCert:crypto-config/ordererOrganizations/example.com/orderers/
orderer4.example.com/tls/server.crt
              ServerTLSCert:crypto-config/ordererOrganizations/example.com/
orderers/orderer4.example.com/tls/server.crt
            - Host:orderer5.example.com
              Port:8050
              ClientTLSCert:crypto-config/ordererOrganizations/example.com/orderers/
orderer5.example.com/tls/server.crt
              ServerTLSCert:crypto-config/ordererOrganizations/example.com/
orderers/orderer5.example.com/tls/server.crt
         Addresses:
            - orderer.example.com:7050
            - orderer2.example.com:7050
            - orderer3.example.com:7050
            - orderer4.example.com:7050
            - orderer5.example.com:8050
```

```
    Organizations:
    - *OrdererOrg
    Capabilities:
      <<:*OrdererCapabilities
  Application:
    <<:*ApplicationDefaults
    Organizations:
    - <<:*OrdererOrg
  Consortiums:
    SampleConsortium:
      Organizations:
      - *Org1
      - *Org2
      - *Org3
      - *Org4
```

③在 asset_network 目录下创建 scripts 文件夹，并从 test-network 目录中复制配置文件。

```
mkdir scripts
cp ../test-network/scripts/* -r ./scripts/
```

④在 asset_network 目录下根据配置文件生成必要的密码学资料，其结果如图 4-64 所示。

```
../bin/cryptogen generate --config=./crypto-config.yaml
```

```
root@host1:~/go/src/github.com/hyperledger/fabric-samples/asset_network# ../bin/cryptogen
 generate --config=./crypto-config.yaml
org1.example.com
org2.example.com
org3.example.com
org4.example.com
```

图 4-64　生成密码学资料

⑤根据配置文件生成 Fabric 的初始链，定义链的名称，并将 4 个组织全部添加到链里，其中 byfn-sys-channel 为 Fabric 的链，mychannel 是可自定义的链的名称。

```
export FABRIC_CFG_PATH=$PWD
../bin/configtxgen -profile SampleMultiNodeEtcdRaft -outputBlock ./channel-artifacts/genesis.block -channelID byfn-sys-channel
../bin/configtxgen -profile FourOrgsChannel -outputCreateChannelTx ./channel-artifacts/channel.tx -channelID mychannel
../bin/configtxgen -profile FourOrgsChannel -outputAnchorPeersUpdate ./channel-artifacts/Org1MSPanchors.tx -channelID mychannel -asOrg Org1MSP
../bin/configtxgen -profile FourOrgsChannel -outputAnchorPeersUpdate ./channel-artifacts/Org2MSPanchors.tx -channelID mychannel -asOrg Org2MSP
../bin/configtxgen -profile FourOrgsChannel -outputAnchorPeersUpdate ./channel-artifacts/Org3MSPanchors.tx -channelID mychannel -asOrg Org3MSP
../bin/configtxgen -profile FourOrgsChannel -outputAnchorPeersUpdate ./channel-artifacts/Org4MSPanchors.tx -channelID mychannel -asOrg Org4MSP
```

（6）在 host1 节点为所有节点准备 docker-compose 的配置文件，需要创建 6 个 yaml 配置文件以及 1 个 .env 文件，其文件名和作用如表 4-24 所示。

表 4-24　docker-compose 的配置文件名和作用

文件名	作用
base/peer-base.yaml	生成 Peer 节点的基础配置文件
base/docker-compose-base.yaml	各个 Org、Peer、Orderer 的 Docker 部署配置文件
host1.yaml	节点 10.0.0.101 启动服务的配置文件
host2.yaml	节点 10.0.0.102 启动服务的配置文件
host3.yaml	节点 10.0.0.103 启动服务的配置文件
host4.yaml	节点 10.0.0.104 启动服务的配置文件
.env	环境变量配置文件

在 /go/src/github.com/hyperledger/fabric-samples/asset_network 中根据表 4-24 准备这 6 个配置文件和 1 个 .env 文件，并按照图 4-65 的结构创建 base 文件夹，将 peer-base.yaml 和 docker-compose-base.yaml 放在 base 文件夹中，剩下 5 个文件放在 asset_network 文件夹中。

base	2022/6/26 16:01	文件夹	
configtx.yaml	2022/6/27 10:34	YAML 文件	17 KB
crypto-config.yaml	2022/6/27 10:34	YAML 文件	5 KB
host1.yaml	2022/6/26 16:08	YAML 文件	3 KB
host2.yaml	2022/6/26 16:08	YAML 文件	1 KB
host3.yaml	2022/6/26 16:09	YAML 文件	1 KB
host4.yaml	2022/6/26 16:09	YAML 文件	1 KB

图 4–65　docker–compose 的配置文件目录图

① base/peer–base.yaml 文件。

peer–base.yaml 文件是超级账本 Fabric 中用于配置节点的文件之一，包含了节点的基本配置信息，如日志记录、级别、TLS 是否启用等。通过配置 peer–base.yaml 文件，可以了解到节点的基本配置信息，如日志记录、账本存储路径、消息传输协议、TLS 加密通信以及节点之间的身份验证等，其核心字段的功能如表 4–25 所示。

表 4–25　base/peer–base.yaml 中核心字段的功能

字段名	功能
logging	定义了日志记录的级别和格式，包括 level、format 和 output 等信息
fileLedger	定义了节点中使用的账本（ledger）类型，包括账本存储路径和相关属性等信息
messaging	定义了节点与其他节点之间通信所使用的协议和端口等信息，包括 port、type、timeout 和 grpcOptions 等信息
gossip	定义了节点在允许分布式状态同步（Distributed State Sync）时所使用的配置信息和算法，包括 bootstrap、orgLeader 和 persistence 等信息
tls	定义了节点是否启用 TLS 加密通信，包括 enabled 、cert 和 key 等信息
authentication	定义了节点与其他节点或客户端之间进行身份验证的相关配置，包括 timewindow、secureContext 和 crypto 等信息

```
mkdir base
vim base/peer-base.yaml
```

```
# Copyright IBM Corp. All Rights Reserved.
#
# SPDX-License-Identifier:Apache-2.0
#
```

```
version:'2'

services:
  peer-base:
    image:hyperledger/fabric-peer:$IMAGE_TAG
    environment:
      - CORE_VM_ENDPOINT=unix:///host/var/run/docker.sock
      - CORE_VM_DOCKER_HOSTCONFIG_NETWORKMODE=first-network
      - FABRIC_LOGGING_SPEC=INFO
      - CORE_PEER_TLS_ENABLED=true
      - CORE_PEER_GOSSIP_USELEADERELECTION=true
      - CORE_PEER_GOSSIP_ORGLEADER=false
      - CORE_PEER_PROFILE_ENABLED=true
      - CORE_PEER_TLS_CERT_FILE=/etc/hyperledger/fabric/tls/server.crt
      - CORE_PEER_TLS_KEY_FILE=/etc/hyperledger/fabric/tls/server.key
      - CORE_PEER_TLS_ROOTCERT_FILE=/etc/hyperledger/fabric/tls/ca.crt
      - CORE_CHAINCODE_EXECUTETIMEOUT=300s
    working_dir:/opt/gopath/src/github.com/hyperledger/fabric/peer
    command:peer node start

  orderer-base:
    image:hyperledger/fabric-orderer:$IMAGE_TAG
    environment:
      - FABRIC_LOGGING_SPEC=INFO
      - ORDERER_GENERAL_LISTENADDRESS=0.0.0.0
      - ORDERER_GENERAL_BOOTSTRAPMETHOD=file
      - ORDERER_GENERAL_BOOTSTRAPFILE=/var/hyperledger/orderer/orderer.
genesis.block
      - ORDERER_GENERAL_LOCALMSPID=OrdererMSP
      - ORDERER_GENERAL_LOCALMSPDIR=/var/hyperledger/orderer/msp
      - ORDERER_GENERAL_TLS_ENABLED=true
      - ORDERER_GENERAL_TLS_PRIVATEKEY=/var/hyperledger/orderer/tls/server.
```

```
key
    - ORDERER_GENERAL_TLS_CERTIFICATE=/var/hyperledger/orderer/tls/server.
crt
    - ORDERER_GENERAL_TLS_ROOTCAS=[/var/hyperledger/orderer/tls/ca.crt]
    - ORDERER_GENERAL_CLUSTER_CLIENTCERTIFICATE=/var/hyperledqer/
orderer/tls/server.crt
    - ORDERER_GENERAL_CLUSTER_CLIENTPRIVATEKEY=/var/hyperledger/
orderer/tls/server.key
    - ORDERER_GENERAL_CLUSTER_ROOTCAS=[/var/hyperledger/orderer/tls/
ca.crt]
    working_dir:/opt/gopath/src/github.com/hyperledger/fabric
    command:orderer
```

② base/docker-compose-base.yaml 文件。

docker-compose-base.yaml 文件是超级账本 Fabric 中用于配置 Docker Compose 网络的基础文件之一，包含了组织、节点和证书颁发机构相关信息。通过配置 docker-compose-base.yaml 文件，可以了解到超级账本 Fabric 区块链网络中各个服务（组织、节点和证书颁发机构）的基本配置信息，包括服务的镜像、容器名称、端口映射、环境变量以及需要挂载的 Docker 卷等，其核心字段的功能如表 4-26 所示。

表 4-26　base/docker-compose-base.yaml 中核心字段的功能

字段名	功能
version	定义了 Docker Compose 文件版本
services	定义了组织、节点和证书颁发机构等服务的配置信息，包括每个服务的镜像、容器名称、端口映射和所需的环境变量等信息
volumes	定义了需要在容器中挂载的 Docker 卷，用于数据持久化和节点之间的文件共享等功能
networks	定义了 Docker Compose 网络的配置信息，包括网络名称、IP 地址范围和子网掩码等信息
environment	定义了每个服务所需的环境变量，如节点名称、组织名称和证书颁发机构的 URL 和 CA 证书等

```
vim base/docker-compose-base.yaml
```

```
# Copyright IBM Corp. All Rights Reserved.
#
# SPDX-License-Identifier:Apache-2.0
#

version:'2'

services:

  orderer.example.com:
    container_name:orderer.example.com
    extends:
      file:peer-base.yaml
      service:orderer-base
    volumes:
      - ../channel-artifacts/genesis.block:/var/hyperledger/orderer/orderer.genesis.
block
      - ../crypto-config/ordererOrganizations/example.com/orderers/orderer.
example.com/msp:/var/hyperledger/orderer/msp
      - ../crypto-config/ordererOrganizations/example.com/orderers/orderer.
example.com/tls/:/var/hyperledger/orderer/tls
      - orderer.example.com:/var/hyperledger/production/orderer
    ports:
     - 7050:7050

  orderer2.example.com:
    container_name:orderer2.example.com
    extends:
      file:peer-base.yaml
      service:orderer-base
    volumes:
      - ../channel-artifacts/genesis.block:/var/hyperledger/orderer/orderer.genesis.
block
```

```
      - ../crypto-config/ordererOrganizations/example.com/orderers/orderer2.
example.com/msp:/var/hyperledger/orderer/msp
      - ../crypto-config/ordererOrganizations/example.com/orderers/orderer2.
example.com/tls/:/var/hyperledger/orderer/tls
      - orderer2.example.com:/var/hyperledger/production/orderer
    ports:
     - 7050:7050

  orderer3.example.com:
    container_name:orderer3.example.com
    extends:
     file:peer-base.yaml
     service:orderer-base
    volumes:
      - ../channel-artifacts/genesis.block:/var/hyperledger/orderer/orderer.genesis.
block
      - ../crypto-config/ordererOrganizations/example.com/orderers/orderer3.
example.com/msp:/var/hyperledger/orderer/msp
      - ../crypto-config/ordererOrganizations/example.com/orderers/orderer3.
example.com/tls/:/var/hyperledger/orderer/tls
      - orderer3.example.com:/var/hyperledger/production/orderer
    ports:
     - 7050:7050

  orderer4.example.com:
    container_name:orderer4.example.com
    extends:
     file:peer-base.yaml
     service:orderer-base
    volumes:
      - ../channel-artifacts/genesis.block:/var/hyperledger/orderer/orderer.genesis.
block
      - ../crypto-config/ordererOrganizations/example.com/orderers/orderer4.
```

```
example.com/msp:/var/hyperledger/orderer/msp
       - ../crypto-config/ordererOrganizations/example.com/orderers/orderer4.
example.com/tls/:/var/hyperledger/orderer/tls
       - orderer4.example.com:/var/hyperledger/production/orderer
     ports:
      - 7050:7050

    orderer5.example.com:
     container_name:orderer5.example.com
     extends:
      file:peer-base.yaml
      service:orderer-base
     volumes:
       - ../channel-artifacts/genesis.block:/var/hyperledger/orderer/orderer.genesis.
block
       - ../crypto-config/ordererOrganizations/example.com/orderers/orderer5.
example.com/msp:/var/hyperledger/orderer/msp
       - ../crypto-config/ordererOrganizations/example.com/orderers/orderer5.
example.com/tls/:/var/hyperledger/orderer/tls
       - orderer5.example.com:/var/hyperledger/production/orderer
     ports:
      - 8050:7050

    peer0.org1.example.com:
     container_name:peer0.org1.example.com
     extends:
      file:peer-base.yaml
      service:peer-base
     environment:
      - CORE_PEER_ID=peer0.org1.example.com
      - CORE_PEER_ADDRESS=peer0.org1.example.com:7051
      - CORE_PEER_LISTENADDRESS=0.0.0.0:7051
      - CORE_PEER_CHAINCODEADDRESS=peer0.org1.example.com:7052
```

```
      - CORE_PEER_CHAINCODELISTENADDRESS=0.0.0.0:7052
      - CORE_PEER_GOSSIP_BOOTSTRAP=peer1.org1.example.com:8051
      - CORE_PEER_GOSSIP_EXTERNALENDPOINT=peer0.org1.example.com:7051
      - CORE_PEER_LOCALMSPID=Org1MSP
    volumes:
        - /var/run/:/host/var/run/
        - ../crypto-config/peerOrganizations/org1.example.com/peers/peer0.org1.
example.com/msp:/etc/hyperledger/fabric/msp
        - ../crypto-config/peerOrganizations/org1.example.com/peers/peer0.org1.
example.com/tls:/etc/hyperledger/fabric/tls
        - peer0.org1.example.com:/var/hyperledger/production
    ports:
      - 7051:7051

  peer1.org1.example.com:
    container_name:peer1.org1.example.com
    extends:
      file:peer-base.yaml
      service:peer-base
    environment:
      - CORE_PEER_ID=peer1.org1.example.com
      - CORE_PEER_ADDRESS=peer1.org1.example.com:8051
      - CORE_PEER_LISTENADDRESS=0.0.0.0:8051
      - CORE_PEER_CHAINCODEADDRESS=peer1.org1.example.com:8052
      - CORE_PEER_CHAINCODELISTENADDRESS=0.0.0.0:8052
      - CORE_PEER_GOSSIP_EXTERNALENDPOINT=peer1.org1.example.com:8051
      - CORE_PEER_GOSSIP_BOOTSTRAP=peer0.org1.example.com:7051
      - CORE_PEER_LOCALMSPID=Org1MSP
    volumes:
      - /var/run/:/host/var/run/
      - ../crypto-config/peerOrganizations/org1.example.com/peers/peer1.org1.exam
ple.com/msp:/etc/hyperledger/fabric/msp
      - ../crypto-config/peerOrganizations/org1.example.com/peers/peer1.org1.exam
```

```
ple.com/tls:/etc/hyperledger/fabric/tls
        - peer1.org1.example.com:/var/hyperledger/production

    ports:
      - 8051:8051

  peer0.org2.example.com:
    container_name:peer0.org2.example.com
    extends:
      file:peer-base.yaml
      service:peer-base
    environment:
      - CORE_PEER_ID=peer0.org2.example.com
      - CORE_PEER_ADDRESS=peer0.org2.example.com:7051
      - CORE_PEER_LISTENADDRESS=0.0.0.0:7051
      - CORE_PEER_CHAINCODEADDRESS=peer0.org2.example.com:7052
      - CORE_PEER_CHAINCODELISTENADDRESS=0.0.0.0:7052
      - CORE_PEER_GOSSIP_EXTERNALENDPOINT=peer0.org2.example.com:7051
      - CORE_PEER_GOSSIP_BOOTSTRAP=peer1.org2.example.com:8051
      - CORE_PEER_LOCALMSPID=Org2MSP
    volumes:
        - /var/run/:/host/var/run/
        - ../crypto-config/peerOrganizations/org2.example.com/peers/peer0.org2.
example.com/msp:/etc/hyperledger/fabric/msp
        - ../crypto-config/peerOrganizations/org2.example.com/peers/peer0.org2.
example.com/tls:/etc/hyperledger/fabric/tls
        - peer0.org2.example.com:/var/hyperledger/production
    ports:
      - 7051:7051

  peer1.org2.example.com:
    container_name:peer1.org2.example.com
    extends:
```

```
      file:peer-base.yaml
      service:peer-base
    environment:
      - CORE_PEER_ID=peer1.org2.example.com
      - CORE_PEER_ADDRESS=peer1.org2.example.com:8051
      - CORE_PEER_LISTENADDRESS=0.0.0.0:8051
      - CORE_PEER_CHAINCODEADDRESS=peer1.org2.example.com:8052
      - CORE_PEER_CHAINCODELISTENADDRESS=0.0.0.0:8052
      - CORE_PEER_GOSSIP_EXTERNALENDPOINT=peer1.org2.example.com:8051
      - CORE_PEER_GOSSIP_BOOTSTRAP=peer0.org2.example.com:7051
      - CORE_PEER_LOCALMSPID=Org2MSP
    volumes:
        - /var/run/:/host/var/run/
        - ../crypto-config/peerOrganizations/org2.example.com/peers/peer1.org2.
example.com/msp:/etc/hyperledger/fabric/msp
        - ../crypto-config/peerOrganizations/org2.example.com/peers/peer1.org2.
example.com/tls:/etc/hyperledger/fabric/tls
        - peer1.org2.example.com:/var/hyperledger/production
    ports:
      - 8051:8051

  peer0.org3.example.com:
    container_name:peer0.org3.example.com
    extends:
      file:peer-base.yaml
      service:peer-base
    environment:
      - CORE_PEER_ID=peer0.org3.example.com
      - CORE_PEER_ADDRESS=peer0.org3.example.com:7051
      - CORE_PEER_LISTENADDRESS=0.0.0.0:7051
      - CORE_PEER_CHAINCODEADDRESS=peer0.org3.example.com:7052
      - CORE_PEER_CHAINCODELISTENADDRESS=0.0.0.0:7052
      - CORE_PEER_GOSSIP_BOOTSTRAP=peer1.org3.example.com:8051
```

```
      - CORE_PEER_GOSSIP_EXTERNALENDPOINT=peer0.org3.example.com:7051
      - CORE_PEER_LOCALMSPID=Org3MSP
    volumes:
        - /var/run/:/host/var/run/
        - ../crypto-config/peerOrganizations/org3.example.com/peers/peer0.org3.
example.com/msp:/etc/hyperledger/fabric/msp
        - ../crypto-config/peerOrganizations/org3.example.com/peers/peer0.org3.
example.com/tls:/etc/hyperledger/fabric/tls
        - peer0.org3.example.com:/var/hyperledger/production
    ports:
      - 7051:7051

  peer1.org3.example.com:
    container_name:peer1.org3.example.com
    extends:
      file:peer-base.yaml
      service:peer-base
    environment:
      - CORE_PEER_ID=peer1.org3.example.com
      - CORE_PEER_ADDRESS=peer1.org3.example.com:8051
      - CORE_PEER_LISTENADDRESS=0.0.0.0:8051
      - CORE_PEER_CHAINCODEADDRESS=peer1.org3.example.com:8052
      - CORE_PEER_CHAINCODELISTENADDRESS=0.0.0.0:8052
      - CORE_PEER_GOSSIP_EXTERNALENDPOINT=peer1.org3.example.com:8051
      - CORE_PEER_GOSSIP_BOOTSTRAP=peer0.org3.example.com:7051
      - CORE_PEER_LOCALMSPID=Org3MSP
    volumes:
        - /var/run/:/host/var/run/
        - ../crypto-config/peerOrganizations/org3.example.com/peers/peer1.org3.
example.com/msp:/etc/hyperledger/fabric/msp
        - ../crypto-config/peerOrganizations/org3.example.com/peers/peer1.org3.
example.com/tls:/etc/hyperledger/fabric/tls
```

```
      - peer1.org3.example.com:/var/hyperledger/production

    ports:
     - 8051:8051

  peer0.org4.example.com:
    container_name:peer0.org4.example.com
    extends:
     file:peer-base.yaml
     service:peer-base
    environment:
     - CORE_PEER_ID=peer0.org4.example.com
     - CORE_PEER_ADDRESS=peer0.org4.example.com:7051
     - CORE_PEER_LISTENADDRESS=0.0.0.0:7051
     - CORE_PEER_CHAINCODEADDRESS=peer0.org4.example.com:7052
     - CORE_PEER_CHAINCODELISTENADDRESS=0.0.0.0:7052
     - CORE_PEER_GOSSIP_BOOTSTRAP=peer1.org4.example.com:8051
     - CORE_PEER_GOSSIP_EXTERNALENDPOINT=peer0.org4.example.com:7051
     - CORE_PEER_LOCALMSPID=Org4MSP
    volumes:
      - /var/run/:/host/var/run/
      - ../crypto-config/peerOrganizations/org4.example.com/peers/peer0.org4.
example.com/msp:/etc/hyperledger/fabric/msp
      - ../crypto-config/peerOrganizations/org4.example.com/peers/peer0.org4.
example.com/tls:/etc/hyperledger/fabric/tls
      - peer0.org4.example.com:/var/hyperledger/production
    ports:
     - 7051:7051

  peer1.org4.example.com:
    container_name:peer1.org4.example.com
    extends:
```

```
      file:peer-base.yaml
      service:peer-base
    environment:
      - CORE_PEER_ID=peer1.org4.example.com
      - CORE_PEER_ADDRESS=peer1.org4.example.com:8051
      - CORE_PEER_LISTENADDRESS=0.0.0.0:8051
      - CORE_PEER_CHAINCODEADDRESS=peer1.org4.example.com:8052
      - CORE_PEER_CHAINCODELISTENADDRESS=0.0.0.0:8052
      - CORE_PEER_GOSSIP_EXTERNALENDPOINT=peer1.org4.example.com:8051
      - CORE_PEER_GOSSIP_BOOTSTRAP=peer0.org4.example.com:7051
      - CORE_PEER_LOCALMSPID=Org4MSP
    volumes:
        - /var/run/:/host/var/run/
        - ../crypto-config/peerOrganizations/org4.example.com/peers/peer1.org4.
example.com/msp:/etc/hyperledger/fabric/msp
        - ../crypto-config/peerOrganizations/org4.example.com/peers/peer1.org4.
example.com/tls:/etc/hyperledger/fabric/tls
        - peer1.org4.example.com:/var/hyperledger/production

    ports:
      - 8051:8051
```

③ host1.yaml 文件。

在超级账本 Fabric 中的 host.yaml 文件是用于定义特定节点的配置文件之一，通过配置 host.yaml 文件，可以了解到该节点的身份、TLS 证书以及通信端口等信息，这些信息有利于该节点的身份认证和与其他节点或客户端的安全通信。需要注意的是，超级账本 Fabric 中的任何一个节点都需要配置相应的证书、身份和通信端口等信息，才能够加入区块链网络中并参与共识与数据交换等活动，其核心字段的功能如表 4–27 所示。

表 4–27　host.yaml 中核心字段的功能

字段名	功能
peer	定义了节点的类型、MSP ID、节点 URL 等信息。其中，type 为 “peer”，表示该节点为普通节点；mspid 为 MSP ID，即成员服务提供者标识，指明该节点所属的组织；url 指定了该节点对外提供服务的地址和端口
localMspId	定义了本地 MSP ID，与 peer 中的 mspid 对应
tlsCACerts	定义了该节点所使用的 TLS 证书的相关配置，包括 path、pem 和 client 等信息。其中，path 是 TLS 证书所在的路径；pem 是 TLS 证书的 PEM 编码；client 是该节点是否启用 TLS 加密通信的标志
authentication	定义了节点与其他节点或客户端之间进行身份验证的相关配置，包括 timewindow、secureContext 和 crypto 等信息

vim host1.yaml

```
# Copyright IBM Corp. All Rights Reserved.
#
# SPDX-License-Identifier:Apache-2.0
#

version:'2'

volumes:
 orderer.example.com:
 orderer5.example.com:
 peer0.org1.example.com:
 peer1.org1.example.com:

networks:
 byfn:
  external:
   name:first-network

services:
```

```
orderer.example.com:
  extends:
    file:base/docker-compose-base.yaml
    service:orderer.example.com
  container_name:orderer.example.com
  networks:
    - byfn

orderer5.example.com:
  extends:
    file:base/docker-compose-base.yaml
    service:orderer5.example.com
  container_name:orderer5.example.com
  networks:
    - byfn


peer0.org1.example.com:
  container_name:peer0.org1.example.com
  extends:
    file:base/docker-compose-base.yaml
    service:peer0.org1.example.com
  networks:
    - byfn

peer1.org1.example.com:
  container_name:peer1.org1.example.com
  extends:
    file:base/docker-compose-base.yaml
    service:peer1.org1.example.com
  networks:
    - byfn
```

```
cli:
  container_name:cli
  image:hyperledger/fabric-tools:$IMAGE_TAG
  tty:true
  stdin_open:true
  environment:
    - SYS_CHANNEL=$SYS_CHANNEL
    - GOPATH=/root/go
    - CORE_VM_ENDPOINT=unix:///host/var/run/docker.sock
    #- FABRIC_LOGGING_SPEC=DEBUG
    - FABRIC_LOGGING_SPEC=INFO
    - CORE_PEER_ID=cli
    - CORE_PEER_ADDRESS=peer0.org1.example.com:7051
    - CORE_PEER_LOCALMSPID=Org1MSP
    - CORE_PEER_TLS_ENABLED=true
    - CORE_PEER_TLS_CERT_FILE=/opt/gopath/src/github.com/hyperledger/
fabric/peer/crypto/peerOrganizations/org1.example.com/peers/peer0.org1.
example.com/tls/server.crt
    - CORE_PEER_TLS_KEY_FILE=/opt/gopath/src/github.com/hyperledger/
fabric/peer/crypto/peerOrganizations/org1.example.com/peers/peer0.org1.
example.com/tls/server.key
    - CORE_PEER_TLS_ROOTCERT_FILE=/opt/gopath/src/github.com/
hyperledger/fabric/peer/crypto/peerOrganizations/org1.example.com/peers/peer0.
org1.example.com/tls/ca.crt
    - CORE_PEER_MSPCONFIGPATH=/opt/gopath/src/github.com/hyperledger/
fabric/peer/crypto/peerOrganizations/org1.example.com/users/Admin@org1.
example.com/msp
  working_dir:/opt/gopath/src/github.com/hyperledger/fabric/peer
  command:/bin/bash
  volumes:
    - /var/run/:/host/var/run/
    - ./../chaincode/:/opt/gopath/src/github.com/chaincode
    - ./crypto-config:/opt/gopath/src/github.com/hyperledger/fabric/peer/
```

```
crypto/
        - ./scripts:/opt/gopath/src/github.com/hyperledger/fabric/peer/scripts/
        - ./channel-artifacts:/opt/gopath/src/github.com/hyperledger/fabric/peer/
channel-artifacts
    depends_on:
      - orderer.example.com
      - peer0.org1.example.com
    networks:
      - byfn
```

④ host2.yaml 文件。

vim host2.yaml

```
# Copyright IBM Corp. All Rights Reserved.
#
# SPDX-License-Identifier:Apache-2.0
#

version:'2'

volumes:
  orderer2.example.com:
  peer0.org2.example.com:
  peer1.org2.example.com:

networks:
  byfn:
    external:
      name:first-network

services:

  orderer2.example.com:
```

```
  extends:
   file:base/docker-compose-base.yaml
   service:orderer2.example.com
  container_name:orderer2.example.com
  networks:
   - byfn

 peer0.org2.example.com:
  container_name:peer0.org2.example.com
  extends:
   file:base/docker-compose-base.yaml
   service:peer0.org2.example.com
  networks:
   - byfn

 peer1.org2.example.com:
  container_name:peer1.org2.example.com
  extends:
   file:base/docker-compose-base.yaml
   service:peer1.org2.example.com
  networks:
   - byfn
```

⑤ host3.yaml 文件。

vim host3.yaml

```
# Copyright IBM Corp. All Rights Reserved.
#
# SPDX-License-Identifier:Apache-2.0
#

version:'2'
```

```
volumes:
  orderer3.example.com:
  peer0.org3.example.com:
  peer1.org3.example.com:

networks:
  byfn:
    external:
      name:first-network

services:

  orderer3.example.com:
    extends:
      file:base/docker-compose-base.yaml
      service:orderer3.example.com
    container_name:orderer3.example.com
    networks:
      - byfn

  peer0.org3.example.com:
    container_name:peer0.org3.example.com
    extends:
      file:base/docker-compose-base.yaml
      service:peer0.org3.example.com
    networks:
      - byfn

  peer1.org3.example.com:
    container_name:peer1.org3.example.com
    extends:
      file:base/docker-compose-base.yaml
      service:peer1.org3.example.com
```

```
  networks:
   - byfn
```

⑥ host4.yaml 文件。

vim host4.yaml

```
# Copyright IBM Corp. All Rights Reserved.
#
# SPDX-License-Identifier:Apache-2.0
#

version:'2'

volumes:
 orderer4.example.com:
 peer0.org4.example.com:
 peer1.org4.example.com:

networks:
 byfn:
  external:
   name:first-network

services:

 orderer4.example.com:
  extends:
   file:base/docker-compose-base.yaml
   service:orderer4.example.com
  container_name:orderer4.example.com
  networks:
   - byfn
```

```
peer0.org4.example.com:
  container_name:peer0.org4.example.com
  extends:
    file:base/docker-compose-base.yaml
    service:peer0.org4.example.com
  networks:
    - byfn

peer1.org4.example.com:
  container_name:peer1.org4.example.com
  extends:
    file:base/docker-compose-base.yaml
    service:peer1.org4.example.com
  networks:
    - byfn
```

⑦ .env 文件。

在超级账本 Fabric 中的 .env 文件是一个环境变量文件，用于定义启动网络的配置参数。通过配置 .env 文件，可以了解到超级账本 Fabric 区块链网络启动所需的各种配置参数，包括使用的镜像版本、证书颁发机构、初始通道名称、智能合约语言和版本等信息。这些参数都是非常重要的，尤其是针对组织、节点和证书等配置信息，必须在 .env 文件中正确设置才能使网络正常启动和运行，其核心字段的功能如表 4–28 所示。

表 4–28　.env 中核心字段的功能

字段名	功能
COMPOSE_PROJECT_NAME	定义了启动网络的 Docker Compose 项目名称
IMAGE_TAG	定义了使用的 Hyperledger Fabric 镜像的版本号
CA_IMAGE_TAG	定义了使用的证书颁发机构容器的镜像版本号
FABRIC_CFG_PATH	指定了配置文件路径，即包含组织、节点、证书等配置信息的目录
SYS_CHANNEL	指定了系统通道的名称
CC_SRC_LANGUAGE	指定了智能合约代码的语言，如 Go 或 Node.js

续表

字段名	功能
VERSION	指定了智能合约的版本号
CC_NAME	指定了智能合约的名称

vim .env

```
COMPOSE_PROJECT_NAME=net
IMAGE_TAG=2.4.6
SYS_CHANNEL=byfn-sys-channel
```

（7）在 host1 节点中对 asset_network 文件夹进行打包处理，并使用远程复制指令 scp 至 host2、host3 和 host4，结果如图 4-66 所示。

```
cd ..
tar cf asset_network.tar asset_network
scp asset_network.tar root@10.0.0.102:/root/go/src/github.com/hyperledger/fabric-samples
scp asset_network.tar root@10.0.0.103:/root/go/src/github.com/hyperledger/fabric-samples
```

```
root@host1:~/go/src/github.com/hyperledger/fabric-samples# scp asset_network.tar root@10.0.0.
102:/root/go/src/github.com/hyperledger/fabric-samples
The authenticity of host '10.0.0.102 (10.0.0.102)' can't be established.
ECDSA key fingerprint is SHA256:eyTwG4xkyeEZrFppU7TPFfnxQG0bb2qaaHrpI0NKXbM.
Are you sure you want to continue connecting (yes/no)? yes
Warning: Permanently added '10.0.0.102' (ECDSA) to the list of known hosts.
root@10.0.0.102's password:
asset_network.tar                                    100%  830KB 100.8MB/s   00:00
root@host1:~/go/src/github.com/hyperledger/fabric-samples# scp asset_network.tar root@10.0.0.
103:/root/go/src/github.com/hyperledger/fabric-samples
The authenticity of host '10.0.0.103 (10.0.0.103)' can't be established.
ECDSA key fingerprint is SHA256:eyTwG4xkyeEZrFppU7TPFfnxQG0bb2qaaHrpI0NKXbM.
Are you sure you want to continue connecting (yes/no)? yes
Warning: Permanently added '10.0.0.103' (ECDSA) to the list of known hosts.
root@10.0.0.103's password:
asset_network.tar                                    100%  830KB 104.7MB/s   00:00
root@host1:~/go/src/github.com/hyperledger/fabric-samples# scp asset_network.tar root@10.0.0.
104:/root/go/src/github.com/hyperledger/fabric-samples
The authenticity of host '10.0.0.104 (10.0.0.104)' can't be established.
ECDSA key fingerprint is SHA256:eyTwG4xkyeEZrFppU7TPFfnxQG0bb2qaaHrpI0NKXbM.
Are you sure you want to continue connecting (yes/no)? yes
Warning: Permanently added '10.0.0.104' (ECDSA) to the list of known hosts.
root@10.0.0.104's password:
asset_network.tar                                    100%  830KB  92.6MB/s   00:00
```

图 4-66　远程复制配置文件

scp asset_network.tar root@10.0.0.104:/root/go/src/github.com/hyperledger/fabric-samples

（8）分别在 host2、host3 和 host4 节点内解压缩 asset_network.tar。

cd /root/go/src/github.com/hyperledger/fabric-samples

tar xf asset_network.tar

（9）在 4 个节点清理无效 docker 容器和 volume 数据卷文件。

docker rm -f `docker ps -a -q`　　# 删除所有 Docker 容器

docker volume prune　　# 清空无效 volume 数据卷文件

（10）在各个节点的 asset_network 目录中分别启动各自对应的 yaml 文件，从而启动对应的 Docker 容器。

cd asset_network

docker-compose -f host1.yaml up -d　　# 在 host1 中启动

docker-compose -f host2.yaml up -d　　# 在 host2 中启动

docker-compose -f host3.yaml up -d　　# 在 host3 中启动

docker-compose -f host4.yaml up -d　　# 在 host4 中启动

（11）通过“docker ps –a”指令分别检查 4 个节点的 Docker 容器是否正常启动，其中 host1 节点里有 5 个 Docker 容器，其余 3 个节点里每个节点有 3 个 Docker 容器，结果如图 4–67 所示。

```
root@host1:~/go/src/github.com/hyperledger/fabric-samples/asset_network# docker ps -a
CONTAINER ID   IMAGE                               COMMAND              CREATED              STATUS              PORTS
NAMES
1d3adba4f63e   hyperledger/fabric-tools:2.0.0      "/bin/bash"          About a minute ago   Up About a minute
cli
142440f46876   hyperledger/fabric-peer:2.0.0       "peer node start"    About a minute ago   Up About a minute   7051/tcp, 0.0.0.0:8051->8051/tcp, :::8051->8051/tcp
peer1.org1.example.com
07a3154869d4   hyperledger/fabric-orderer:2.0.0    "orderer"            About a minute ago   Up About a minute   0.0.0.0:7050->7050/tcp, :::7050->7050/tcp
orderer.example.com
3b8b3dc6d751   hyperledger/fabric-peer:2.0.0       "peer node start"    About a minute ago   Up About a minute   0.0.0.0:7051->7051/tcp, :::7051->7051/tcp
peer0.org1.example.com
36b54a0ac3fd   hyperledger/fabric-orderer:2.0.0    "orderer"            About a minute ago   Up About a minute   0.0.0.0:8050->7050/tcp, :::8050->7050/tcp
orderer5.example.com
```

(a) host1 节点启动了 5 个 Docker 容器

```
root@host2:~/go/src/github.com/hyperledger/fabric-samples/asset_network# docker ps -a
CONTAINER ID   IMAGE                               COMMAND              CREATED         STATUS         PORTS
NAMES
b2c7a2ef6125   hyperledger/fabric-peer:2.0.0       "peer node start"    8 minutes ago   Up 8 minutes   7051/tcp, 0.0.0.0:8051->8051/tcp, :::8051->8051/tcp
peer1.org2.example.com
de07011295c4   hyperledger/fabric-peer:2.0.0       "peer node start"    8 minutes ago   Up 8 minutes   0.0.0.0:7051->7051/tcp, :::7051->7051/tcp
peer0.org2.example.com
1e2603e85406   hyperledger/fabric-orderer:2.0.0    "orderer"            8 minutes ago   Up 8 minutes   0.0.0.0:7050->7050/tcp, :::7050->7050/tcp
orderer2.example.com
```

(b) 其他 3 个节点启动了 3 个 Docker 容器

图 4–67　4 个节点所启动的 Docker 容器

（12）在 host1 为 mychannel 通道创建创世区块，其结果如图 4–68 所示。

docker exec cli peer channel create \

-o orderer.example.com:7050 \

-c mychannel \

-f ./channel-artifacts/channel.tx \

--tls true \

--cafile /opt/gopath/src/github.com/hyperledger/fabric/peer/crypto/ordererOrganizations/example.com/orderers/orderer.example.com/msp/tlscacerts/tlsca.example.com-cert.pem

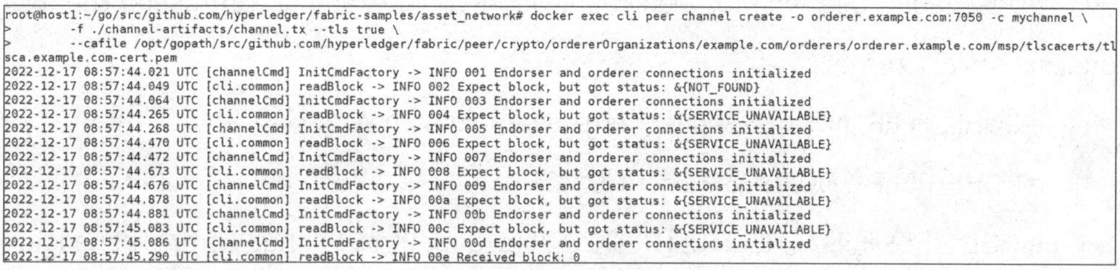

```
root@host1:~/go/src/github.com/hyperledger/fabric-samples/asset_network# docker exec cli peer channel create -o orderer.example.com:7050 -c mychannel \
>       -f ./channel-artifacts/channel.tx --tls true \
>       --cafile /opt/gopath/src/github.com/hyperledger/fabric/peer/crypto/ordererOrganizations/example.com/orderers/orderer.example.com/msp/tlscacerts/tl
sca.example.com-cert.pem
2022-12-17 08:57:44.021 UTC [channelCmd] InitCmdFactory -> INFO 001 Endorser and orderer connections initialized
2022-12-17 08:57:44.049 UTC [cli.common] readBlock -> INFO 002 Expect block, but got status: &{NOT_FOUND}
2022-12-17 08:57:44.064 UTC [channelCmd] InitCmdFactory -> INFO 003 Endorser and orderer connections initialized
2022-12-17 08:57:44.265 UTC [cli.common] readBlock -> INFO 004 Expect block, but got status: &{SERVICE_UNAVAILABLE}
2022-12-17 08:57:44.268 UTC [channelCmd] InitCmdFactory -> INFO 005 Endorser and orderer connections initialized
2022-12-17 08:57:44.470 UTC [cli.common] readBlock -> INFO 006 Expect block, but got status: &{SERVICE_UNAVAILABLE}
2022-12-17 08:57:44.472 UTC [channelCmd] InitCmdFactory -> INFO 007 Endorser and orderer connections initialized
2022-12-17 08:57:44.673 UTC [cli.common] readBlock -> INFO 008 Expect block, but got status: &{SERVICE_UNAVAILABLE}
2022-12-17 08:57:44.676 UTC [channelCmd] InitCmdFactory -> INFO 009 Endorser and orderer connections initialized
2022-12-17 08:57:44.878 UTC [cli.common] readBlock -> INFO 00a Expect block, but got status: &{SERVICE_UNAVAILABLE}
2022-12-17 08:57:44.881 UTC [channelCmd] InitCmdFactory -> INFO 00b Endorser and orderer connections initialized
2022-12-17 08:57:45.083 UTC [cli.common] readBlock -> INFO 00c Expect block, but got status: &{SERVICE_UNAVAILABLE}
2022-12-17 08:57:45.086 UTC [channelCmd] InitCmdFactory -> INFO 00d Endorser and orderer connections initialized
2022-12-17 08:57:45.290 UTC [cli.common] readBlock -> INFO 00e Received block: 0
```

图 4–68　创建创世区块

（13）在 host1 将 8 个 Peer 节点全部加入 mychannel 中，每一个 Peer 节点添加成功后都会有“Successfully submitted proposal to join channel”提示。

①将 peer0.org1 加入 mychannel。

docker exec cli peer channel join -b mychannel.block

②将 peer1.org1 加入 mychannel。

docker exec -e CORE_PEER_ADDRESS=peer1.org1.example.com:8051 \

-e CORE_PEER_TLS_ROOTCERT_FILE=/opt/gopath/src/github.com/hyperledger/fabric/peer/crypto/peerOrganizations/org1.example.com/peers/peer1.org1.example.com/tls/ca.crt cli peer channel join \

-b mychannel.block

③将 peer0.org2 加入 mychannel。

docker exec -e CORE_PEER_MSPCONFIGPATH=/opt/gopath/src/github.com/hyperledger/fabric/peer/crypto/peerOrganizations/org2.example.com/users/Admin@org2.example.com/msp \

-e CORE_PEER_ADDRESS=peer0.org2.example.com:7051 \

-e CORE_PEER_LOCALMSPID="Org2MSP" \

-e CORE_PEER_TLS_ROOTCERT_FILE=/opt/gopath/src/github.com/hyperledger/fabric/peer/crypto/peerOrganizations/org2.example.com/peers/peer0.org2.example.com/tls/ca.crt \

cli peer channel join \

-b mychannel.block

④将 peer1.org2 加入 mychannel。

docker exec -e CORE_PEER_MSPCONFIGPATH=/opt/gopath/src/github.com/hyperledger/fabric/peer/crypto/peerOrganizations/org2.example.com/users/Admin@org2.example.com/msp \

-e CORE_PEER_ADDRESS=peer1.org2.example.com:8051 \

-e CORE_PEER_LOCALMSPID="Org2MSP" \

-e CORE_PEER_TLS_ROOTCERT_FILE=/opt/gopath/src/github.com/hyperledger/fabric/peer/crypto/peerOrganizations/org2.example.com/peers/peer1.org2.example.com/tls/ca.crt \

cli peer channel join \

-b mychannel.block

⑤将 peer0.org3 加入 mychannel。

docker exec -e CORE_PEER_MSPCONFIGPATH=/opt/gopath/src/github.com/hyperledger/fabric/peer/crypto/peerOrganizations/org3.example.com/users/Admin@org3.example.com/msp \

-e CORE_PEER_ADDRESS=peer0.org3.example.com:7051 \

-e CORE_PEER_LOCALMSPID="Org3MSP" \

-e CORE_PEER_TLS_ROOTCERT_FILE=/opt/gopath/src/github.com/hyperledger/fabric/peer/crypto/peerOrganizations/org3.example.com/peers/peer0.org3.example.com/tls/ca.crt \

cli peer channel join \

-b mychannel.block

⑥将 peer1.org3 加入 mychannel。

docker exec -e CORE_PEER_MSPCONFIGPATH=/opt/gopath/src/github.com/hyperledger/fabric/peer/crypto/peerOrganizations/org3.example.com/users/Admin@

```
org3.example.com/msp \
    -e CORE_PEER_ADDRESS=peer1.org3.example.com:8051 \
    -e CORE_PEER_LOCALMSPID="Org3MSP" \
    -e CORE_PEER_TLS_ROOTCERT_FILE=/opt/gopath/src/github.com/hyperledger/fabric/peer/crypto/peerOrganizations/org3.example.com/peers/peer1.org3.example.com/tls/ca.crt \
    cli peer channel join \
    -b mychannel.block
```

⑦ 将 peer0.org4 加入 mychannel。

```
docker exec -e CORE_PEER_MSPCONFIGPATH=/opt/gopath/src/github.com/hyperledger/fabric/peer/crypto/peerOrganizations/org4.example.com/users/Admin@org4.example.com/msp \
    -e CORE_PEER_ADDRESS=peer0.org4.example.com:7051 \
    -e CORE_PEER_LOCALMSPID="Org4MSP" \
    -e CORE_PEER_TLS_ROOTCERT_FILE=/opt/gopath/src/github.com/hyperledger/fabric/peer/crypto/peerOrganizations/org4.example.com/peers/peer0.org4.example.com/tls/ca.crt \
    cli peer channel join \
    -b mychannel.block
```

⑧ 将 peer1.org4 加入 mychannel。

```
docker exec -e CORE_PEER_MSPCONFIGPATH=/opt/gopath/src/github.com/hyperledger/fabric/peer/crypto/peerOrganizations/org4.example.com/users/Admin@org4.example.com/msp \
    -e CORE_PEER_ADDRESS=peer1.org4.example.com:8051 \
    -e CORE_PEER_LOCALMSPID="Org4MSP" \
    -e CORE_PEER_TLS_ROOTCERT_FILE=/opt/gopath/src/github.com/hyperledger/fabric/peer/crypto/peerOrganizations/org4.example.com/peers/peer1.org4.example.com/tls/ca.crt \
    cli peer channel join \
    -b mychannel.block
```

注意事项：

①4个节点可以正常关机。

②查看每个节点的Docker容器指令：docker ps -a。

③重新开启虚拟机的时候所有节点的所有Docker容器处于关闭状态，需要将其全部开启。开启所有Docker容器的指令：docker start $(docker ps -a | awk'{ print $1}'| tail -n +2)。

4.4 超级账本Fabric的简单案例应用

超级账本Fabric提供了不同编程语言的API来支持开发智能合约（链码）。智能合约API可以使用Go、Node.js和Java。同时，超级账本Fabric提供了许多SDK（软件开发工具包）来支持各种编程语言开发应用程序。SDK又支持Node.js、Java、Go和Python。在本小节中将基于4.2.4节的单机版Fabric进行Fabric-Java-SDK的部署与应用。

（1）部署前的准备工作。

① Ubuntu虚拟机。

开启Fabric网络、创建通道，并根据4.2.5节部署Go链码。

② Windows宿主机。

安装Java 1.8.0_202、Maven3.3.9、IntelliJ IDEA和Postman，并配置好IntelliJ IDEA中的Java与Maven环境，具体安装与配置可参考附录A、B、D。其中Postman需要注册、登录后方可正常使用。提前将Fabric-Java-SDK-Demo.rar和Fabric-Java-SDK-Demo.json下载完毕并解压缩Demo文件。最后用IntelliJ IDEA打开Fabric-Java-SDK-Demo项目，配置好IntelliJ IDEA中的JDK的版本和Maven相关设置，并等待该项目依赖的jar包自动下载完成。

（2）复制Fabric网络的证书文件。

使用Xftp复制Ubuntu虚拟机中~/go/src/github.com/hyperledger/fabric-samples/test-network/organizations目录中的ordererOrganizations和peerOrganizations文件夹至Windows宿主机的Fabric-Java-SDK-Demo\src\main\resources\crypto-config目录中。这两个文件夹分别存放着Fabric网络的Orderer节点和Peer节点的相关配置文件。

（3）修改项目中 NetworkGenerator.java 配置文件。

在 Fabric-Java-SDK-Demo\src\main\java\com\iie\usy\build 目录下修改 NetworkGenerator.java 配置文件。根据 Fabric 网络拓扑结构，修改连接文件的各项参数。在本小节中，使用的是拥有 2 个 Peer 节点和 1 个 Orderer 节点的单机版 Fabric 网络，所以要配置网络版本、Orderer 组织、Orderer 组织下 Orderer 节点名、Peer 组织集合、每个 Peer 组织下的 Peer 节点信息、Peer 组织和 Orderer 组织的 IP 和配置所有节点的端口号等，具体配置如图 4-69 所示。由于本小节所使用的 Fabric 网络拥有 2 个 Org，所以配置完毕之后运行该文件，可以在 Fabric-Java-SDK-Demo\src\main\resources 目录下得到 2 个分别连接 Org1 和 Org2 的配置文件 connection-org1.yml 和 connection-org2.yml。

```
/*-------------------设置连接文件各项参数-----------------------*/
//设置domain
String domain = "example.com";

//网络名称
String network_name = "testnet";

//网络版本
String version = "fabric2.4.6";

//通道名称
String[] channels = {"mychannel"};//目前只支持单通道 dev biddevch

//orderer组织
String ordererOrg = "ordererOrg";

//orderer组织下orderer节点名
String[] orderers = {"orderer"};

//peer组织集合
String[] orgs_name = {"org1","org2"};

//每个peer组织下的peer节点信息
//clients.put(orgs_name[0], new String[]{"peer2"});
clients.put(orgs_name[0], new String[]{"peer0"});
clients.put(orgs_name[1], new String[]{"peer0"});
```

a.设置连接文件各项参数

```
// 配置peer组织和orderer组织的IP
//.url("bjvtr", "*", "192.168.8.204")
.url("org1", "*", "10.0.0.50")
.url("org2", "*", "10.0.0.50")
.url("orderer", "*", "10.0.0.50")

// 配置所有节点的端口号
//.peerPort("bjvtr", "peer0", 49149)
.peerPort("org1", "peer0", 7051)
.peerPort("org2", "peer0", 9051)
.ordererPort("orderer",7050)

//.caPort("bjvtr",7054)
.caPort("org1",9066)
.build();
```

b.设置节点的IP和端口号

图 4-69 修改 NetworkGenerator.java 配置文件

（4）修改项目中 application.yml 配置文件。

在 Fabric-Java-SDK-Demo\src\main\resources 目录中修改 application.yml 配置文件，主要是修改 channel、chaincode 和 ca_nginx_url，具体配置如图 4-70 所示。

```
server:
  port: 8001
  servlet:
    context-path: /
  channel: mychannel    # bidchannel test
  chaincode: fabcar #bidding12 dev      bidcc  t
  ca_nginx_url: http://10.0.0.50:9066 #http://19
  is_use_connection_pem: true #是否使用连接文件
  data_path: src/main  #/home/bidapp/.data   src
  config_path: src/main/resources/connection-org
  wallet_path: src/main/resources/wallet
  tls_wallet_path: src/main/resources/tlswallet
  org_name: org1
  ca_admin_name: admin
  ca_admin_password: adminpw
```

图 4-70 修改 application.yml 配置文件

（5）运行 Application.java。

Fabric-Java-SDK-Demo\src\main\java\com\iie\usy 中运行文件，启动 Fabric-Java-SDK 项目，当运行完毕后提示“Started Application in

× × × seconds”的时候表示已经通过 Java-SDK 成功连接上了 Fabric 网络。

（6）验证。

①创建新的 Workspace。

打开 Postman，单击“Workspace”，选择“Create Workspace”，输入合适的 Name，选择 Personal 模式完成新 Workspace 的创建，设置如图 4-71 所示。

②导入 Fabric-Java-SDK-Demo.json 配置文件。

在新的 Workspace 中单击“Import”，导入项目的配置文件 Fabric-Java-SDK-Demo.json。导入后，可以看到 5 个 POST 请求和 1 个 GET 请求，从而实现对 Fabric 网络的访问，结果如图 4-72 所示。

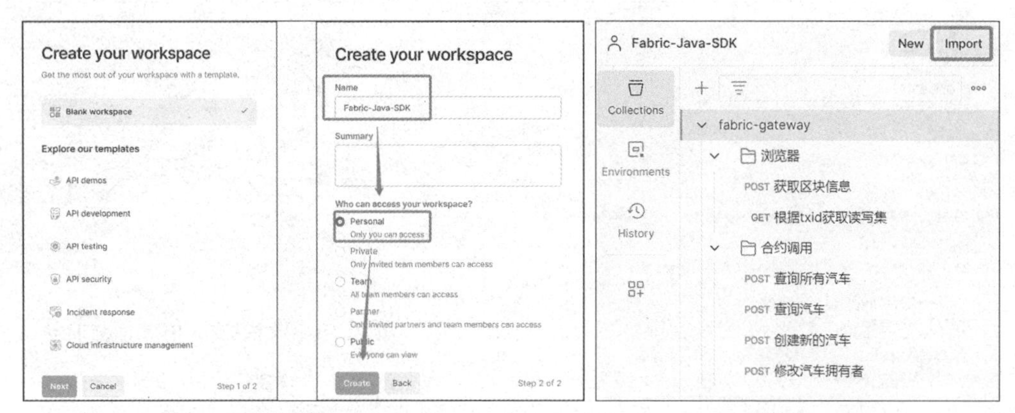

图 4-71　创建新的 Workspace　　　图 4-72　导入 Fabric-Java-SDK-Demo.json 配置文件

③查询所有汽车。

单击“合约查询”，选择“查询所有汽车”，使用 POST 请求 Go 链码中的 QueryAllCars 函数可以查询所有汽车的信息，结果如图 4-73 所示。

④创建新的汽车。

单击“合约查询”，选择“创建新的汽车”，使用 POST 请求调用 Go 链码中的 CreateCar 函数可以创建一个新的汽车，其中 carNumber 是汽车的索引值，不可重复，其他汽车的参数可以重复，设置如图 4-74 所示。设置完毕后单击“Send”按钮可以实现数据的上链。

⑤查询汽车。

单击“合约查询”，选择“查询汽车”，使用 POST 请求调用 Go 链码中的

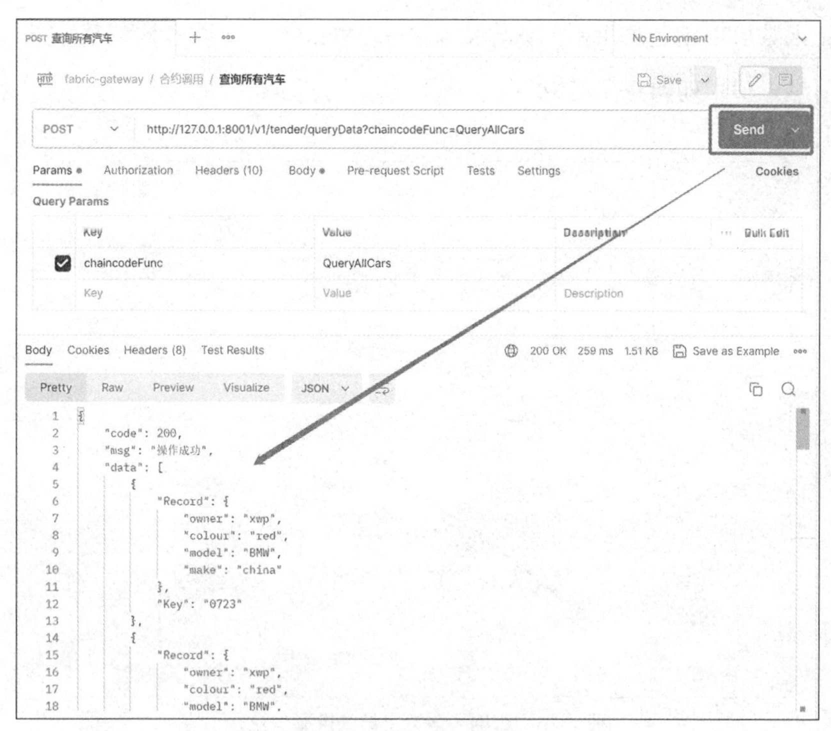

图 4–73　查询所有汽车信息

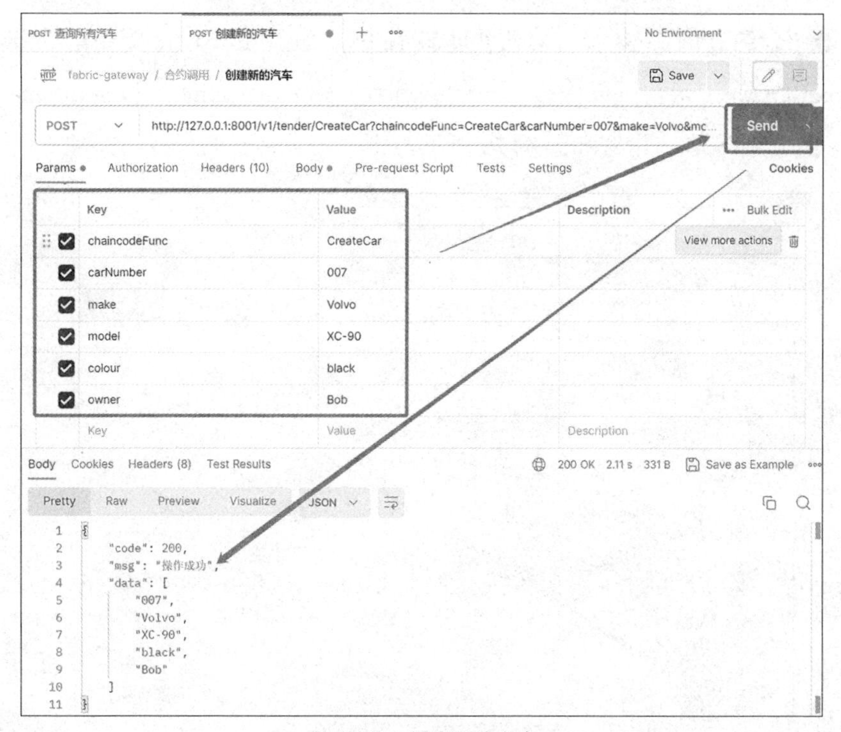

图 4–74　创建新的汽车

QueryCar 函数可以创建一个新的汽车。输入 carNumber，可以查询到某一条已上链的汽车信息，结果如图 4–75 所示。

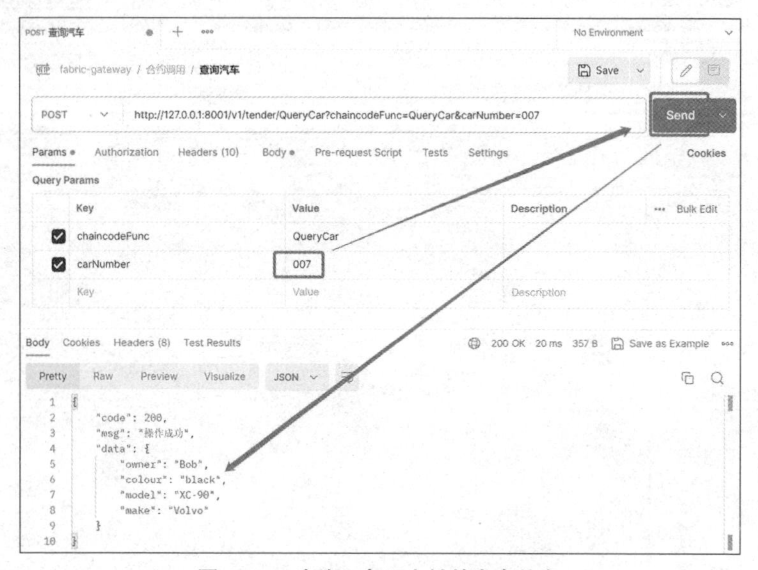

图 4–75　查询一条已上链的汽车信息

⑥修改汽车拥有者。

单击“合约查询”，选择“修改汽车拥有者”，使用 POST 请求调用 Go 链码中的 ChangeCarOwner 函数可以修改汽车的拥有者。输入 carNumber 和 newOwner，即可修改汽车的拥有者，设置如图 4–76 所示。

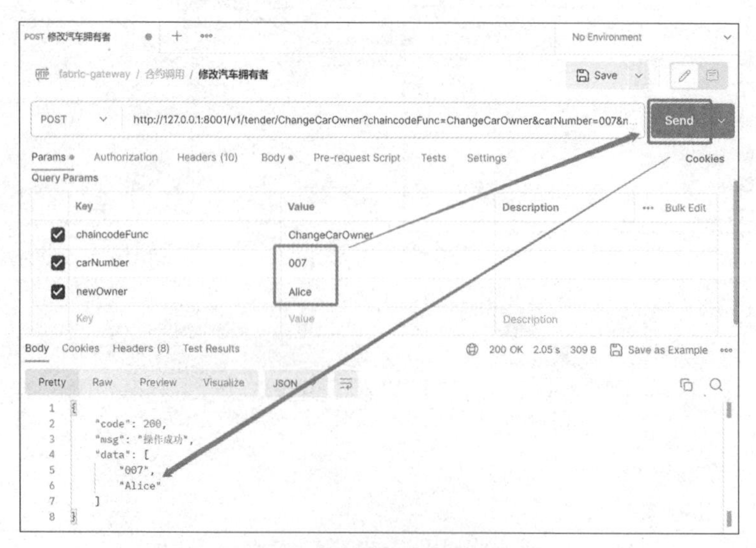

图 4–76　修改某辆汽车的拥有者

⑦获取区块信息。

单击“浏览器”，选择“获取区块信息”，输入合适的 Value 值，使用 POST 请求可以查询到某一条上链的信息，其中可以获得当前区块的各种信息，如 txTime、chainCodeName、txId、blockHeight、currentBlockHash 等，结果如图 4-77 所示。

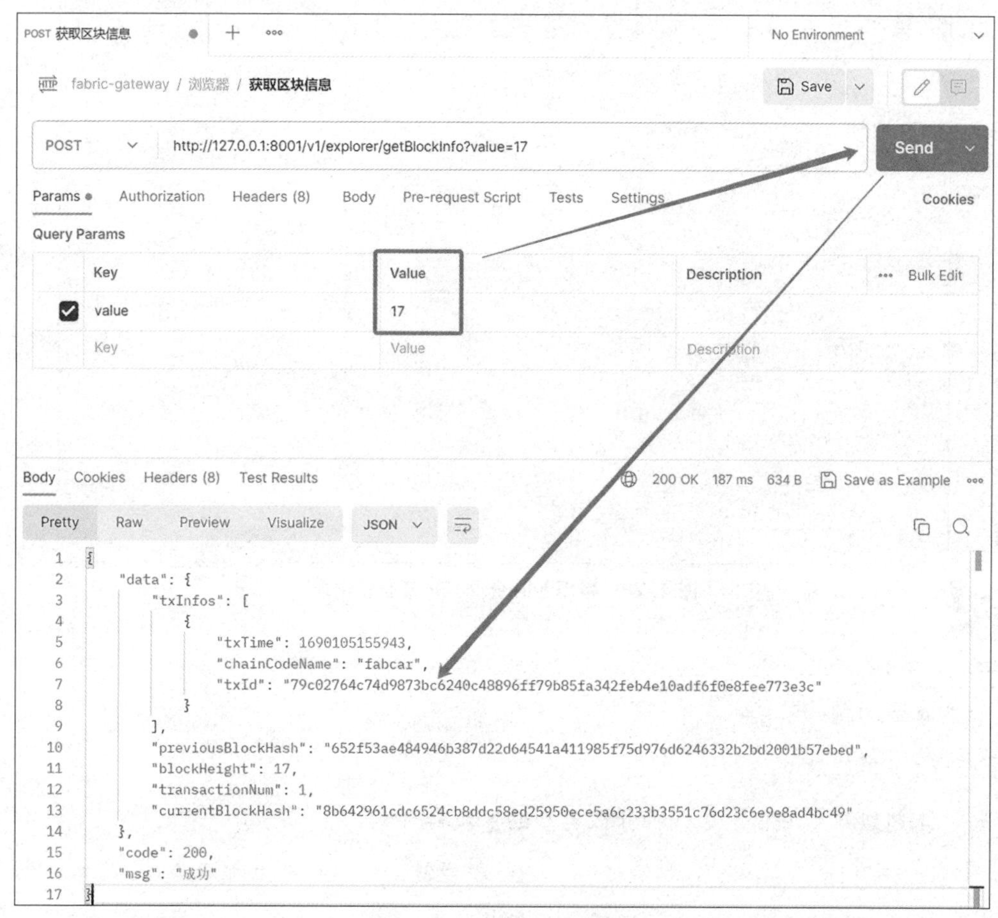

图 4-77　获取某个区块信息

⑧根据 txid 获取读写集。

单击“浏览器”，选择“根据 txid 获取读写集”，输入 txid 值，使用 GET 请求查询到某一条交易记录的详细信息，包括某一辆车的详细信息，结果如图 4-78 所示。

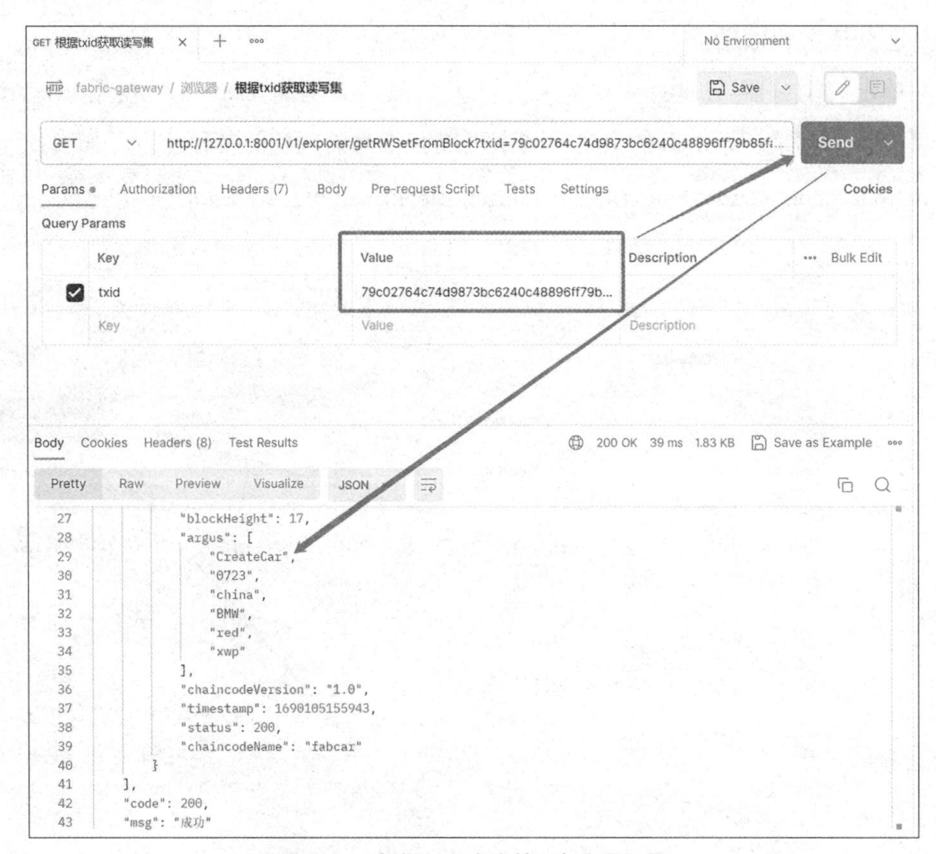

图 4-78　根据 txid 查询某一条交易记录

本章习题

（1）单选题

①超级账本 Fabric 是一种什么类型的区块链架构？（　　）

A. 公有链　　B. 私有链　　C. 联盟链　　D. 以上都不是

②在超级账本 Fabric 中，通道的作用是什么？（　　）

A. 实现跨链通信　　B. 实现权限控制

C. 实现共识机制　　D. 以上都不是

③超级账本 Fabric 中的背书策略指的是什么？（　　）

A. 每个节点对交易进行验证的方式

B. 每个节点同意发布某个块的方式

C. 各个组织间达成共识的方式

D. 以上都不是

④超级账本 Fabric 使用的共识机制是（　　）。

A. Raft　　B. PoW　　C. PoS　　D. PBFT

（2）多选题

①关于超级账本 Fabric 的链码（Chaincode）说法正确的有（　　）。

A. Chaincode 可以使用多种编程语言编写，如 Java、Python、Go 等

B. Chaincode 在运行时被打包成容器并发布到 Peer 节点上运行

C. Chaincode 为智能合约的具体实现

D. Chaincode 只能运行在一个通道中的所有 Peer 节点上

②在超级账本 Fabric 中，哪些操作能够触发账本状态更新？（　　）

A. 发起交易

B. 背书

C. 提交交易给 Orderer 节点进行区块打包

D. 区块确认

③在超级账本 Fabric 中，以下哪些属于共识阶段？（　　）

A. 背书

B. 提交交易到 Orderer 节点

C. Orderer 节点将交易打包进区块

D. Peer 节点对区块进行验证

④超级账本 Fabric 中，以下哪些属于交易生命周期的阶段？（　　）

A. 执行链码　　B. 背书

C. 排序　　D. 提交

⑤超级账本 Fabric 中，以下哪些操作可以进行跨通道交易？（　　）

A. 发起交易　　B. 查询状态

C. 获取 Chaincode 定义　　D. 提交交易给 Orderer 节点进行区块打包

（3）简答题

①在超级账本 Fabric 中，交易的生命周期是怎样的？

②在超级账本 Fabric 中，Chaincode 的作用是什么？

③如何搭建单节点的 Fabric 网络？

④简述搭建多节点 Fabric 的整个流程。

⑤如何部署 Go 和 Java 链码？

第5章 FISCO BCOS系统搭建与应用

导读[①]

FISCO BCOS是一种基于联盟链技术的区块链系统。它由中国金融区块链联盟主导研发，整合了联盟链、智能合约、共识算法、加密算法以及其他功能模块，并提供了友好的开发者接口，使开发和应用区块链变得更加简单和高效。FISCO BCOS系统具有高效、安全、稳定等特点。通过使用FISCO BCOS系统，用户可以快速搭建自己的区块链网络，并实现数字资产、智能合约、账户管理、节点管理等功能。FISCO BCOS系统广泛应用于金融、供应链、公共服务等领域，已经被多家银行、保险公司、物流企业等机构采用。在本章中，我们先从FISCO BCOS的简介开始，再对其进行单机和多机部署与配置，最后使用FISCO BCOS进行案例开发。

① 本章中所需要的软件可在如下链接中获取：https://pan.baidu.com/s/1RKzkfCQr12wIuM-H4xkzGw，提取码：ynqv

知识导图

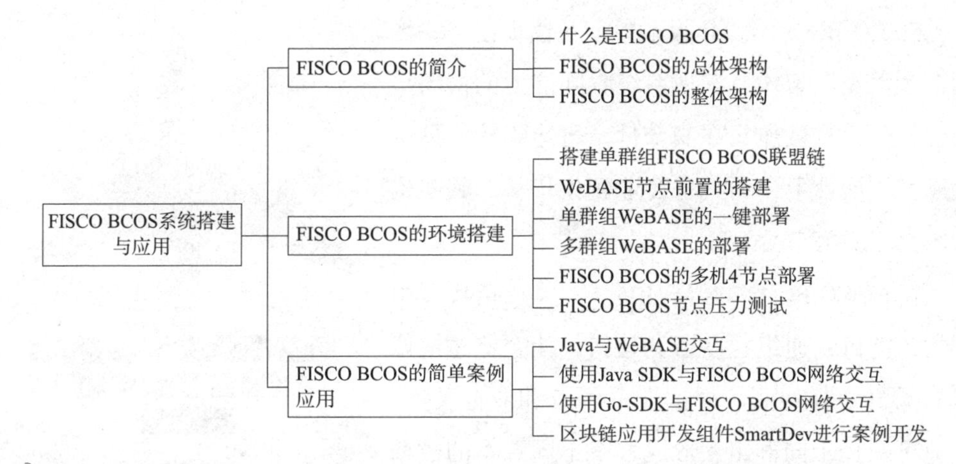

学习目标

（1）了解 FISCO BCOS 的基本概念。

（2）理解 FISCO BCOS 的总体架构和核心优势。

（3）掌握如何搭建多种 FISCO BCOS 环境。

（4）掌握如何利用 FISCO BCOS 进行开发。

重点与难点

（1）如何实现 WeBASE 的一键部署。

（2）FISCO BCOS 多机 4 节点集群的搭建与配置。

（3）利用 SDK 与 FISCO BCOS 网络进行交互与开发。

5.1 FISCO BCOS 的简介

5.1.1 什么是 FISCO BCOS

FISCO BCOS 是由国内企业主导研发、对外开源、安全可控的企业级金融联盟链底层平台。自 2015 年开始布局区块链，2016 年牵头发起国内第一家金融行业的区块链联盟——金链盟，2017 年 FISCO BCOS 完全开源，2023 年 FISCO BCOS 区块链团队蝉联进入《福布斯》全球区块链 50 强。作为最早开源的国产联盟链底层平台之一，FISCO BCOS 一直以推动产业区块链发展为使命，积极探索数字经济和实体经济融合新路径。

5.1.2 FISCO BCOS 的总体架构

FISCO BCOS 在 2.0 版本中创新性提出“一体两翼多引擎”架构，实现系统吞吐能力的横向扩展，大幅提升性能，在安全性、可运维性、易用性、可扩展性上，均具备行业领先优势，其架构如图 5-1 所示。

图 5-1 FISCO BCOS 架构

在 FISCO BCOS 的架构中，“一体”指代群组架构，支持快速组建联盟和建链，让企业建链像建聊天群一样便利。根据业务场景和业务关系，企业可选择不同群组，形成多个不同账本的数据共享和共识，从而快速丰富业务场景、扩大业务规模，且大幅简化链的部署和运维成本。“两翼”指的是并行计算模型和分布式存储，二者为群组架构带来更好的扩展性。前者改变了区块中按交易顺序串行执行的做法，基于 DAG（有向无环图）并行执行交易，大幅提升性能；后者支持企业（节点）将数据存储在远端分布式系统中，克服了本地化数据存储的诸多限制。“多引擎”是一系列功能特性的总括，比如预编译合约能够突破 EVM（以太坊虚拟机）的性能瓶颈，实现高性能合约；控制台可以让用户快速掌握区块链使用技巧等。上述功能特性均聚焦解决技术和体验的痛点，为开发、运维、治理和监管提供更多的工具支持，让系统处理更快、容量更高，使应用运行环境更安全、更稳定。

5.1.3 FISCO BCOS 的整体架构

FISCO BCOS 基于多群组架构实现了强扩展性的群组多账本，基于清晰的模块设计，构建了稳定、健壮的区块系统。在核心整体架构上，FISCO BCOS 划分成基础层、核心层、管理层和接口层，如图 5-2 所示。

（1）基础层。提供区块链的基础数据结构和算法库。

（2）核心层。实现了区块链的核心逻辑，核心层分为两大部分。

①链核心层。实现区块链的链式数据结构、交易执行引擎和存储驱动。

②互联核心层。实现区块链的基础 P2P（点对点）网络通信、共识机制和区块同步机制。

（3）管理层。实现区块链的管理功能，包括参数配置、账本管理和 AMOP（链

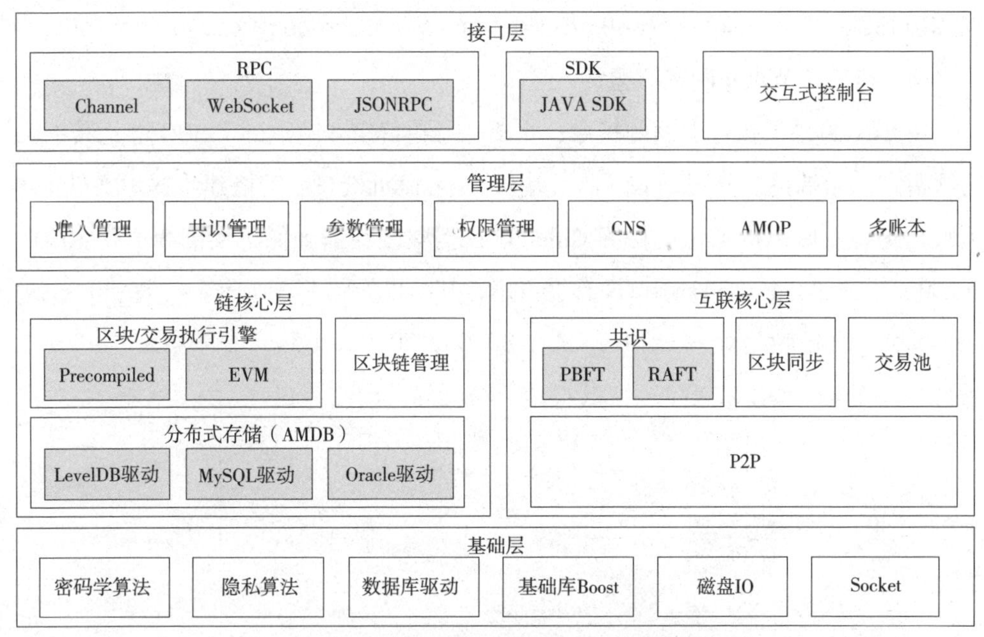

图 5-2　FISCO BCOS 的核心整体架构

上信使协议）。

（4）接口层。面向区块链用户，提供多种协议的 RPC（远程过程调用）接口、SDK 和交互式控制台。

5.2　FISCO BCOS 的环境搭建

5.2.1　搭建单群组 FISCO BCOS 联盟链

（1）基于 2.3 节的 Ubuntu 虚拟机克隆一台新的虚拟机，将其 hostname 设置为 FISCO BCOS-1，IP 地址设置为 10.0.0.50，并能正常访问外网。本章节所有的操作均在 root 用户下进行操作。

（2）安装 openssl、curl 等依赖软件。

```
apt install -y curl openssl wget
```

（3）创建操作目录，下载脚本。

①创建操作目录。

```
cd ~ && mkdir -p fisco && cd fisco
```

②下载脚本。

```
curl -#LO https://osp-1257653870.cos.ap-guangzhou.myqcloud.com/FISCO-
```

BCOS/FISCO-BCOS/releases/v2.9.1/build_chain.sh && chmod u+x build_chain.sh

（4）搭建 4 节点非国密联盟链。

在 fisco 目录下执行下面的指令，生成一条单群组 4 节点的 FISCO 链，其中 -p 选项指定起始端口，分别是 p2p 监听端口、rpc 监听端口。若搭建中提示文件下载失败，则检查虚拟机是否能访问 Githab。在搭建之前请确保机器的 30300~30303、20200~20203、8545~8548 端口没有被占用，其结果如图 5-3 所示。

bash build_chain.sh -l 127.0.0.1:4 -p 30300，20200，8545

```
[INFO] Generate ca cert successfully!
Processing IP:127.0.0.1 Total:4
writing RSA key
[INFO] Generate ./nodes/127.0.0.1/sdk cert successful!
writing RSA key
[INFO] Generate ./nodes/127.0.0.1/node0/conf cert successful!
writing RSA key
[INFO] Generate ./nodes/127.0.0.1/node1/conf cert successful!
writing RSA key
[INFO] Generate ./nodes/127.0.0.1/node2/conf cert successful!
writing RSA key
[INFO] Generate ./nodes/127.0.0.1/node3/conf cert successful!
[INFO] Generate uuid success: a1e01c20-ad1a-412d-9e9a-9faaf7cb32cc
[INFO] Generate uuid success: 694aba49-a51c-4a83-b2af-4aceaa67ca98
[INFO] Generate uuid success: fe7c6212-61b6-4c7a-84ea-94cf344bfe78
[INFO] Generate uuid success: 8613ece1-7d41-4a0d-8998-d408edc6f56a
==============================================================
[INFO] GroupID                : group0
[INFO] ChainID                : chain0
[INFO] fisco-bcos path        : bin/fisco-bcos
[INFO] Auth mode              : false
[INFO] Start port             : 30300 20200
[INFO] Server IP              : 127.0.0.1:4
[INFO] SM model               : false
[INFO] Output dir             : ./nodes
[INFO] All completed. Files in ./nodes
```

图 5-3　4 节点非国密联盟链搭建成功

（5）启动 FISCO BCOS 链。

输入如下指令，启动所有节点，若出现图 5-4 所示的输出信息，则表示 4 个节点全部启动成功，否则请使用 netstat -an |grep tcp 检查机器 30300~30303、20200~20203 端口是否被占用。

bash nodes/127.0.0.1/start_all.sh

```
root@FISCOBCOS-1:~/fisco# bash nodes/127.0.0.1/start_all.sh
try to start node0
try to start node1
try to start node2
try to start node3
 node3 start successfully pid=4021
 node2 start successfully pid=4022
 node1 start successfully pid=4025
 node0 start successfully pid=4028
```

图 5-4　4 节点正常启动

（6）检查节点进程。

输入如下指令，检查进程是否启动，正常情况会有类似图 5-5 的输出。如果进程数不为 4，则进程没有启动（一般是端口被占用导致的）。

ps aux |grep -v grep |grep fisco-bcos

```
root@FISCOBCOS-1:~/fisco# ps aux |grep -v grep |grep fisco-bcos
root      4021  3.0  0.7 2946724 30916 pts/0   Sl   10:36   0:12 /root/fisco/nodes/
127.0.0.1/node3/../fisco-bcos -c config.ini -g config.genesis
root      4022  3.0  0.7 2967208 31516 pts/0   Sl   10:36   0:12 /root/fisco/nodes/
127.0.0.1/node2/../fisco-bcos -c config.ini -g config.genesis
root      4025  3.0  0.7 2946724 30456 pts/0   Sl   10:36   0:12 /root/fisco/nodes/
127.0.0.1/node1/../fisco-bcos -c config.ini -g config.genesis
root      4028  3.1  0.7 2959032 30400 pts/0   Sl   10:36   0:13 /root/fisco/nodes/
127.0.0.1/node0/../fisco-bcos -c config.ini -g config.genesis
```

图 5-5　4 节点进程

（7）检查日志输出。

以 node0 为例，输入如下指令，查看每个节点的网络连接数目。正常情况下会每间隔 10 秒输出连接信息，从图 5–6 中的输出日志可看出 node0 与另外 3 个节点均有连接，网络连接正常。

```
tail -f nodes/127.0.0.1/node0/log/* |grep -i "heartBeat,connected count"
```

```
root@FISCOBCOS-1:~/fisco# tail -f nodes/127.0.0.1/node0/log/* |grep -i "heartBeat,connected count"
info|2023-04-02 10:45:59.203734|[P2PService][Service][METRIC]heartBeat,connected count=3
info|2023-04-02 10:46:09.204577|[P2PService][Service][METRIC]heartBeat,connected count=3
info|2023-04-02 10:46:19.204933|[P2PService][Service][METRIC]heartBeat,connected count=3
info|2023-04-02 10:46:29.205247|[P2PService][Service][METRIC]heartBeat,connected count=3
info|2023-04-02 10:46:39.205681|[P2PService][Service][METRIC]heartBeat,connected count=3
```

图 5–6　检查日志输出

（8）配置和使用控制台。控制台主要提供了向 FISCO BCOS 节点部署合约、发起合约调用、查询链状态等功能。

①安装控制台依赖。控制台运行依赖 Java 环境（推荐使用 Java 14），安装命令如下：

```
apt install -y default-jdk
```

②下载控制台。

```
cd ~/fisco && curl -LO https://gitee.com/FISCO-BCOS/console/releases/download/v2.8.0/download_console.sh && bash download_console.sh
```

③配置控制台。输入如下指令，复制控制台配置文件。若节点未采用默认端口，请将文件中的 20200 替换成节点对应的 rpc 端口，可通过节点 config.ini 的“[rpc].listen_port”配置项获取节点的 rpc 端口。

```
cp -n console/conf/config-example.toml console/conf/config.toml
```

输入如下指令，配置控制台证书。控制台与节点之间默认开启 SSL（安全套接层）连接，控制台需要配置证书才可连接节点。开发建链脚本在生成节点的同时，生成了 SDK 证书，可直接复制生成的证书供控制台使用。

```
cp -r nodes/127.0.0.1/sdk/* console/conf
```

④启动并使用控制台。输入如下指令，启动并使用控制台。在启动之前，请确保机器的 30300~30303、20200~20203、8545~8548 端口没有被占用。

```
cd ~/fisco/console && bash start.sh
```

输出如图 5-7 所示的信息表明启动成功，否则请检查 conf/config.toml 中节点端口配置是否正确。

```
root@FISCOBCOS-1:~/fisco# cd ~/fisco/console && bash start.sh
=============================================================================================
Welcome to FISCO BCOS console(3.2.0)!
Type 'help' or 'h' for help. Type 'quit' or 'q' to quit console.
 ________ ______  ______   ______   ______       _______   ______   ______   ______
|        |      \/      \ /      \ /      \     |       \ /      \ /      \ /      \
| $$$$$$$$\$$$$$|  $$$$$$|  $$$$$$|  $$$$$$\    | $$$$$$$|  $$$$$$|  $$$$$$|  $$$$$$\
| $$__     | $$ | $$___\$| $$   \$| $$  | $$    | $$__/ $| $$   \$| $$  | $| $$___\$$
| $$  \    | $$  \$$    \| $$     | $$  | $$    | $$    $| $$     | $$  | $$\$$    \
| $$$$$    | $$  _\$$$$$$| $$   __| $$  | $$    | $$$$$$$| $$   __| $$  | $$_\$$$$$$\
| $$      _| $$_|  \__| $| $$__/  | $$__/ $$    | $$__/ $| $$__/  | $$__/ $|  \__| $$
| $$     |   $$ \\$$    $$\$$    $$\$$    $$    | $$    $$\$$    $$\$$    $$\$$    $$
 \$$      \$$$$$$ \$$$$$$  \$$$$$$  \$$$$$$      \$$$$$$$  \$$$$$$  \$$$$$$  \$$$$$$

=============================================================================================
```

图 5-7　成功启动 4 节点的单群组 FISCO BCOS 联盟链

⑤用控制台获取节点的相关信息。

输入 getGroupPeers 获取节点列表信息，如图 5-8 所示。

```
[group0]: /apps> getGroupPeers
peer0: 12b14a9227d7978ebfb00cb1dc104d628a14224cb7bef9a36c1036fd6d116c234e99c1779677fb68d391433905cb1
a76fb1d193ec7bbedcb917a3f00c238ce10
peer1: 6bf3c6b763f9be121b43ac8345800d31cca54416399994cfb877533f1333c936028da8575af98df7ef9a84f9f20b9
3d9557dc40c8f25b847fb779ea6262afc12
peer2: ad04342d9785bbedbb4209c1b4e3c1a01a9326d816df614126b5d80c4a2ad6803ec89d0bf7ab929a28273041db523
e64b915f294ba98ba167cea1e9a937c50e7
peer3: b91edd9e38060a2511f155927b66e04e211f722f6d539a12d7fc3f819db3b0745971b7d8740e3487735274e607618
6912474540a6bfa11a548f1379df6ea1ad3
```

图 5-8　4 节点的列表信息

输入 getSealerList 获取共识节点列表信息，如图 5-9 所示。

```
[group0]: /apps> getSealerList
[
    Sealer{
        nodeID='12b14a9227d7978ebfb00cb1dc104d628a14224cb7bef9a36c1036fd6d116c234e99c1779677fb68d391
433905cb1a76fb1d193ec7bbedcb917a3f00c238ce10',
        weight=1
    },
    Sealer{
        nodeID='6bf3c6b763f9be121b43ac8345800d31cca54416399994cfb877533f1333c936028da8575af98df7ef9a
84f9f20b93d9557dc40c8f25b847fb779ea6262afc12',
        weight=1
    },
    Sealer{
        nodeID='ad04342d9785bbedbb4209c1b4e3c1a01a9326d816df614126b5d80c4a2ad6803ec89d0bf7ab929a2827
3041db523e64b915f294ba98ba167cea1e9a937c50e7',
        weight=1
    },
    Sealer{
        nodeID='b91edd9e38060a2511f155927b66e04e211f722f6d539a12d7fc3f819db3b0745971b7d8740e34877352
74e6076186912474540a6bfa11a548f1379df6ea1ad3',
        weight=1
    }
]
```

图 5-9　4 节点的共识节点列表信息

（9）部署和调用合约。

①部署合约。FISCO BCOS 内置了测试用的智能合约，如 HelloWorld 合约，已经内置于控制台中，位于控制台目录 contracts/solidity/HelloWorld.sol，输入 deploy HelloWorld 指令部署该合约，并可以查看到该合约的交易 Hash、合约地址和当前账户信息，输入 getBlockNumber 可查看当前块高，相关信息如图 5-10 所示。

```
[group0]: /apps> deploy HelloWorld
transaction hash: 0x9f5d8c6745006a5f32cd574c4cc7b6e23767b83cee4e923d25bf15a1deb98ddd
contract address: 0x6849f21d1e455e9f0712b1e99fa4fcd23758e8f1
currentAccount: 0x12e2d05c299e357f3f253e18aeb38840c36b8be6

[group0]: /apps> getBlockNumber
1
```

图 5-10　部署合约与查看块高

②调用 HelloWorld 合约。输入如下 call 指令，调用 get 接口获取 name 变量，此处的合约地址是 deploy 指令返回的地址，结果如图 5-11 所示。

call HelloWorld 0x6849f21d1e455e9f0712b1e99fa4fcd23758e8f1 get

```
[group0]: /apps> call HelloWorld 0x6849f21d1e455e9f0712b1e99fa4fcd23758e8f1 get
---------------------------------------------------------------------------------
Return code: 0
description: transaction executed successfully
Return message: Success
---------------------------------------------------------------------------------
Return value size:1
Return types: (string)
Return values:(Hello, World!)
---------------------------------------------------------------------------------
```

图 5-11　调用 get 接口获取 name 变量

输入如下 call 指令，调用 set 方法设置 name，结果如图 5-12 所示。

call HelloWorld 0x6849f21d1e455e9f0712b1e99fa4fcd23758e8f1 set "Hello,IIE"

```
[group0]: /apps> call HelloWorld 0x6849f21d1e455e9f0712b1e99fa4fcd23758e8f1 set "Hello,IIE"
transaction hash: 0xdc8e9f73371a5a70cab3df8de8a4002af104cf12e572e0cc8b48957d088f53ad
---------------------------------------------------------------------------------
transaction status: 0
description: transaction executed successfully
---------------------------------------------------------------------------------
Receipt message: Success
Return message: Success
Return value size:0
Return types: ()
Return values:()
---------------------------------------------------------------------------------
Event logs
Event: {}
```

图 5-12　调用 set 方法设置 name

输入 getBlockNumber，由于 set 接口修改了账本状态，块高增加到 2。输入 exit 可以退出 FISCO BCOS 的控制台。

5.2.2　WeBASE 节点前置的搭建

通常情况下，在部署与调用智能合约的时候，不会在 FISCO BCOS 的控制台进行操作，而是在其区块链浏览器 WeBASE（WeBank Blockchain Application Software Extension）中进行智能合约的编写、部署与调用。WeBASE 是区块链应用和 FISCO BCOS 节点之间搭建的中间件平台。WeBASE 屏蔽了区块链底层的复杂度，降低区块链使用的门槛，大幅提高区块链应用的开发效率，包含节点前置、节点管理、交易链路、数据导出、Web 管理平台等子系统。基于 2.3 节的 Ubuntu 虚拟机克隆一台新的虚拟机，将其 hostname 设置为 WeBASE-Front，IP 地址设置为 10.0.0.50，并能正常访问外网。

（1）安装 Java。

安装 Java 可参考 4.2.5 节。

（2）节点前置。

①新建 fisco 目录，并进入该目录中。

```
mkdir fisco && cd fisco
```

②将 build_chain.sh、webase-front.zip 文件上传至 fisco 目录中。

③通过 bash 指令，搭建单群组 4 节点 FISCO BCOS 联盟链，安装成功如图 5-13 所示。

```
bash build_chain.sh -l 127.0.0.1:4 -p 30300,20200,8545
```

```
Generating CA key...
==============================================================
Generating keys and certificates ...
Processing IP=127.0.0.1 Total=4 Agency=agency Groups=1
==============================================================
Generating configuration files ...
Processing IP=127.0.0.1 Total=4 Agency=agency Groups=1
==============================================================
[INFO] Start Port       : 30300 20200 8545
[INFO] Server IP        : 127.0.0.1:4
[INFO] Output Dir       : /root/fisco/nodes
[INFO] CA Path          : /root/fisco/nodes/cert/
==============================================================
[INFO] Execute the download_console.sh script in directory named by IP to get FISCO-BCOS console.
e.g.  bash /root/fisco/nodes/127.0.0.1/download_console.sh -f
==============================================================
[INFO] All completed. Files in /root/fisco/nodes
```

图 5-13　搭建单群组 4 节点 FISCO BCOS 联盟链

④解压缩 webase-front.zip。

unzip webase-front.zip

⑤将 CA 证书复制至 webase-front/conf/ 中。

cp nodes/127.0.0.1/sdk/* ./webase-front/conf/

⑥通过 bash 指令启动节点。

bash ./nodes/127.0.0.1/start_all.sh

⑦ 在 webase-front 目录中打开端口，其结果如图 5-14 所示。

cd webase-front/ && bash start.sh

```
root@FISCOBCOS-1:~/fisco/webase-front# bash start.sh
==============================================================================================
Server com.webank.webase.front.Application Port 5002 ...PID(12435) [Starting]. Please check message
through the log file (default path:./log/).
==============================================================================================
```

图 5-14　打开端口

⑧ 在宿主机的浏览器中输入如下网址，可以打开 WeBASE 节点前置界面，其中 IP 地址为 Ubuntu 虚拟机的 IP 地址，端口号为 5002，如图 5-15 所示。通过节点前置界面，可以看到整个网页界面所实现的功能偏少，若采用一键部署的方式则会有较多的功能。

虚拟机的 IP：5002/WeBASE-Front/#/home

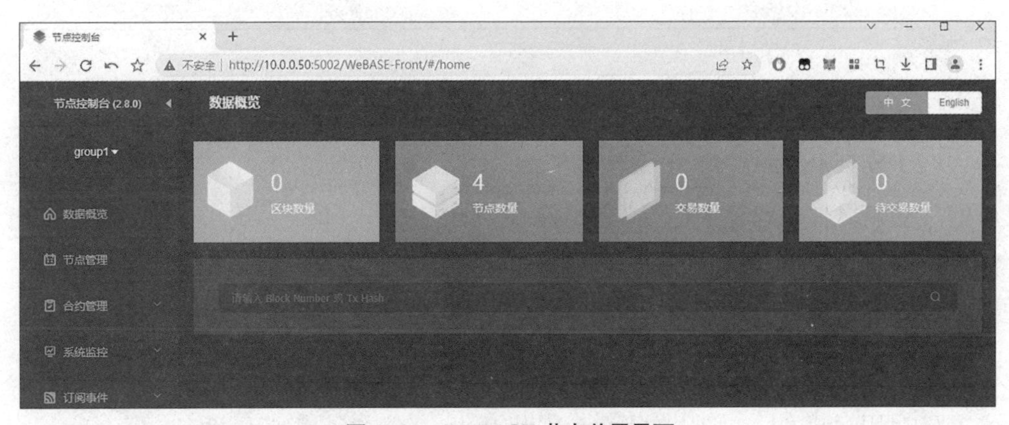

图 5-15　WeBASE 节点前置界面

5.2.3　单群组 WeBASE 的一键部署

一键部署可以在同机快速搭建 WeBASE 管理平台环境，方便用户快速体验 WeBASE 管理平台。一键部署会搭建节点（FISCO-BCOS 2.0+）、管理平台

（WeBASE-Web）、节点管理服务（WeBASE-Node-Manager）、节点前置服务（WeBASE-Front）、签名服务（WeBASE-Sign）。其中，节点的搭建是可选的，可以通过配置来选择使用已有链或者搭建新链。WeBASE 一键部署架构如图 5-16 所示。

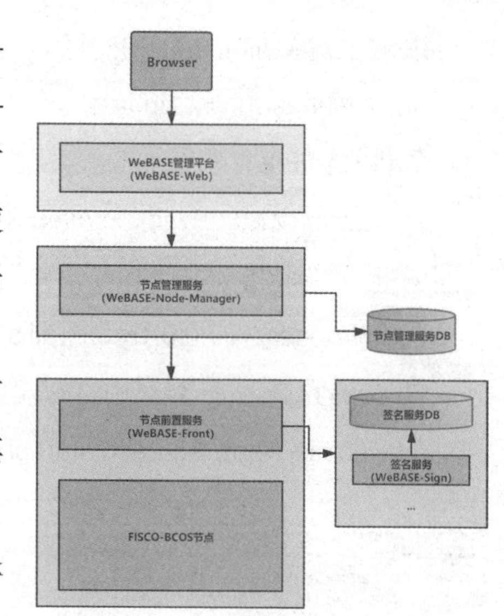

图 5-16　WeBASE 一键部署架构

在 WeBASE 一键部署中，基于 2.3 节的 Ubuntu 系统克隆一台新的虚拟机，将其 hostname 设置为 WeBASE，一键部署脚本将自动安装 openssl、curl、wget、git、nginx、dos2unix 相关依赖项。其他所需的软件版本如表 5-1 所示。

表 5-1　其他所需的软件版本

环境	版本
Java	Oracle JDK 8 至 14
MySQL	MySQL-5.6 及以上
Python	Python3.6 及以上
PyMySQL	最新版

（1）安装 Java。安装 Java 可直接参考 4.2.5 节的操作。

（2）安装 Python。

①更新软件包列表并安装必备组件。

```
apt install software-properties-common -y
```

②将 deadsnakes PPA 添加到系统的来源列表中。

```
add-apt-repository ppa:deadsnakes/ppa
```

③启用存储库后，使用如下命令安装 Python3.6，安装完毕后检查。

```
apt install python3.6 -y
python3.6 --version
```

（3）安装 PyMySQL。

```
apt-get install -y python3-pip
```

```
pip3 install PyMySQL -i https://pypi.tuna.tsinghua.edu.cn/simple
```

（4）安装 MySQL。

①输入如下指令，安装 MySQL，并查看其版本。

```
apt install mysql-server -y
mysql -v
exit
```

②修改 MySQL 的配置文件，在第 39 行插入一行代码，保存退出后重启 MySQL 服务。

```
vim /etc/mysql/mysql.conf.d/mysqld.cnf
skip-grant-tables    # 插入的代码
systemctl restart mysql
```

③输入如下指令，进入 MySQL 中，由于没有设置密码，所以按 Enter 键即可。

```
mysql -u root -p
```

进入 MySQL 后，修改 root 用户的密码为 123456，并刷新权限。

```
update mysql.user set authentication_string="123456" where user='root';
Flush privileges;
exit
```

④退出 MySQL 后再次编辑配置文件，删除之前添加的第 40 行代码，并再次重启 MySQL 服务。

```
vim /etc/mysql/mysql.conf.d/mysqld.cnf
systemctl restart mysql
```

⑤进入 MySQL 并创建一个 MySQL 用户，用于 WeBASE 使用。

```
mysql -u root -p
CREATE USER 'test'@'localhost' IDENTIFIED BY '123456';
GRANT ALL PRIVILEGES ON *.* TO 'test'@'localhost';
Flush privileges;
exit
```

（5）一键部署 4 节点 WeBASE。

①新建 fisco 目录，在 fisco 目录中下载部署安装包并对其进行解压缩操作，同时进入该目录下。

mkdir fisco && cd fisco/

wget https://osp-1257653870.cos.ap-guangzhou.myqcloud.com/WeBASE/releases/download/v1.5.5/webase-deploy.zip

unzip webase-deploy.zip

cd webase-deploy

②修改 common.properties 配置文件。

vim common.properties

```
[common]
# WeBASE 子系统的最新版本（v1.1.0 或以上版本）
webase.web.version=v1.5.5
webase.mgr.version=v1.5.5
webase.sign.version=v1.5.5
webase.front.version=v1.5.5

#####################################################
## 使用 Docker 启用 Mysql 服务 , 则需要配置以下值

# 1:enable mysql in docker
# 0:mysql run in host,required fill in the configuration of webase-node-mgr and
webase-sign
docker.mysql=1

# if [docker.mysql=1],mysql run in host(only works in [installDockerAll])
# run mysql 5.6 by docker
docker.mysql.port=23306
# default user [root]
docker.mysql.password=123456

#####################################################
## 不使用 Docker 启动 Mysql, 则需要配置以下值

# 节点管理子系统 mysql 数据库配置
```

```
mysql.ip=127.0.0.1
mysql.port=3306
mysql.user=test
mysql.password=123456
mysql.database=webasenodemanager

# 签名服务子系统 mysql 数据库配置
sign.mysql.ip=localhost
sign.mysql.port=3306
sign.mysql.user=test
sign.mysql.password=123456
sign.mysql.database=webasesign

# 节点前置子系统 h2 数据库名和所属机构
front.h2.name=webasefront
front.org=fisco

# WeBASE 管理平台服务端口
web.port=5000
# 启用移动端管理平台（0:disable,1:enable）
web.h5.enable=1

# 节点管理子系统服务端口
mgr.port=5001
# 节点前置子系统端口
front.port=5002
# 签名服务子系统端口
sign.port=5004

# 节点监听 Ip
node.listenIp=127.0.0.1
# 节点 p2p 端口
node.p2pPort=30300
```

```
# 节点链上链下端口
node.channelPort=20200
# 节点 rpc 端口
node.rpcPort=8545

# 加密类型（0:ECDSA 算法 ,1: 国密算法）
encrypt.type=0
# SSL 连接加密类型（0:ECDSA SSL,1: 国密 SSL）
# 只有国密链才能使用国密 SSL
encrypt.sslType=0

# 是否使用已有的链（yes/no）
if.exist.fisco=no

# 使用已有链时需配置
# 已有链的路径 ,start_all.sh 脚本所在路径
# 路径下要存在 sdk 目录（sdk 目录中包含了 SSL 所需的证书 , 即 ca.crt、sdk.
crt、sdk.key 和 gm 目录（包含国密 SSL 证书 ,gmca.crt、gmsdk.crt、gmsdk.key、
gmensdk.crt 和 gmensdk.key）
fisco.dir=/data/app/nodes/127.0.0.1
# 前置所连接节点 , 在 127.0.0.1 目录中的节点中的一个
# 节点路径下要存在 conf 文件夹 ,conf 里存放节点证书（ca.crt、node.crt 和 node.
key）
node.dir=node0

# 搭建新链时需配置
# FISCO-BCOS 版本
fisco.version=2.9.1
# 搭建节点个数（默认两个）
node.counts=4
```

③输入如下指令，在 webase-deploy 目录下部署并启动所有的服务。这条指令会下载 WeBASE 的相关软件包，所以部署时间比较长。当出现图 5-17 的时候，则表示一键部署版的 WeBASE 已经成功部署，并且 FISCO BCOS 的版本为 2.9.1。

```
Defualt nginx config path: /etc/nginx
==============      Starting WeBASE-Web       ==============
==============      WeBASE-Web Started        ==============
==============  Init Front for Mgr start...   ==============
== 100%
==============  Init Front for Mgr end...     ==============
============================================================
==============      deploy  has completed     ==============
============================================================
==============    webase-web version  v1.5.5         =======
==============    webase-node-mgr version  v1.5.5    =======
==============    webase-sign version  v1.5.5        =======
==============    webase-front version  v1.5.5       =======
============================================================
```

图 5–17　一键部署 WeBASE

python3 deploy.py installAll

④服务部署后，需要对各服务进行启停操作，可以使用以下命令。

一键部署

部署并启动所有服务　python3 deploy.py installAll

停止一键部署的所有服务　python3 deploy.py stopAll

启动一键部署的所有服务　python3 deploy.py startAll

各子服务启停

启动 FISCO-BCOS 节点 :　python3 deploy.py startNode

停止 FISCO-BCOS 节点 :　python3 deploy.py stopNode

启动 WeBASE-Web:　python3 deploy.py startWeb

停止 WeBASE-Web:　python3 deploy.py stopWeb

启动 WeBASE-Node-Manager:　python3 deploy.py startManager

停止 WeBASE-Node-Manager:　python3 deploy.py stopManager

启动 WeBASE-Sign:　python3 deploy.py startSign

停止 WeBASE-Sign:　python3 deploy.py stopSign

启动 WeBASE-Front:　python3 deploy.py startFront

停止 WeBASE-Front:　python3 deploy.py stopFront

可视化部署

部署并启动可视化部署的所有服务　python3 deploy.py installWeBASE

停止可视化部署的所有服务　python3 deploy.py stopWeBASE

启动可视化部署的所有服务　python3 deploy.py startWeBASE

⑤访问 WeBASE 管理平台。在宿主机的浏览器中输入虚拟机 IP：5000 即可访问一键部署版的 WeBASE，其登录界面如图 5–18 所示。

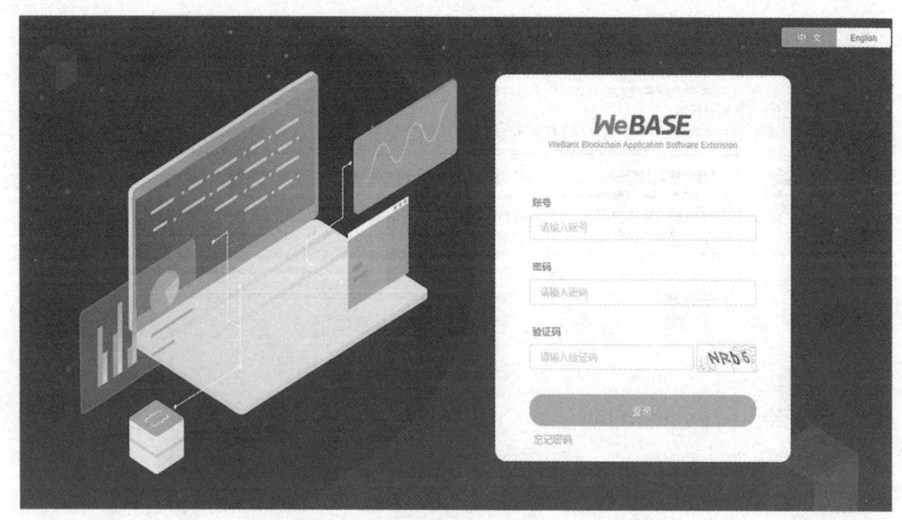

图 5-18　一键部署版 WeBASE 的登录界面

⑥ WeBASE 管理平台的默认账号为 admin，默认密码为 Abcd1234，首次登录要求重置密码，可将密码修改成 Abcd12345，其管理平台数据概览如图 5-19 所示。可以看到，一键部署的 WeBASE 浏览器，其功能要比节点前置部署的时候多了很多。

图 5-19　一键部署版的 WeBASE 管理平台数据概览

（6）在 WeBASE 中安装控制台。

①输入如下指令，获取控制台并回到 fisco 目录。

cd ~/fisco && curl -#LO https://gitee.com/FISCO-BCOS/console/raw/master-2.0/tools/download_console.sh && bash download_console.sh

②输入如下指令，复制控制台配置文件和控制台证书。

cp -n console/conf/config-example.toml console/conf/config.toml

cp -r webase-deploy/nodes/127.0.0.1/sdk/* console/conf

③输入如下指令启动并使用控制台，启动成功如图 5–20 所示，若没有启动成功，则检查 conf/config.toml 中节点端口配置是否正确。

cd ~/fisco/console && bash start.sh

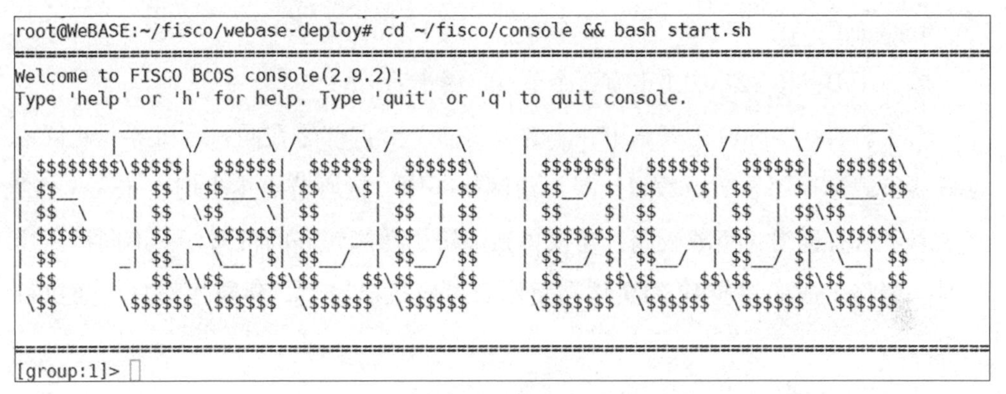

图 5–20　在单群组 WeBASE 中启动控制台

5.2.4　多群组 WeBASE 的部署

在区块链应用中，星形组网拓扑和并行多组组网拓扑是使用较广泛的两种组网方式，其拓扑图如图 5–21 所示。其中在星形组网拓扑中，中心机构节点同时属于多个群组，运行多家机构应用，其他每家机构属于不同群组，运行各自应用；在并行多组组网拓扑中，区块链中每个节点均属于多个群组，可用于多方不同业务的横向扩展，或者同一业务的纵向扩展。本小节将分别以构建星形组网拓扑和并行多组组网拓扑的区块链网络为例，详细介绍多群组 WeBASE 的部署。

1. 星形组网拓扑

本小节以构建图 5–21 所示的单机、四机构、三群组、八节点的星形组网拓扑为例，介绍多群组使用方法。其中星形区块链组网的规划如下。

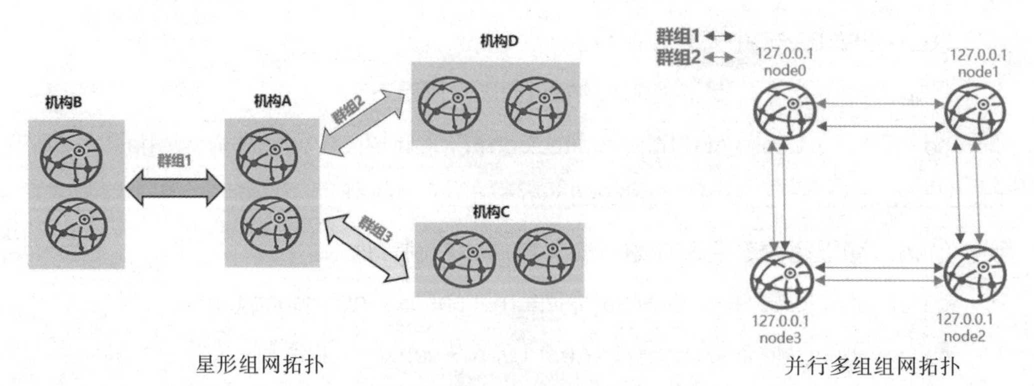

图 5-21　星形组网拓扑和并行多组组网拓扑

- agencyA：在 127.0.0.1 上有 2 个节点，同时属于 group1、group2、group3。
- agencyB：在 127.0.0.1 上有 2 个节点，属于 group1。
- agencyC：在 127.0.0.1 上有 2 个节点，属于 group2。
- agencyD：在 127.0.0.1 上有 2 个节点，属于 group3。

注意事项：实际应用场景中，不建议将多个节点部署在同一台机器，建议根据机器负载选择部署节点数目。星形组网拓扑中，核心节点（本例中 agencyA 节点）属于所有群组，负载较高，建议单独部署于性能较好的机器。在不同机器操作时，请将生成的对应 IP 的文件夹复制到对应机器启动，建链操作只需要执行一次。

（1）环境依赖。

①环境部署。基于 2.3 节的 Ubuntu 系统克隆一台新的虚拟机，将其 hostname 设置为 FISCO-BCOS-Multi-group，并将内存增加至 8 GB。

②安装 openssl、curl 等依赖软件。

```
apt install -y openssl curl
```

③安装 Java。安装 Java 可直接参考 4.2.5 节的操作。

（2）创建操作目录和获取 build_chain.sh 脚本。

```
mkdir -p ~/fisco && cd ~/fisco
curl -#LO https://gitee.com/FISCO-BCOS/FISCO-BCOS/raw/master-2.0/tools/build_chain.sh && chmod u+x build_chain.sh
```

（3）生成星形区块链系统配置文件。

```
cat > ipconf << EOF
```

127.0.0.1:2 agencyA 1,2,3

127.0.0.1:2 agencyB 1

127.0.0.1:2 agencyC 2

127.0.0.1:2 agencyD 3

EOF

（4）使用build_chain脚本构建星形区块链节点配置文件夹，当出现“All completed. Files in /root/fisco/nodes”，则表示相关文件已经下载完毕，如图5-22所示。

bash build_chain.sh -f ipconf -p 30300,20200,8545

```
================================================================
Generating configuration files ...
Processing IP=127.0.0.1 Total=2 Agency=agencyA Groups=1,2,3
Processing IP=127.0.0.1 Total=2 Agency=agencyB Groups=1
Processing IP=127.0.0.1 Total=2 Agency=agencyC Groups=2
Processing IP=127.0.0.1 Total=2 Agency=agencyD Groups=3
================================================================
Group:1 has 4 nodes
Group:2 has 4 nodes
Group:3 has 4 nodes
================================================================
[INFO] IP List File     : ipconf
[INFO] Start Port       : 30300 20200 8545
[INFO] Server IP        : 127.0.0.1:2 127.0.0.1:2 127.0.0.1:2 127.0.0.1:2
[INFO] Output Dir       : /root/fisco/nodes
[INFO] CA Path          : /root/fisco/nodes/cert/
[INFO] RSA channel      : true
================================================================
[INFO] Execute the download_console.sh script in directory named by IP to get FISCO-BCOS console.
e.g.  bash /root/fisco/nodes/127.0.0.1/download_console.sh -f
================================================================
[INFO] All completed. Files in /root/fisco/nodes
```

图5-22 使用build_chain脚本构建星形区块链节点

（5）节点提供start_all.sh和stop_all.sh脚本启动和停止节点，8个节点启动成功，如图5-23所示，通过ps指令可以查看到各个节点的进程，如图5-24所示。

```
root@miller:~/fisco# bash nodes/127.0.0.1/start_all.sh
try to start node0
try to start node1
try to start node2
try to start node3
try to start node4
try to start node5
try to start node6
try to start node7
 node2 start successfully
 node3 start successfully
 node0 start successfully
 node4 start successfully
 node5 start successfully
 node6 start successfully
 node1 start successfully
 node7 start successfully
```

图5-23 8个节点成功启动

bash nodes/127.0.0.1/start_all.sh # 启动所有节点

bash nodes/127.0.0.1/stop_all.sh # 停止所有节点

ps aux | grep fisco-bcos

```
root@miller:~/fisco#  ps aux | grep fisco-bcos
root       4670  2.0  0.4 591160 34116 pts/0    Sl   21:17   1:06 /root/fisco/nodes/127.0.0.1/node2/../fisco-bcos -c config.ini
root       4672  5.9  0.5 1034756 43736 pts/0   Sl   21:17   3:11 /root/fisco/nodes/127.0.0.1/node1/../fisco-bcos -c config.ini
root       4674  2.0  0.4 595256 32924 pts/0    Sl   21:17   1:06 /root/fisco/nodes/127.0.0.1/node3/../fisco-bcos -c config.ini
root       4676  5.9  0.5 1018372 42612 pts/0   Sl   21:17   3:11 /root/fisco/nodes/127.0.0.1/node0/../fisco-bcos -c config.ini
root       4679  2.0  0.4 595260 33900 pts/0    Sl   21:17   1:06 /root/fisco/nodes/127.0.0.1/node6/../fisco-bcos -c config.ini
root       4682  2.0  0.4 595256 33108 pts/0    Sl   21:17   1:06 /root/fisco/nodes/127.0.0.1/node4/../fisco-bcos -c config.ini
root       4684  2.0  0.4 591156 33816 pts/0    Sl   21:17   1:06 /root/fisco/nodes/127.0.0.1/node7/../fisco-bcos -c config.ini
root       4688  2.0  0.4 591160 33704 pts/0    Sl   21:17   1:06 /root/fisco/nodes/127.0.0.1/node5/../fisco-bcos -c config.ini
root       9349  0.0  0.0  16176  1120 pts/1    S+   22:11   0:00 grep --color=auto fisco-bcos
```

图 5-24　查看 8 个节点的进程

（6）查看当前群组共识状态。

不发起交易时，共识正常的节点会输出 +++ 日志，在本小节中，node0、node1 同时属于 group1、group2 和 group3；node2、node3 属于 group1；node4、node5 属于 group2；node6、node7 属于 group3，在 /root/fisco/nodes/127.0.0.1 目录下可通过 tail -f node*/log/* | grep “++” 查看各节点是否正常。

节点正常共识打印 +++ 日志，+++ 日志字段含义如下。

- g：群组 ID。
- blkNum：Leader 节点产生的新区块高度。
- tx：新区块中包含的交易数目。
- nodeIdx：本节点索引。
- hash：共识节点产生的最新区块哈希。

查看 node0 group1 是否正常共识。

tail -f node0/log/* | grep "g:1.*++"

:info|2023-04-05 09:58:18.469959|[g:1][CONSENSUS][SEALER]++++++++++++++++ Generating seal on,blkNum=2,tx=0,nodeIdx=1,hash=e5bb6c35...

查看 node0 group2 是否正常共识。

tail -f node0/log/* | grep "g:2.*++"

:info|2023-04-05 10:00:37.058853|[g:2][CONSENSUS][SEALER]++++++++++++++++Generating seal on,blkNum=2,tx=0,nodeIdx=1,hash=e3656795...

（7）配置控制台。控制台通过 Java SDK 连接 FISCO BCOS 节点，实现查询区块链状态、部署调用合约等功能，能够快速获取到所需要的信息。

①获取控制台。

curl -#LO https://osp-1257653870.cos.ap-guangzhou.myqcloud.com/FISCO-BCOS/console/releases/v2.9.2/download_console.sh && bash download_console.sh

②进入控制台操作目录，复制 group2 节点证书到控制台配置目录，并用 grep 指令查看 node0 的 channel_listen_port，如图 5-25 所示。

cd console

cp ~/fisco/nodes/127.0.0.1/sdk/* conf/

grep "channel_listen_port" ~/fisco/nodes/127.0.0.1/node*/config.ini

```
root@miller:~/fisco/console# grep "channel_listen_port" ~/fisco/nodes/127.0.0.1/node*/config.ini
/root/fisco/nodes/127.0.0.1/node0/config.ini:    channel_listen_port=20200
/root/fisco/nodes/127.0.0.1/node1/config.ini:    channel_listen_port=20201
/root/fisco/nodes/127.0.0.1/node2/config.ini:    channel_listen_port=20202
/root/fisco/nodes/127.0.0.1/node3/config.ini:    channel_listen_port=20203
/root/fisco/nodes/127.0.0.1/node4/config.ini:    channel_listen_port=20204
/root/fisco/nodes/127.0.0.1/node5/config.ini:    channel_listen_port=20205
/root/fisco/nodes/127.0.0.1/node6/config.ini:    channel_listen_port=20206
/root/fisco/nodes/127.0.0.1/node7/config.ini:    channel_listen_port=20207
```

图 5-25　查看 node0 的 channel_listen_port 信息

③复制控制台配置。

cp ~/fisco/console/conf/config-example.toml ~/fisco/console/conf/config.toml

（8）启动控制台。

输入 bash start.sh 可以启动控制台，结果如图 5-26 所示。

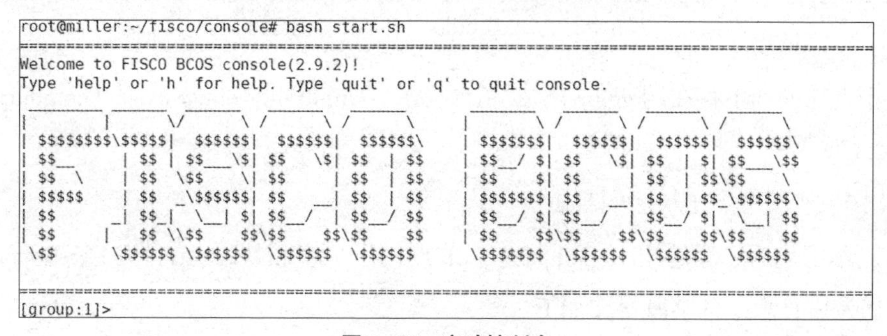

图 5-26　启动控制台

（9）向群组发交易。

在多群组架构中，群组间账本相互独立，向某个群组发交易仅会导致本群组区块高度增加，不会增加其他群组区块高度。

①向 group1 部署系统自带的智能合约，可以获得交易 Hash、合约地址和当前账户地址，同时可以查看 group1 的当前块高，若块高增加为 1，则表明出块正常，其结果如图 5-27 所示。

deploy HelloWorld

getBlockNumber

```
[group:1]> deploy HelloWorld
transaction hash: 0x81284655f770726136cbf480c017e8aad1fa3a15e500d693fe38989153bf43db
contract address: 0x3ee33df03a8ea14cc2ebcae655879ec07f7d2ac4
currentAccount: 0x491f82a57f54c7cac357ace933979ca328d442da

[group:1]> getBlockNumber
1
```

图 5-27 在 group1 中部署智能合约并查看块高

②切换到 group2，并在此部署系统自带的智能合约，由于在不同的群组，当查看当前块高为 1 的时候则说明出块正常，结果如图 5-28 所示。

switch 2

deploy HelloWorld

getBlockNumber

```
[group:1]> switch 2
Switched to group 2.


[group:2]> deploy HelloWorld
transaction hash: 0x8f6ff9fa5599eaff707aa1cbb616f842bae6fd98460cae011d43443caa5debac
contract address: 0x3ee33df03a8ea14cc2ebcae655879ec07f7d2ac4
currentAccount: 0x491f82a57f54c7cac357ace933979ca328d442da

[group:2]> getBlockNumber
1
```

图 5-28 切换至 group2 并部署智能合约

③当切换到不存在的 group4，控制台提示“Group 4 does not exist. The group list is [1,2,3]”。

（10）查看节点出块后的日志。

节点出块后，会输出 Report 日志，节点每出一个新块，会打印一条 Report 日志，Report 日志中各字段含义如下：

● g：群组 ID。

● num：出块高度。

● sealerIdx：共识节点索引。

● hash：区块哈希。

● next：下一个区块高度。

● tx：区块包含的交易数。

● nodeIdx：当前节点索引。

在 /root/fisco/nodes/127.0.0.1 目录下输入如下指令，分别可以看到 group1、group2 和 group3 的出块情况，其结果如图 5-29 所示。

```
cat node0/log/* |grep "g:1.*Report"
cat node0/log/* |grep "g:2.*Report"
cat node0/log/* |grep "g:3.*Report"
```

```
root@miller:~/fisco/nodes/127.0.0.1# cat node0/log/* |grep "g:1.*Report"
info|2023-04-05 09:47:47.755922|[g:1][CONSENSUS][PBFT]^^^^^^^^Report,num=0,sealerIdx=0,hash=826
62c54...,next=1,tx=0,nodeIdx=1
info|2023-04-05 09:47:47.762578|[g:1][CONSENSUS][PBFT]^^^^^^^^Report,num=0,sealerIdx=0,hash=826
62c54...,next=1,tx=0,nodeIdx=1
info|2023-04-05 09:50:35.944501|[g:1][CONSENSUS][PBFT]^^^^^^^^Report,num=1,sealerIdx=3,hash=3da
a6951...,next=2,tx=1,nodeIdx=1
root@miller:~/fisco/nodes/127.0.0.1# cat node0/log/* |grep "g:2.*Report"
info|2023-04-05 09:47:47.763330|[g:2][CONSENSUS][PBFT]^^^^^^^^Report,num=0,sealerIdx=0,hash=a9f
fce50...,next=1,tx=0,nodeIdx=1
info|2023-04-05 09:47:47.769272|[g:2][CONSENSUS][PBFT]^^^^^^^^Report,num=0,sealerIdx=0,hash=a9f
fce50...,next=1,tx=0,nodeIdx=1
info|2023-04-05 09:50:50.059218|[g:2][CONSENSUS][PBFT]^^^^^^^^Report,num=1,sealerIdx=1,hash=cce
8750a...,next=2,tx=1,nodeIdx=1
root@miller:~/fisco/nodes/127.0.0.1# cat node0/log/* |grep "g:3.*Report"
info|2023-04-05 09:47:47.770202|[g:3][CONSENSUS][PBFT]^^^^^^^^Report,num=0,sealerIdx=0,hash=4a3
ce5ac...,next=1,tx=0,nodeIdx=3
info|2023-04-05 09:47:47.777649|[g:3][CONSENSUS][PBFT]^^^^^^^^Report,num=0,sealerIdx=0,hash=4a3
ce5ac...,next=1,tx=0,nodeIdx=3
```

图 5-29　3 个群组的出块信息

2. 并行多组组网拓扑

并行多组区块链搭建方法与星形组网拓扑区块链搭建方法类似，本小节以搭建 4 节点两群组并行多链系统为例，其中并行多组的规划如下。

群组 1：包括 4 个节点，节点 IP 均为 127.0.0.1。

群组 2：包括 4 个节点，节点 IP 均为 127.0.0.1。

注意事项：真实应用场景中，不建议将多个节点部署在同一台机器，建议根据机器负载选择部署节点数目。为演示并行多组扩容流程，这里仅先创建 group1。并行多组场景中，节点加入和退出群组操作与星形组网拓扑类似。

（1）环境依赖。

①环境部署。基于 2.3 节的 Ubuntu 系统克隆一台新的虚拟机，将其 hostname 设置为 FISCO-BCOS-Multi-group，并将内存增加至 8 GB。

②安装 openssl、curl 等依赖软件。

```
apt install -y openssl curl
```

③安装 Java。安装 Java 可直接参考 4.2.5 节里的操作。

（2）构建单群组 4 节点区块链。

①输入如下指令，用 build_chain 脚本生成单群组 4 节点区块链节点配置文件

夹，其结果如图 5-30 所示。

mkdir -p ~/fisco && cd ~/fisco

curl -#LO https://gitee.com/FISCO-BCOS/FISCO-BCOS/raw/master-2.0/tools/build_chain.sh && chmod u+x build_chain.sh

bash build_chain.sh -l 127.0.0.1:4 -o multi_nodes -p 20000,20100,7545

```
================================================================
Generating configuration files ...
Processing IP=127.0.0.1 Total=4 Agency=agency Groups=1
================================================================
[INFO] Start Port        : 20000 20100 7545
[INFO] Server IP         : 127.0.0.1:4
[INFO] Output Dir        : /root/fisco/multi_nodes
[INFO] CA Path           : /root/fisco/multi_nodes/cert/
[INFO] RSA channel       : true
================================================================
[INFO] Execute the download_console.sh script in directory named by IP to get FISCO-BCOS consol
e.
e.g.  bash /root/fisco/multi_nodes/127.0.0.1/download_console.sh -f
================================================================
[INFO] All completed. Files in /root/fisco/multi_nodes
```

图 5-30 使用 build_chain 脚本构建单群组 4 节点区块链

②启动所有节点，并查看当前进程情况，结果如图 5-31 所示。

bash multi_nodes/127.0.0.1/start_all.sh

ps aux | grep fisco-bcos

```
root@miller:~/fisco# bash multi_nodes/127.0.0.1/start_all.sh
try to start node0
try to start node1
try to start node2
try to start node3
 node3 start successfully
 node1 start successfully
 node0 start successfully
 node2 start successfully
root@miller:~/fisco# ps aux | grep fisco-bcos
root      6266  3.6  0.3 593212 28372 pts/0    Sl   10:32   0:00 /root/fisco/multi_nodes/127.0
.0.1/node1/../fisco-bcos -c config.ini
root      6267  3.5  0.3 589112 28000 pts/0    Sl   10:32   0:00 /root/fisco/multi_nodes/127.0
.0.1/node0/../fisco-bcos -c config.ini
root      6268  3.8  0.3 593212 28104 pts/0    Sl   10:32   0:00 /root/fisco/multi_nodes/127.0
.0.1/node2/../fisco-bcos -c config.ini
root      6269  3.8  0.3 589108 28416 pts/0    Sl   10:32   0:00 /root/fisco/multi_nodes/127.0
.0.1/node3/../fisco-bcos -c config.ini
root      6693  0.0  0.0  16176  1012 pts/0    S+   10:32   0:00 grep --color=auto fisco-bcos
root@miller:~/fisco# ps aux | grep fisco-bcos
root      6266  3.4  0.3 593212 28372 pts/0    Sl   10:32   0:00 /root/fisco/multi_nodes/127.0.
bcos -c config.ini
root      6267  3.3  0.3 589112 28000 pts/0    Sl   10:32   0:00 /root/fisco/multi_nodes/127.0.
bcos -c config.ini
root      6268  3.5  0.3 593212 28096 pts/0    Sl   10:32   0:00 /root/fisco/multi_nodes/127.0.
bcos -c config.ini
root      6269  3.6  0.3 589108 28416 pts/0    Sl   10:32   0:00 /root/fisco/multi_nodes/127.0.
bcos -c config.ini
root      6695  0.0  0.0  16176  1068 pts/0    R+   10:32   0:00 grep --color=auto fisco-bcos
```

图 5-31 启动节点并查看进程

③输入如下指令，分别查看 node0、node1、node2 和 node3 的共识情况，其结果如图 5-32 所示。

```
tail -f multi_nodes/127.0.0.1/node0/log/* | grep "g:1.*++"
tail -f multi_nodes/127.0.0.1/node1/log/* | grep "g:1.*++"
tail -f multi_nodes/127.0.0.1/node2/log/* | grep "g:1.*++"
tail -f multi_nodes/127.0.0.1/node3/log/* | grep "g:1.*++"
```

```
root@miller:~/fisco# tail -f multi_nodes/127.0.0.1/node0/log/* | grep "g:1.*++"
info|2023-04-05 10:33:10.642878|[g:1][CONSENSUS][SEALER]++++++++++++++++ Generating seal on,blkNum=1,tx=0,nodeIdx=3,hash=50ce116d...
^C
root@miller:~/fisco# tail -f multi_nodes/127.0.0.1/node1/log/* | grep "g:1.*++"
info|2023-04-05 10:33:21.677110|[g:1][CONSENSUS][SEALER]++++++++++++++++ Generating seal on,blkNum=1,tx=0,nodeIdx=2,hash=eddc2c13...
^C
root@miller:~/fisco# tail -f multi_nodes/127.0.0.1/node2/log/* | grep "g:1.*++"
info|2023-04-05 10:33:28.704960|[g:1][CONSENSUS][SEALER]++++++++++++++++ Generating seal on,blkNum=1,tx=0,nodeIdx=1,hash=0dbf0591...
^C
root@miller:~/fisco# tail -f multi_nodes/127.0.0.1/node3/log/* | grep "g:1.*++"
info|2023-04-05 10:33:31.714186|[g:1][CONSENSUS][SEALER]++++++++++++++++ Generating seal on,blkNum=1,tx=0,nodeIdx=0,hash=537662ff...
```

图 5–32　4 个节点的共识情况

（3）将 group2 加入区块链。

并行多组区块链每个群组的 genesis 配置文件几乎相同，但 [group].id 不同，为群组号。

①进入节点目录并复制 group1 的配置文件。

```
cd ~/fisco/multi_nodes/127.0.0.1
cp node0/conf/group.1.genesis node0/conf/group.2.genesis
cp node0/conf/group.1.ini node0/conf/group.2.ini
```

②修改群组 ID 为 2，当用 cat 指令查看到“id=2”，则表示 ID 修改成功。

```
sed -i "s/id=1/id=2/g"  node0/conf/group.2.genesis
cat node0/conf/group.2.genesis | grep "id"
```

③更新 group.2.genesis 文件中的共识节点列表，剔除已废弃的共识节点，并将配置复制到各个节点。

```
cp node0/conf/group.2.genesis node1/conf/group.2.genesis
cp node0/conf/group.2.genesis node2/conf/group.2.genesis
cp node0/conf/group.2.genesis node3/conf/group.2.genesis
cp node0/conf/group.2.ini node1/conf/group.2.ini
cp node0/conf/group.2.ini node2/conf/group.2.ini
cp node0/conf/group.2.ini node3/conf/group.2.ini
```

④重启各个节点。

bash stop_all.sh

bash start_all.sh

（4）查看群组 group2 中 4 个节点的共识情况，其结果如图 5-33 所示。

tail -f node0/log/* | grep "g:2.*++"

tail -f node1/log/* | grep "g:2.*++"

tail -f node2/log/* | grep "g:2.*++"

tail -f node3/log/* | grep "g:2.*++"

```
root@miller:~/fisco/multi_nodes/127.0.0.1# tail -f node0/log/* | grep "g:2.*++"
info|2023-04-05 10:57:12.603540|[g:2][CONSENSUS][SEALER]++++++++++++++++ Generating seal on,blkN
um=1,tx=0,nodeIdx=3,hash=e1691c40...
^C
root@miller:~/fisco/multi_nodes/127.0.0.1# tail -f node1/log/* | grep "g:2.*++"
info|2023-04-05 10:57:19.640204|[g:2][CONSENSUS][SEALER]++++++++++++++++ Generating seal on,blkN
um=1,tx=0,nodeIdx=2,hash=52a4bf0c...
^C
root@miller:~/fisco/multi_nodes/127.0.0.1# tail -f node2/log/* | grep "g:2.*++"
info|2023-04-05 10:57:30.670487|[g:2][CONSENSUS][SEALER]++++++++++++++++ Generating seal on,blkN
um=1,tx=0,nodeIdx=1,hash=c5ca8fd9...
^C
root@miller:~/fisco/multi_nodes/127.0.0.1# tail -f node3/log/* | grep "g:2.*++"
info|2023-04-05 10:57:37.700556|[g:2][CONSENSUS][SEALER]++++++++++++++++ Generating seal on,blkN
um=1,tx=0,nodeIdx=0,hash=85c4800f...
^C
```

图 5-33　群组 group2 中 4 个节点的共识情况

（5）向群组发交易。

①获取控制台。

cd ~/fisco

curl -#LO https://osp-1257653870.cos.ap-guangzhou.myqcloud.com/FISCO-BCOS/console/releases/v2.9.2/download_console.sh && bash download_console.sh

②配置控制台。

获取 channel_port

grep "channel_listen_port" multi_nodes/127.0.0.1/node0/config.ini

结果：channel_listen_port=20100

进入控制台目录

cd console

复制节点证书

cp ~/fisco/multi_nodes/127.0.0.1/sdk/* conf

复制控制台配置

cp ~/fisco/console/conf/config-example.toml ~/fisco/console/conf/config.toml

修改控制台连接节点的端口为 20100 和 20101

sed -i 's/127.0.0.1:20200/127.0.0.1:20100/g' ~/fisco/console/conf/config.toml

sed -i 's/127.0.0.1:20201/127.0.0.1:20101/g' ~/fisco/console/conf/config.toml

③启动控制台，通过控制台向群组发交易，其结果如图 5-34 所示。

bash start.sh

```
root@miller:~/fisco/console# bash start.sh
=============================================================================================
Welcome to FISCO BCOS console(2.9.2)!
Type 'help' or 'h' for help. Type 'quit' or 'q' to quit console.
 ________ ______  ______   ______   ______       _______   ______   ______   ______
|        |      \/      \ /      \ /      \     |       \ /      \ /      \ /      \
| $$$$$$$$\$$$$$|  $$$$$$|  $$$$$$|  $$$$$$\    | $$$$$$$|  $$$$$$|  $$$$$$|  $$$$$$\
| $$__     | $$ | $$___\$| $$   \$| $$  | $$    | $$__/ $| $$   \$| $$  | $| $$___\$$
| $$  \    | $$  \$$    \| $$     | $$  | $$    | $$    $| $$     | $$  | $$\$$    \
| $$$$$    | $$  _\$$$$$$| $$   __| $$  | $$    | $$$$$$$| $$   __| $$  | $$_\$$$$$$\
| $$      _| $$_|  \__| $| $$__/  | $$__/ $$    | $$__/ $| $$__/  | $$__/ $|  \__| $$
| $$     |   $$ \\$$    $$\$$    $$\$$    $$    | $$    $$\$$    $$\$$    $$\$$    $$
 \$$      \$$$$$$ \$$$$$$  \$$$$$$  \$$$$$$      \$$$$$$$  \$$$$$$  \$$$$$$  \$$$$$$

=============================================================================================
[group:1]>
```

图 5-34　进入控制台

④分别在 group1 和 group2 中部署 HelloWorld 合约，其结果如图 5-35 所示。

在 group1 部署智能合约

[group:1]> deploy HelloWorld

[group:1]> getBlockNumber

在 group2 部署智能合约

[group:1]> switch 2

[group:2]> deploy HelloWorld

[group:2]> getBlockNumber

退出控制台

[group:2]> exit

```
[group:1]> deploy HelloWorld
transaction hash: 0xe6cdfaa3e899dc9f02304494e7679fb3f27dc637fc071db29fc416484f3964be
contract address: 0xc29e6d020a8cccb8defe0465f4b0d03762b9869a
currentAccount: 0x57fa3b90fb2f78d00c56a6b4ac231dfcc55fcc7f

[group:1]> getBlockNumber
1

[group:1]> switch 2
Switched to group 2.


[group:2]> deploy HelloWorld
transaction hash: 0x362afbe0407b3ea183761fe353ba176064abc77cc9a6be9c81b90d43578f90f6
contract address: 0xc29e6d020a8cccb8defe0465f4b0d03762b9869a
currentAccount: 0x57fa3b90fb2f78d00c56a6b4ac231dfcc55fcc7f

[group:2]> getBlockNumber
1

[group:2]> exit
```

图 5-35　在 group1 和 group2 中部署 HelloWorld 合约

⑤通过 cat 指令查看日志中各个群组与节点出块状态，其结果如图 5-36 所示。

```
cd ~/fisco/multi_nodes/127.0.0.1/
# 查看 group1 出块情况，看到 Report 了属于 group1 的块高为 1 的块
cat node0/log/* | grep "g:1.*Report"
# 查看 group2 出块情况，看到 Report 了属于 group2 的块高为 1 的块
cat node0/log/* | grep "g:2.*Report"
回到节点目录 && 停止节点
cd ~/fisco/multi_nodes/127.0.0.1 && bash stop_all.sh
```

```
root@miller:~/fisco/multi_nodes/127.0.0.1# cat node0/log/* | grep "g:1.*Report"
info|2023-04-05 10:32:06.369613|[g:1][CONSENSUS][PBFT]^^^^^^^^Report,num=0,sealerIdx=0,hash=9502
e226...,next=1,tx=0,nodeIdx=3
info|2023-04-05 10:32:06.378822|[g:1][CONSENSUS][PBFT]^^^^^^^^Report,num=0,sealerIdx=0,hash=9502
e226...,next=1,tx=0,nodeIdx=3
info|2023-04-05 10:55:16.101979|[g:1][CONSENSUS][PBFT]^^^^^^^^Report,num=0,sealerIdx=0,hash=9502
e226...,next=1,tx=0,nodeIdx=3
info|2023-04-05 10:55:16.111676|[g:1][CONSENSUS][PBFT]^^^^^^^^Report,num=0,sealerIdx=0,hash=9502
e226...,next=1,tx=0,nodeIdx=3
info|2023-04-05 11:13:05.857690|[g:1][CONSENSUS][PBFT]^^^^^^^^Report,num=1,sealerIdx=1,hash=1319
3f00...,next=2,tx=1,nodeIdx=3
root@miller:~/fisco/multi_nodes/127.0.0.1# cat node0/log/* | grep "g:2.*Report"
info|2023-04-05 10:55:16.113847|[g:2][CONSENSUS][PBFT]^^^^^^^^Report,num=0,sealerIdx=0,hash=f9df
a6c0...,next=1,tx=0,nodeIdx=3
info|2023-04-05 10:55:16.123386|[g:2][CONSENSUS][PBFT]^^^^^^^^Report,num=0,sealerIdx=0,hash=f9df
a6c0...,next=1,tx=0,nodeIdx=3
info|2023-04-05 11:13:30.192197|[g:2][CONSENSUS][PBFT]^^^^^^^^Report,num=1,sealerIdx=1,hash=1935
c89c...,next=2,tx=1,nodeIdx=3
```

图 5-36　查看日志中各个群组与节点出块状态

5.2.5　FISCO BCOS 的多机 4 节点部署

本小节将实现 FISCO BCOS 的多机 4 节点部署，其 Ubuntu 虚拟机的规划如表 5-2 所示，确保 4 台虚拟机都正常连接外网。

表 5-2　4 节点 FISCO BCOS 中虚拟机规划表

<table>
<tr><th>Hostname</th><th>IP</th><th>内存</th><th>Hosts</th><th>备注</th></tr>
<tr><td>FISCO-BCOS-1</td><td>10.0.0.101</td><td>4 GB</td><td rowspan="4">10.0.0.101 FISCO-BCOS-1
10.0.0.102 FISCO-BCOS-2
10.0.0.103 FISCO-BCOS-3
10.0.0.104 FISCO-BCOS-4</td><td>主节点</td></tr>
<tr><td>FISCO-BCOS-2</td><td>10.0.0.102</td><td>3 GB</td><td></td></tr>
<tr><td>FISCO-BCOS-3</td><td>10.0.0.103</td><td>3 GB</td><td></td></tr>
<tr><td>FISCO-BCOS-4</td><td>10.0.0.104</td><td>3 GB</td><td></td></tr>
</table>

（1）基础软件安装（4 台虚拟机有相同的操作）。

安装 openssl、curl 等依赖软件。

```
apt install -y openssl curl
```

（2）免密登录（4 台虚拟机有相同的操作）。

①设置免密登录。

```
ssh-keygen -t rsa
```

执行完指令后连按 3 次 Enter 键

②从每台虚拟机中发送自己的公钥文件至集群内的所有虚拟机，包括本机也需要发送。其间需要输入其 root 密码，当提示“Now try logging into the machine,with:"ssh 'FISCO–BCOS–×'"”的时候，则表示免密登录设置成功，结果如图 5–37 所示。

```
ssh-copy-id FISCO-BCOS-1
ssh-copy-id FISCO-BCOS-2
ssh-copy-id FISCO-BCOS-3
ssh-copy-id FISCO-BCOS-4
```

```
root@FISCO-BCOS-1:~# ssh-copy-id FISCO-BCOS-1
/usr/bin/ssh-copy-id: INFO: Source of key(s) to be installed: "/root/.ssh/id_rsa.pub"
The authenticity of host 'fisco-bcos-1 (10.0.0.101)' can't be established.
ECDSA key fingerprint is SHA256:eyTwG4xkyeEZrFppU7TPFfnxQG0bb2qaaHrpI0NKXbM.
Are you sure you want to continue connecting (yes/no)? yes
/usr/bin/ssh-copy-id: INFO: attempting to log in with the new key(s), to filter out any that are already installed
/usr/bin/ssh-copy-id: INFO: 1 key(s) remain to be installed -- if you are prompted now it is to install the new keys
root@fisco-bcos-1's password:

Number of key(s) added: 1

Now try logging into the machine, with:   "ssh 'FISCO-BCOS-1'"
and check to make sure that only the key(s) you wanted were added.

root@FISCO-BCOS-1:~# ssh-copy-id FISCO-BCOS-2
/usr/bin/ssh-copy-id: INFO: Source of key(s) to be installed: "/root/.ssh/id_rsa.pub"
The authenticity of host 'fisco-bcos-2 (10.0.0.102)' can't be established.
ECDSA key fingerprint is SHA256:eyTwG4xkyeEZrFppU7TPFfnxQG0bb2qaaHrpI0NKXbM.
Are you sure you want to continue connecting (yes/no)? yes
/usr/bin/ssh-copy-id: INFO: attempting to log in with the new key(s), to filter out any that are already installed
/usr/bin/ssh-copy-id: INFO: 1 key(s) remain to be installed -- if you are prompted now it is to install the new keys
root@fisco-bcos-2's password:

Number of key(s) added: 1

Now try logging into the machine, with:   "ssh 'FISCO-BCOS-2'"
and check to make sure that only the key(s) you wanted were added.

root@FISCO-BCOS-1:~# ssh-copy-id FISCO-BCOS-3
/usr/bin/ssh-copy-id: INFO: Source of key(s) to be installed: "/root/.ssh/id_rsa.pub"
The authenticity of host 'fisco-bcos-3 (10.0.0.103)' can't be established.
ECDSA key fingerprint is SHA256:eyTwG4xkyeEZrFppU7TPFfnxQG0bb2qaaHrpI0NKXbM.
Are you sure you want to continue connecting (yes/no)? yes
/usr/bin/ssh-copy-id: INFO: attempting to log in with the new key(s), to filter out any that are already installed
/usr/bin/ssh-copy-id: INFO: 1 key(s) remain to be installed -- if you are prompted now it is to install the new keys
root@fisco-bcos-3's password:

Number of key(s) added: 1

Now try logging into the machine, with:   "ssh 'FISCO-BCOS-3'"
and check to make sure that only the key(s) you wanted were added.

root@FISCO-BCOS-1:~# ssh-copy-id FISCO-BCOS-4
/usr/bin/ssh-copy-id: INFO: Source of key(s) to be installed: "/root/.ssh/id_rsa.pub"
The authenticity of host 'fisco-bcos-4 (10.0.0.104)' can't be established.
ECDSA key fingerprint is SHA256:eyTwG4xkyeEZrFppU7TPFfnxQG0bb2qaaHrpI0NKXbM.
Are you sure you want to continue connecting (yes/no)? yes
/usr/bin/ssh-copy-id: INFO: attempting to log in with the new key(s), to filter out any that are already installed
/usr/bin/ssh-copy-id: INFO: 1 key(s) remain to be installed -- if you are prompted now it is to install the new keys
root@fisco-bcos-4's password:

Number of key(s) added: 1

Now try logging into the machine, with:   "ssh 'FISCO-BCOS-4'"
```

图 5–37 设置免密登录

（3）搭建多机 4 节点 FISCO-BCOS 区块链网络（第①～⑤步在 FISCO-BCOS-1 中操作）。

①创建操作路径并下载开发部署工具 build_chain。

```
mkdir -p ~/fisco && cd ~/fisco
curl -#LO https://gitee.com/FISCO-BCOS/FISCO-BCOS/raw/master-2.0/tools/build_chain.sh && chmod u+x build_chain.sh
```

②生成区块链网络配置文件。

```
cat >> ipconf << EOF
10.0.0.101 agencyA 1
10.0.0.102 agencyA 1
10.0.0.103 agencyA 1
10.0.0.104 agencyA 1
EOF
```

③基于配置文件生成区块链节点配置，命令执行成功会输出“All completed”。如果执行出错，请检查 nodes/build.log 文件中的错误信息，其结果如图 5-38 所示。

```
bash build_chain.sh -f ipconf -p 30300,20200,8545
```

```
==============================================================
Generating configuration files ...
Processing IP=10.0.0.101 Total=1 Agency=agencyA Groups=1
Processing IP=10.0.0.102 Total=1 Agency=agencyA Groups=1
Processing IP=10.0.0.103 Total=1 Agency=agencyA Groups=1
Processing IP=10.0.0.104 Total=1 Agency=agencyA Groups=1
==============================================================
Group:1 has 4 nodes
==============================================================
[INFO] IP List File     : ipconf
[INFO] Start Port       : 30300 20200 8545
[INFO] Server IP        : 10.0.0.101 10.0.0.102 10.0.0.103 10.0.0.104
[INFO] Output Dir       : /root/fisco/nodes
[INFO] CA Path          : /root/fisco/nodes/cert/
[INFO] RSA channel      : true
==============================================================
[INFO] Execute the download_console.sh script in directory named by IP to get FISCO-BCOS console
.
e.g.  bash /root/fisco/nodes/10.0.0.101/download_console.sh -f
==============================================================
[INFO] All completed. Files in /root/fisco/nodes
```

图 5-38　生成区块链节点的配置

④生成区块链节点配置后，需要将每个节点配置复制到对应机器上，可通过 scp 命令执行复制。

生成区块链节点配置后，为每台机器创建操作目录 ~/fisco。

ssh root@10.0.0.101 "mkdir -p ~/fisco"

ssh root@10.0.0.102 "mkdir -p ~/fisco"

ssh root@10.0.0.103 "mkdir -p ~/fisco"

ssh root@10.0.0.104 "mkdir -p ~/fisco"

复制节点配置。

复制节点配置到 10.0.0.101 的 ~/fisco 路径

scp -r nodes/10.0.0.101/ root@10.0.0.101:~/fisco/10.0.0.101

复制节点配置到 10.0.0.102 的 ~/fisco 路径

scp -r nodes/10.0.0.102/ root@10.0.0.102:~/fisco/10.0.0.102

复制节点配置到 10.0.0.103 的 ~/fisco 路径

scp -r nodes/10.0.0.103/ root@10.0.0.103:~/fisco/10.0.0.103

复制节点配置到 10.0.0.103 的 ~/fisco 路径

scp -r nodes/10.0.0.104/ root@10.0.0.104:~/fisco/10.0.0.104

⑤启动多机 4 节点区块链系统。

区块链节点配置复制成功后，需要启动所有节点，可通过某台机器发起 ssh 操作远程启动区块链节点，当提示“node0 start successfully”，则表示节点启动成功。本小节在 10.0.0.101 发起节点启动命令，结果如图 5-39 所示。

启动 10.0.0.101 虚拟机上部署的区块链节点

ssh root@10.0.0.101 "bash ~/fisco/10.0.0.101/start_all.sh"

启动 10.0.0.102 虚拟机上部署的区块链节点

ssh root@10.0.0.102 "bash ~/fisco/10.0.0.102/start_all.sh"

启动 10.0.0.103 虚拟机上部署的区块链节点

ssh root@10.0.0.103 "bash ~/fisco/10.0.0.103/start_all.sh"

```
root@FISCO-BCOS-1:~/fisco# ssh root@10.0.0.101 "bash ~/fisco/10.0.0.101/start_all.sh"
try to start node0
 node0 start successfully
root@FISCO-BCOS-1:~/fisco# ssh root@10.0.0.102 "bash ~/fisco/10.0.0.102/start_all.sh"
try to start node0
 node0 start successfully
root@FISCO-BCOS-1:~/fisco# ssh root@10.0.0.103 "bash ~/fisco/10.0.0.103/start_all.sh"
try to start node0
 node0 start successfully
root@FISCO-BCOS-1:~/fisco# ssh root@10.0.0.104 "bash ~/fisco/10.0.0.104/start_all.sh"
try to start node0
 node0 start successfully
```

图 5-39 启动各个节点的区块链系统

启动 10.0.0.104 虚拟机上部署的区块链节点

ssh root@10.0.0.104 "bash ~/fisco/10.0.0.104/start_all.sh"

⑥如果需要关闭多机 4 节点区块链系统，可执行如下指令，在这一步可不关闭当前的 4 个节点，关闭多机 4 节点区块链系统如图 5–40 所示。

关闭 10.0.0.101 虚拟机上部署的区块链节点

ssh root@10.0.0.101 "bash ~/fisco/10.0.0.101/stop_all.sh"

关闭 10.0.0.101 虚拟机上部署的区块链节点

ssh root@10.0.0.102 "bash ~/fisco/10.0.0.102/stop_all.sh"

关闭 10.0.0.101 虚拟机上部署的区块链节点

ssh root@10.0.0.103 "bash ~/fisco/10.0.0.103/stop_all.sh"

关闭 10.0.0.101 虚拟机上部署的区块链节点

ssh root@10.0.0.104 "bash ~/fisco/10.0.0.104/stop_all.sh"

```
root@FISCO-BCOS-1:~/fisco# ssh root@10.0.0.101 "bash ~/fisco/10.0.0.101/stop_all.sh"
try to stop node0
 stop node0 success.
root@FISCO-BCOS-1:~/fisco# ssh root@10.0.0.102 "bash ~/fisco/10.0.0.102/stop_all.sh"
try to stop node0
 stop node0 success.
root@FISCO-BCOS-1:~/fisco# ssh root@10.0.0.103 "bash ~/fisco/10.0.0.103/stop_all.sh"
try to stop node0
 stop node0 success.
root@FISCO-BCOS-1:~/fisco# ssh root@10.0.0.104 "bash ~/fisco/10.0.0.104/stop_all.sh"
try to stop node0
 stop node0 success.
```

图 5–40　关闭多机 4 节点区块链系统

⑦ 检查区块链节点（每台虚拟机都要执行）。

登录每台机器，执行如下命令判断进程是否启动成功。

ps aux | grep fisco | grep -v grep

正常情况，每台机器都会有类似下面的输出，若某些机器没有类似下面的输出，请检查机器的 30300、20200、8545 端口是否被占用。

root 2871 2.5 0.9 563104 28016 ? Sl 16:40 0:04 /root/fisco/10.0.0.101/node0/../fisco-bcos -c config.ini

登录每台机器，执行如下命令判断节点网络连接是否正常。

tail -f ~/fisco/*/node0/log/* |grep -i connected

正常情况下会不停地输出连接信息，从输出可以看出该节点与其他机器节点连接正常。

```
info|2023-04-05 16:44:14.261202|[P2P][Service] heartBeat,connected count=3
```

登录每台机器，进入操作目录，执行如下命令判断节点共识是否正常：

```
tail -f ~/fisco/*/node0/log/* |grep -i +++
```

正常情况下会不停输出 ++++Generating seal，表示共识正常。

```
info|2023-04-05 16:45:30.476599|[g:1][CONSENSUS][SEALER]
++++++++++++++++ Generating seal on,blkNum=1,tx=0,nodeIdx=1,hash=0f34ea19...
info|2023-04-05 16:45:34.493240|[g:1][CONSENSUS][SEALER]
++++++++++++++++ Generating seal on,blkNum=1,tx=0,nodeIdx=1,hash=fb7df0ab...
```

若以上检查均正常，说明多机 4 节点 FISCO-BCOS 区块链网络部署成功，可通过控制台对其发起交易。

（4）配置和使用控制台（在 FISCO-BCOS-1 中操作）。

①安装 Java 参考 4.2.5 节。

②下载并配置控制台。

```
# 创建操作目录
curl -#LO https://gitee.com/FISCO-BCOS/console/raw/master-2.0/tools/download_console.sh
bash download_console.sh
```

③从 10.0.0.101 复制 SDK 证书，具体操作如下：

```
# 从 10.0.0.101 复制证书到 conf 目录下
scp 10.0.0.101:~/fisco/10.0.0.101/sdk/* ~/fisco/console/conf
```

④修改控制台配置。

```
# 复制控制台配置
cp -n ~/fisco/console/conf/config-example.toml ~/fisco/console/conf/config.toml
# 修改控制台连接信息（操作中，控制台连接的 IP 信息请根据实际情况填写）
sed -i 's/peers=\["127.0.0.1:20200","127.0.0.1:20201"\]/peers= ["10.0.0.101: 20200","10.0.0.102:20200","10.0.0.103:20200","10.0.0.104:20200"]/g' ~/fisco/console/conf/config.toml
```

⑤启动并使用控制台，结果如图 5-41 所示。

```
bash ~/fisco/console/start.sh
```

```
root@WeBASE-1:~/fisco# bash ~/fisco/console/start.sh
=============================================================================================
Welcome to FISCO BCOS console(2.9.2)!
Type 'help' or 'h' for help. Type 'quit' or 'q' to quit console.
 ________ ______  ______   ______   ______       _______   ______   ______   ______
|        |      \/      \ /      \ /      \     |       \ /      \ /      \ /      \
| $$$$$$$$\$$$$$|  $$$$$$|  $$$$$$|  $$$$$$\    | $$$$$$$|  $$$$$$|  $$$$$$|  $$$$$$\
| $$__     | $$ | $$___\$| $$   \$| $$  | $$    | $$__/ $| $$   \$| $$  | $| $$___\$$
| $$  \    | $$  \$$    \| $$     | $$  | $$    | $$    $| $$     | $$  | $$\$$    \
| $$$$$    | $$  _\$$$$$$| $$   __| $$  | $$    | $$$$$$$| $$   __| $$  | $$_\$$$$$$\
| $$      _| $$_|  \__| $| $$__/  | $$__/ $$    | $$__/ $| $$__/  | $$__/ $|  \__| $$
| $$     |   $$ \\$$    $$\$$    $$\$$    $$    | $$    $$\$$    $$\$$    $$\$$    $$
 \$$      \$$$$$$ \$$$$$$  \$$$$$$  \$$$$$$      \$$$$$$$  \$$$$$$  \$$$$$$  \$$$$$$

=============================================================================================
[group:1]>
```

图 5-41 启动并使用控制台

（5）使用控制台发送交易。

①获得当前节点信息与当前块高，由于暂时没有部署智能合约，故当前块高为 0，结果如图 5-42 所示。

[group:1]> getNodeVersion

[group:1]> getBlockNumber

```
[group:1]> getNodeVersion
ClientVersion{
    version='2.9.1',
    supportedVersion='2.9.1',
    chainId='1',
    buildTime='20220922 08:57:35',
    buildType='Linux/g++/Release',
    gitBranch='HEAD',
    gitCommitHash='83a87ad749475c0edcc6d5ce2dabd328a36d3bae'
}

[group:1]> getBlockNumber
0
```

图 5-42 当前节点信息与当前块高

②部署和调用系统自带的 HelloWorld 合约，查看当前块高为 1，结果如图 5-43 所示。

[group:1]> call HelloWorld 0x22fc8bb893e30d63cfbdd68b7131208ee03efc94 get

[group:1]> getBlockNumber

[group:1]> deploy HelloWorld

```
[group:1]>  deploy HelloWorld
transaction hash: 0x34ede8508124622cc11e27b9726d34c14e76caef9bd2a0971e7d6c7b20ddd0d2
contract address: 0x22fc8bb893e30d63cfbdd68b7131208ee03efc94
currentAccount: 0x3b856c6222c171bd2d90958e46db341129b26004

[group:1]> call HelloWorld 0x22fc8bb893e30d63cfbdd68b7131208ee03efc94 get
---------------------------------------------------------------------------------------------
Return code: 0
description: transaction executed successfully
Return message: Success
---------------------------------------------------------------------------------------------
Return value size:1
Return types: (STRING)
Return values:(Hello, World!)
---------------------------------------------------------------------------------------------

[group:1]> getBlockNumber
1
```

图 5–43　部署智能合约

③修改并获取 HelloWorld 合约状态变量的值，查看当前块高为 2，结果如图 5–44 所示。

[group:1]> call HelloWorld 0x22fc8bb893e30d63cfbdd68b7131208ee03efc94 set "hello,fisco"

[group:1]> call HelloWorld 0x22fc8bb893e30d63cfbdd68b7131208ee03efc94 get

[group:1]> getBlockNumber

```
[group:1]> call HelloWorld 0x22fc8bb893e30d63cfbdd68b7131208ee03efc94 set "hello, fisco"
transaction hash: 0xc07f6d46574023c95e6fb8179135e732e45c53566756715522a8017574deac2f
---------------------------------------------------------------------------------------------
transaction status: 0x0
description: transaction executed successfully
---------------------------------------------------------------------------------------------
Transaction inputs:
Input value size:1
Input types: (STRING)
Input values:(hello, fisco)
---------------------------------------------------------------------------------------------
Receipt message: Success
Return message: Success
Return values:[]
---------------------------------------------------------------------------------------------
Event logs
Event: {}

[group:1]> call HelloWorld 0x22fc8bb893e30d63cfbdd68b7131208ee03efc94 get
---------------------------------------------------------------------------------------------
Return code: 0
description: transaction executed successfully
Return message: Success
---------------------------------------------------------------------------------------------
Return value size:1
Return types: (STRING)
Return values:(hello, fisco)
---------------------------------------------------------------------------------------------

[group:1]> getBlockNumber
2
```

图 5–44　修改并获取合约状态变量的值

（6）使用 WeBASE 管理台进行节点前置（在 FISCO-BCOS-1 中操作）。

①将 webase-front.zip 上传至 fisco 目录下，并对其进行解压缩操作。

```
unzip webase-front.zip
```

②将 CA 证书复制至 webase-front/conf/ 中。

```
cp nodes/10.0.0.101/sdk/* ./webase-front/conf/
cp nodes/10.0.0.102/sdk/* ./webase-front/conf/
cp nodes/10.0.0.103/sdk/* ./webase-front/conf/
cp nodes/10.0.0.104/sdk/* ./webase-front/conf/
```

③在 webase-front 目录中通过如下指令打开端口。

```
cd webase-front/ && bash start.sh
```

④在宿主机的浏览器中输入如下网址，可以打开 WeBASE 浏览器，其中 IP 地址为 FISCO-BCOS-1 的 IP 地址，端口号为 5002，结果如图 5-45 所示，可以看到由于刚才部署并调用了 HelloWorld 智能合约，当前的区块高度为 2。

```
http://10.0.0.101:5002/WeBASE-Front/#/home
```

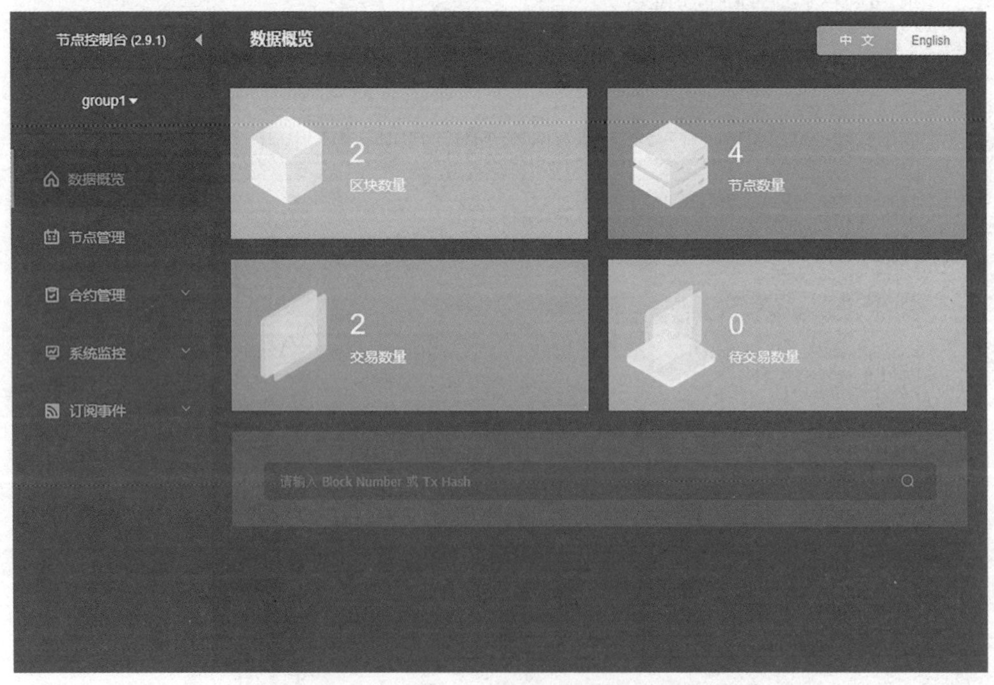

图 5-45　多机 4 节点下的 WeBASE 管理台节点前置

5.2.6 FISCO BCOS 节点压力测试

1. 压力测试概述

（1）区块链性能指标。区块链网络中衡量区块链性能的关键指标有如下三点。

①区块链节点指标（生产的区块数、已处理的交易数、处理时间、完成时间等）。

② P2P 子系统指标（命中 / 未命中请求的数量、活跃用户的数量、P2P 流量的数量和结构等）。

③系统节点指标（CPU、内存、存储、网络等）。

（2）压力测试的原理。通过启动一个或一堆区块链客户端，向链上部署一个用来压测的合约或者需要评估性能的智能合约，然后向链上“并发”发送交易，收到区块链返回的交易执行结果（交易回执）后，统计出 TPS。其中 TPS 指的是系统的吞吐量，即系统每秒钟能够处理的业务数量。由于区块链分布式网络广播、交易排队打包、共识确认等流程还是比较漫长的，中间充满了技术细节，结果往往不如预期，这就需要在环境、参数、压测程序以及合约逻辑等方面下功夫，才能得到理想、确切的结果。

2. FISCO BCOS 节点压力测试的方法

（1）Java SDK Demo。Java SDK Demo 是基于 Java SDK 的基准测试集合，能够对 FISCO BCOS 节点进行压力测试。Java SDK Demo 提供有合约编译功能，能够将 Solidity 合约文件转换成 Java 合约文件，此外还提供了针对转账合约、CRUD 合约以及 AMOP 功能的压力测试示例程序。

方法 1：压测串行转账合约

压测串行转账合约的指令如下：

```
java -cp 'conf/:lib/*:apps/*' org.fisco.bcos.sdk.demo.perf.PerformanceOk [count] [tps] [groupID]
```

其中各个参数如下。

PerformanceOk：串行转账接口。

count：压测的交易总量。

tps：压测 QPS（每秒请求数，即压测客户端发送交易的速率）。

groupID：压测的群组 ID，默认网络群组 groupID 为 1。

方法 2：压测并行转账合约

压测并行转账合约可分为基于 Solidity 并行合约 parallelok 添加账户和基于 Solidity 并行合约 parallelok 发起转账交易压测，指令如下：

java -cp 'conf/:lib/*:apps/*' org.fisco.bcos.sdk.demo.perf.ParallelOkPerf [parallelok] [groupID] [add] [count] [tps] [file] # 基于 Solidity 并行合约 parallelok 添加账户

java -cp 'conf/:lib/*:apps/*' org.fisco.bcos.sdk.demo.perf.ParallelOkPerf [parallelok] [groupID] [transfer] [count] [tps] [file] # 基于 Solidity 并行合约 parallelok 发起转账交易压测

其中各个参数如下。

ParallelOkPerf：并行合约接口。

parallelok：基于 Solidity 并行合约 parallelok。

groupID：压测的群组 ID，默认网络群组 groundid 为 1。

add：添加账户。

transfer：发送交易。

count：压测的交易总量。

tps：压测的 QPS。

file：保存生成账户的文件名 / 转账用户文件。

方法 3：CRUD 合约压测

CRUD 合约压测可从增 insert、删 remove、改 update、查 query 四个维度进行，其压测的指令为：

java -cp 'conf/:lib/*:apps/*' org.fisco.bcos.sdk.demo.perf.PerformanceTable [insert/update/remove/query] [count] [tps] [groupID]

其中各个参数如下。

PerformanceTable：CRUD 合约压测接口。

[insert/update/remove/query]：压测模式增、删、改、查。

tps：压测的 QPS。

groupID：压测的群组 ID，默认网络群组 groundid 为 1。

（2）Caliper。Hyperledger Caliper 是一个通用的区块链性能测试框架，它允许用户使用自定义的用例测试不同的区块链解决方案，并得到一组性能测试结果。

3. 通过 Java SDK Demo 进行压力测试

（1）环境准备。基于 5.2.3 节的 WeBASE-2.9.1 克隆一台虚拟机用于 FISCO BCOS 节点压力测试。

（2）执行如下指令，下载并编译源码，编译时间较长，视网络环境而定，编译成功后会显示“BUILD SUCCESSFUL in ...”，结果如图 5-46 所示。

```
cd fisco
git clone https://gitee.com/fisco-bcos/java-sdk-demo          # 下载源码
cd java-sdk-demo/
git checkout main-2.0          # 切换 2.0 版本
./gradlew build                # 编译源码
```

```
root@WeBASE:~/fisco/java-sdk-demo# ./gradlew build
Downloading https://services.gradle.org/distributions/gradle-6.3-bin.zip
.........................................................................................

Welcome to Gradle 6.3!

Here are the highlights of this release:
 - Java 14 support
 - Improved error messages for unexpected failures

For more details see https://docs.gradle.org/6.3/release-notes.html

Starting a Gradle Daemon (subsequent builds will be faster)

> Configure project :
Notice: current gradle version is 6.3

Deprecated Gradle features were used in this build, making it incompatible with Gradle 7.0.
Use '--warning-mode all' to show the individual deprecation warnings.
See https://docs.gradle.org/6.3/userguide/command_line_interface.html#sec:command_line_warnings

BUILD SUCCESSFUL in 27m 56s
4 actionable tasks: 4 executed
```

图 5-46　编译源码

（3）启动 FISCO BCOS 网络。

```
cd ../webase-deploy/
python3 deploy.py startAll
```

（4）将 SDK 证书复制到 sdk 的 conf 目录中。

```
cd ../java-sdk-demo/dist/
cp -r ../../webase-deploy/nodes/127.0.0.1/sdk/* conf/          # 复制 SDK 证书
```

（5）在 dist/conf 目录下复制配置文件。

```
cp conf/config-example.toml conf/config.toml
```

（6）在 dist 目录下新建 contracts 目录。

```
mkdir contracts
mkdir contracts/solidity
```

（7）安装控制台。

cd ~/fisco && curl -#LO https://gitee.com/FISCO-BCOS/console/raw/master-2.0/tools/download_console.sh && bash download_console.sh

cp -n console/conf/config-example.toml console/conf/config.toml

cp -r webase-deploy/nodes/127.0.0.1/sdk/* console/conf

（8）复制并转换合约。

复制示例 Solidity 智能合约并将其转换成 Java 合约，若提示“Compile solidity contract files to java contract files successfully!”，则表示转换成功。

cd java-sdk-demo/dist/

cp ../../console/contracts/solidity/* ./contracts/solidity/

java -cp "apps/*:lib/*:conf/" org.fisco.bcos.sdk.demo.codegen.DemoSolcToJava ./contracts/

（9）压力测试。

压力测试 1：

执行如下指令，对 group 群组 1 进行串行压力测试，发送 10 000 笔交易，QPS 为 2 000，结果如图 5-47 所示。从结果中可以看到处理 10 000 笔交易所花费的时间约为 7.47 秒，平均 TPS 约为 1 338.5，平均耗时为 1.85 秒。

java -cp 'conf/:lib/*:apps/*' org.fisco.bcos.sdk.demo.perf.PerformanceOk 10000 2000 1

压力测试 2：

执行如下指令，批量生成转账用户并初始化用户金额（add），执行后，生成用户列表文件 user1000.txt，结果如图 5-48 所示。从结果中可以看到创建了 1 000 个用

```
Total transactions:  10000
Total time: 7471ms
TPS(include error requests): 1338.5089010841923
TPS(exclude error requests): 1338.5089010841923
Avg time cost: 1850ms
Error rate: 0.0%
Time area:
0    < time <  50ms   : 0  : 0.0%
50   < time <  100ms  : 0  : 0.0%
100  < time <  200ms  : 0  : 0.0%
200  < time <  400ms  : 0  : 0.0%
400  < time <  1000ms : 486   : 4.859999999999999%
1000 < time <  2000ms : 4385  : 43.85%
2000 < time           : 5129  : 51.29%
```

图 5-47　压力测试 1 的结果

```
Total transactions:  1000
Total time: 3279ms
TPS(include error requests): 304.9710277523635
TPS(exclude error requests): 304.9710277523635
Avg time cost: 2724ms
Error rate: 0.0%
Time area:
0    < time <  50ms   : 0  : 0.0%
50   < time <  100ms  : 0  : 0.0%
100  < time <  200ms  : 0  : 0.0%
200  < time <  400ms  : 0  : 0.0%
400  < time <  1000ms : 0  : 0.0%
1000 < time <  2000ms : 0  : 0.0%
2000 < time           : 1000  : 100.0%
 Write DagTransferUser end, count is 1000
```

图 5-48　压力测试 2 的结果

户，处理 1 000 笔交易，所花费的时间约为 3.28 秒，平均 TPS 约为 305，平均耗时约为 2.72 秒，并在当前目录自动生成了 user1000.txt，里面存放了 1 000 个用户的账户名。

```
java -cp 'conf/:lib/*:apps/*' org.fisco.bcos.sdk.demo.perf.ParallelOkPerf parallelok 1 add 1000 1000 user1000.txt
```

压力测试 3：

执行如下指令，对 group 群组 1 进行两两间转账，总交易量为 10 000，QPS 为 2 000，使用用户列表文件 user1000.txt，结果如图 5-49 所示。从结果中可以看到利用刚才所创建的 1 000 个用户，处理 10 000 笔交易，所花费的时间约为 5.86 秒，平均 TPS 约为 1 707，平均耗时约为 0.64 秒。

```
java -cp 'conf/:lib/*:apps/*' org.fisco.bcos.sdk.demo.perf.ParallelOkPerf parallelok 1 transfer 10000 2000 user1000.txt
```

压力测试 4：

执行如下指令，对 group 群组 1 进行插入测试，总交易量为 10 000，QPS 为 2 000，结果如图 5-50 所示。从结果中可以看到处理 10 000 笔交易，所花费的时间约为 5.8 秒，平均 TPS 约为 1 722，平均耗时约为 0.65 秒，并且 94.86% 的交易完成的时间介于 0.4 秒至 1 秒之间。

```
java -cp 'conf/:lib/*:apps/*' org.fisco.bcos.sdk.demo.perf.PerformanceTable insert 10000 2000 1
```

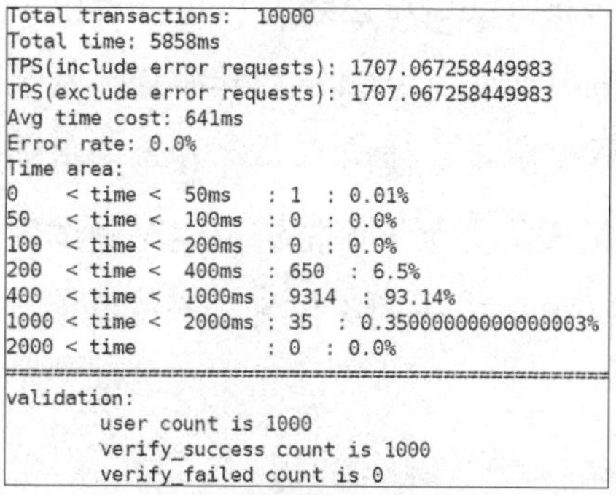

```
Total transactions:  10000
Total time: 5858ms
TPS(include error requests): 1707.067258449983
TPS(exclude error requests): 1707.067258449983
Avg time cost: 641ms
Error rate: 0.0%
Time area:
0    < time <  50ms   : 1  : 0.01%
50   < time <  100ms  : 0  : 0.0%
100  < time <  200ms  : 0  : 0.0%
200  < time <  400ms  : 650  : 6.5%
400  < time <  1000ms : 9314  : 93.14%
1000 < time <  2000ms : 35  : 0.35000000000000003%
2000 < time           : 0  : 0.0%
==================================================
validation:
        user count is 1000
        verify_success count is 1000
        verify_failed count is 0
```

图 5-49　压力测试 3 的结果

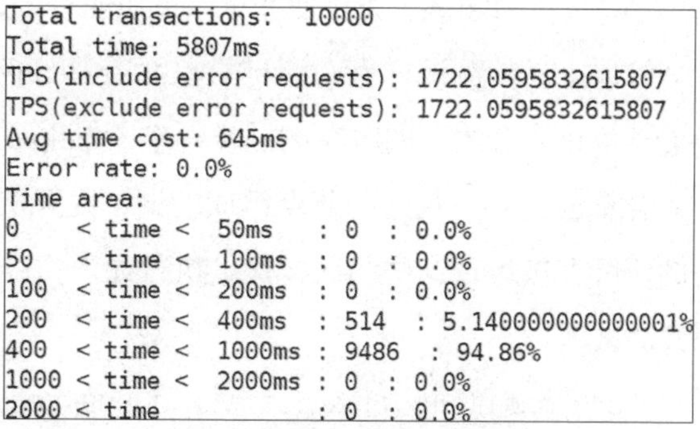

```
Total transactions:  10000
Total time: 5807ms
TPS(include error requests): 1722.0595832615807
TPS(exclude error requests): 1722.0595832615807
Avg time cost: 645ms
Error rate: 0.0%
Time area:
0    < time <  50ms   : 0  : 0.0%
50   < time <  100ms  : 0  : 0.0%
100  < time <  200ms  : 0  : 0.0%
200  < time <  400ms  : 514  : 5.140000000000001%
400  < time <  1000ms : 9486  : 94.86%
1000 < time <  2000ms : 0  : 0.0%
2000 < time           : 0  : 0.0%
```

图 5-50　压力测试 4 的结果

4. 通过 Caliper 进行压力测试

（1）基础软件安装。安装 Caliper 之前需要安装 Docker、Docker-Compose 和 Node.js，其中 Docker 的安装可参考 3.2 节，Docker-Compose 的安装可参考 4.2.2 节，

Node.js 的安装可以参考 4.2.8 节。

（2）安装 Caliper。

```
cd ~/fisco
mkdir benchmarks && cd benchmarks          # 创建 Caliper 工作目录
npm init -y                                # 对 npm 项目进行初始化
npm install --only=prod @hyperledger/caliper-cli@0.2.0     # 安装 caliper-cli
npx caliper --version                      # 验证 caliper-cli 安装成功
```

（3）绑定 FISCO BCOS。由于 Caliper 采用轻量级的部署方式，因此需要显式的绑定步骤指定要测试的平台及适配器版本，caliper-cli 会自动进行相应依赖项的安装。在绑定之前先将 Github 的 IP 地址写入 /etc/hosts 中（20.205.243.166 github.com）。

```
npx caliper bind --caliper-bind-sut fisco-bcos --caliper-bind-sdk latest
```

（4）压力测试前的操作。由于 FISCO BCOS 对于 Caliper0.2.0 版本的适配存在部分不兼容情况，需要对 benchmarks/node_modules/@hyperledger/caliper-fisco-bcos 目录下的 4 个配置文件进行修改代码后方可正常运行。4 个文件分别是 package.json、lib/fiscoBcos.js、lib/channelPromise.js、lib/web3lib/web3sync.js，这 4 个文件已在网盘中，可直接下载并替换原有配置文件。或者可以直接访问网址 https://github.com/FISCO-BCOS/FISCO-BCOS/issues/1248，修改上述 4 个配置文件。修改完毕后在 caliper-fisco-bcos 目录下执行 npm i，更新完成后压力测试程序就能正常启动了。

（5）压力测试。为方便测试人员快速上手，FISCO BCOS 已经为 Caliper 提供了一组预定义的测试样例，测试对象涵盖 HelloWorld 合约、Solidity 版转账合约及预编译版转账合约。同时在测试样例中，Caliper 测试脚本会使用 Docker 在本地自动部署及运行 4 个互连的节点组成的链，因此测试人员无须手工搭链及编写测试用例便可直接运行这些测试样例。执行如下指令，在 Caliper 的工作目录下拉取预定义测试用例。

```
git clone https://gitee.com/vita-dounai/caliper-benchmarks.git
```

压力测试 1：HelloWorld 合约测试

执行如下指令进行 HelloWorld 合约压力测试，结果如图 5-51 所示。

```
npx caliper benchmark run \
--caliper-workspace caliper-benchmarks \
```

--caliper-benchconfig benchmarks/samples/fisco-bcos/helloworld/config.yaml \

--caliper-networkconfig networks/fisco-bcos/4nodes1group/fisco-bcos.json

```
+------+-------+------+-----------------+------------------+------------------+------------------+------------------+
| Name | Succ  | Fail | Send Rate (TPS) | Max Latency (s)  | Min Latency (s)  | Avg Latency (s)  | Throughput (TPS) |
|------|-------|------|-----------------|------------------|------------------|------------------|------------------|
| set  | 10000 | 0    | 1000.2          | 0.86             | 0.05             | 0.45             | 962.1            |
+------+-------+------+-----------------+------------------+------------------+------------------+------------------+

2023.08.21-16:36:59.352 info  [caliper] [report-builder]       ### Docker resource stats ###'
2023.08.21-16:36:59.354 info  [caliper] [report-builder]
+--------+-------+-------------+-------------+------------+------------+------------+-------------+-----------+------------+
| Type   | Name  | Memory(max) | Memory(avg) | CPU% (max) | CPU% (avg) | Traffic In | Traffic Out | Disc Read | Disc Write |
|--------|-------|-------------|-------------|------------|------------|------------|-------------|-----------|------------|
| Docker | node3 | 84.5MB      | 55.5MB      | 32.54      | 23.90      | 4.9MB      | 7.6MB       | 8.0KB     | 12.6MB     |
|--------|-------|-------------|-------------|------------|------------|------------|-------------|-----------|------------|
| Docker | node2 | 74.3MB      | 53.8MB      | 34.92      | 25.09      | 5.0MB      | 7.5MB       | 8.0KB     | 12.6MB     |
|--------|-------|-------------|-------------|------------|------------|------------|-------------|-----------|------------|
| Docker | node1 | 75.4MB      | 54.0MB      | 34.53      | 24.25      | 5.0MB      | 7.6MB       | 8.0KB     | 12.6MB     |
|--------|-------|-------------|-------------|------------|------------|------------|-------------|-----------|------------|
| Docker | node0 | 78.4MB      | 54.3MB      | 30.83      | 24.23      | 5.1MB      | 7.4MB       | 8.0KB     | 12.6MB     |
+--------+-------+-------------+-------------+------------+------------+------------+-------------+-----------+------------+

2023.08.21-16:36:59.354 info  [caliper] [report-builder]       ### process resource stats ###'
2023.08.21-16:36:59.355 info  [caliper] [report-builder]
+---------+-----------------------------------+-------------+-------------+------------+------------+
| Type    | Name                              | Memory(max) | Memory(avg) | CPU% (max) | CPU% (avg) |
|---------|-----------------------------------|-------------|-------------|------------|------------|
| Process | node fiscoBcosClientWorker.js(avg) | 140.7MB     | 128.3MB     | 112.77     | 82.40      |
+---------+-----------------------------------+-------------+-------------+------------+------------+

2023.08.21-16:36:59.355 info  [caliper] [defaultTest]   ------ Passed 'set' testing ------
2023.08.21-16:36:59.355 info  [caliper] [caliper-flow]  ---------- Finished Test ----------

2023.08.21-16:36:59.355 info  [caliper] [report-builder]       ### All test results ###
2023.08.21-16:36:59.356 info  [caliper] [report-builder]
+------+-------+------+-----------------+------------------+------------------+------------------+------------------+
| Name | Succ  | Fail | Send Rate (TPS) | Max Latency (s)  | Min Latency (s)  | Avg Latency (s)  | Throughput (TPS) |
|------|-------|------|-----------------|------------------|------------------|------------------|------------------|
| get  | 10000 | 0    | 1000.4          | 0.04             | 0.00             | 0.00             | 996.0            |
|------|-------|------|-----------------|------------------|------------------|------------------|------------------|
| set  | 10000 | 0    | 1000.2          | 0.86             | 0.05             | 0.45             | 962.1            |
+------+-------+------+-----------------+------------------+------------------+------------------+------------------+
```

图 5–51 HelloWorld 合约测试结果

压力测试 2：Solidity 版转账合约测试

执行如下指令进行 Solidity 版转账合约测试，结果如图 5–52 所示。

npx caliper benchmark run \

--caliper-workspace caliper-benchmarks \

--caliper-benchconfig benchmarks/samples/fisco-bcos/transfer/solidity/config.yaml \

--caliper-networkconfig networks/fisco-bcos/4nodes1group/fisco-bcos.json

压力测试 3：预编译版转账合约测试

执行如下指令进行预编译版转账合约测试，结果如图 5–53 所示。

npx caliper benchmark run \

--caliper-workspace caliper-benchmarks \

--caliper-benchconfig benchmarks/samples/fisco-bcos/transfer/precompiled/config.yaml \

--caliper-networkconfig networks/fisco-bcos/4nodes1group/fisco-bcos.json

```
2023.08.21-16:40:13.827 info  [caliper] [report-builder]       ### Test result ###
2023.08.21-16:40:13.828 info  [caliper] [report-builder]
+----------+-------+------+-----------------+-----------------+-----------------+-----------------+------------------+
| Name     | Succ  | Fail | Send Rate (TPS) | Max Latency (s) | Min Latency (s) | Avg Latency (s) | Throughput (TPS) |
|----------|-------|------|-----------------|-----------------|-----------------|-----------------|------------------|
| transfer | 10000 | 0    | 1003.8          | 1.22            | 0.13            | 0.70            | 965.1            |
+----------+-------+------+-----------------+-----------------+-----------------+-----------------+------------------+

2023.08.21-16:40:13.829 info  [caliper] [report-builder]       ### docker resource stats ###'
2023.08.21-16:40:13.830 info  [caliper] [report-builder]
+--------+-------+-------------+-------------+-----------+-----------+------------+-------------+-----------+------------+
| Type   | Name  | Memory(max) | Memory(avg) | CPU% (max) | CPU% (avg) | Traffic In | Traffic Out | Disc Read | Disc Write |
|--------|-------|-------------|-------------|-----------|-----------|------------|-------------|-----------|------------|
| Docker | node3 | 142.4MB     | 102.0MB     | 43.93     | 32.03     | 6.5MB      | 9.2MB       | 7.5MB     | 64.5MB     |
|--------|-------|-------------|-------------|-----------|-----------|------------|-------------|-----------|------------|
| Docker | node2 | 138.9MB     | 99.2MB      | 41.14     | 32.62     | 6.7MB      | 8.8MB       | 8.0MB     | 62.7MB     |
|--------|-------|-------------|-------------|-----------|-----------|------------|-------------|-----------|------------|
| Docker | node1 | 151.1MB     | 104.4MB     | 38.50     | 31.42     | 6.7MB      | 9.1MB       | 7.6MB     | 59.7MB     |
|--------|-------|-------------|-------------|-----------|-----------|------------|-------------|-----------|------------|
| Docker | node0 | 142.7MB     | 102.3MB     | 44.13     | 31.90     | 6.7MB      | 8.8MB       | 7.3MB     | 60.1MB     |
+--------+-------+-------------+-------------+-----------+-----------+------------+-------------+-----------+------------+

2023.08.21-16:40:13.831 info  [caliper] [report-builder]       ### process resource stats ###'
2023.08.21-16:40:13.831 info  [caliper] [report-builder]
+---------+-----------------------------------+-------------+-------------+------------+------------+
| Type    | Name                              | Memory(max) | Memory(avg) | CPU% (max) | CPU% (avg) |
|---------|-----------------------------------|-------------|-------------|------------|------------|
| Process | node fiscoBcosClientWorker.js(avg) | 115.7MB     | 111.4MB     | 38.89      | 22.79      |
+---------+-----------------------------------+-------------+-------------+------------+------------+

2023.08.21-16:40:13.832 info  [caliper] [defaultTest]   ------ Passed 'transfer' testing ------
2023.08.21-16:40:13.832 info  [caliper] [caliper-flow]  ---------- Finished Test ----------

2023.08.21-16:40:13.832 info  [caliper] [report-builder]       ### All test results ###
2023.08.21-16:40:13.835 info  [caliper] [report-builder]
+----------+-------+------+-----------------+-----------------+-----------------+-----------------+------------------+
| Name     | Succ  | Fail | Send Rate (TPS) | Max Latency (s) | Min Latency (s) | Avg Latency (s) | Throughput (TPS) |
|----------|-------|------|-----------------|-----------------|-----------------|-----------------|------------------|
| addUser  | 1000  | 0    | 663.1           | 0.84            | 0.03            | 0.49            | 529.4            |
|----------|-------|------|-----------------|-----------------|-----------------|-----------------|------------------|
| transfer | 10000 | 0    | 1003.8          | 1.22            | 0.13            | 0.70            | 965.1            |
+----------+-------+------+-----------------+-----------------+-----------------+-----------------+------------------+
```

图 5–52　Solidity 版转账合约测试结果

```
2023.08.21-16:42:06.738 info  [caliper] [report-builder]       ### Test result ###
2023.08.21-16:42:06.741 info  [caliper] [report-builder]
+----------+-------+------+-----------------+-----------------+-----------------+-----------------+------------------+
| Name     | Succ  | Fail | Send Rate (TPS) | Max Latency (s) | Min Latency (s) | Avg Latency (s) | Throughput (TPS) |
|----------|-------|------|-----------------|-----------------|-----------------|-----------------|------------------|
| transfer | 10000 | 0    | 1003.5          | 0.95            | 0.14            | 0.55            | 958.8            |
+----------+-------+------+-----------------+-----------------+-----------------+-----------------+------------------+

2023.08.21-16:42:06.741 info  [caliper] [report-builder]       ### docker resource stats ###'
2023.08.21-16:42:06.743 info  [caliper] [report-builder]
+--------+-------+-------------+-------------+-----------+-----------+------------+-------------+-----------+------------+
| Type   | Name  | Memory(max) | Memory(avg) | CPU% (max) | CPU% (avg) | Traffic In | Traffic Out | Disc Read | Disc Write |
|--------|-------|-------------|-------------|-----------|-----------|------------|-------------|-----------|------------|
| Docker | node3 | 122.1MB     | 74.4MB      | 34.58     | 23.85     | 5.9MB      | 7.9MB       | 564.0KB   | 66.0MB     |
|--------|-------|-------------|-------------|-----------|-----------|------------|-------------|-----------|------------|
| Docker | node2 | 122.2MB     | 74.9MB      | 37.40     | 23.75     | 5.9MB      | 7.8MB       | 1.1MB     | 67.5MB     |
|--------|-------|-------------|-------------|-----------|-----------|------------|-------------|-----------|------------|
| Docker | node1 | 124.3MB     | 74.4MB      | 39.94     | 23.96     | 5.9MB      | 8.2MB       | 1.1MB     | 67.5MB     |
|--------|-------|-------------|-------------|-----------|-----------|------------|-------------|-----------|------------|
| Docker | node0 | 121.7MB     | 74.3MB      | 33.60     | 23.33     | 6.0MB      | 8.0MB       | 560.0KB   | 67.5MB     |
+--------+-------+-------------+-------------+-----------+-----------+------------+-------------+-----------+------------+

2023.08.21-16:42:06.743 info  [caliper] [report-builder]       ### process resource stats ###'
2023.08.21-16:42:06.744 info  [caliper] [report-builder]
+---------+-----------------------------------+-------------+-------------+------------+------------+
| Type    | Name                              | Memory(max) | Memory(avg) | CPU% (max) | CPU% (avg) |
|---------|-----------------------------------|-------------|-------------|------------|------------|
| Process | node fiscoBcosClientWorker.js(avg) | 113.4MB     | 110.8MB     | 35.87      | 23.31      |
+---------+-----------------------------------+-------------+-------------+------------+------------+

2023.08.21-16:42:06.744 info  [caliper] [defaultTest]   ------ Passed 'transfer' testing ------
2023.08.21-16:42:06.744 info  [caliper] [caliper-flow]  ---------- Finished Test ----------

2023.08.21-16:42:06.744 info  [caliper] [report-builder]       ### All test results ###
2023.08.21-16:42:06.745 info  [caliper] [report-builder]
+----------+-------+------+-----------------+-----------------+-----------------+-----------------+------------------+
| Name     | Succ  | Fail | Send Rate (TPS) | Max Latency (s) | Min Latency (s) | Avg Latency (s) | Throughput (TPS) |
|----------|-------|------|-----------------|-----------------|-----------------|-----------------|------------------|
| addUser  | 1000  | 0    | 996.0           | 0.77            | 0.11            | 0.45            | 754.7            |
|----------|-------|------|-----------------|-----------------|-----------------|-----------------|------------------|
| transfer | 10000 | 0    | 1003.5          | 0.95            | 0.14            | 0.55            | 958.8            |
+----------+-------+------+-----------------+-----------------+-----------------+-----------------+------------------+
```

图 5–53　预编译版转账合约测试结果

⑥最终的测试结果。等到全部测试完毕，Caliper 会在 benchmarks 目录下生成一个 report.html 压力测试报告文件，其结果如图 5-54 所示，可以看到报告中涵盖了基准配置和测试结果。

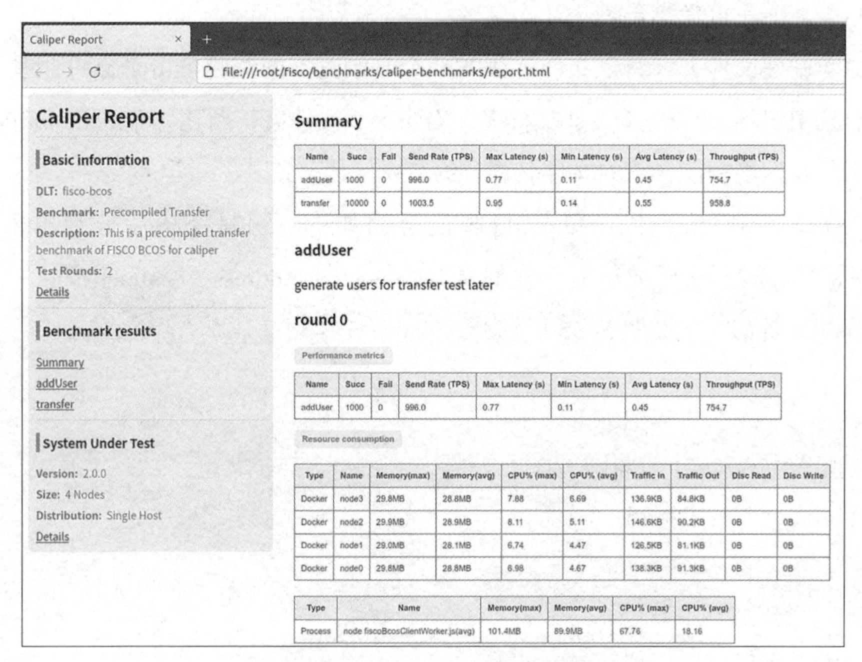

Caliper Report

file:///root/fisco/benchmarks/caliper-benchmarks/report.html

Caliper Report

Basic information

DLT: fisco-bcos

Benchmark: Precompiled Transfer

Description: This is a precompiled transfer benchmark of FISCO BCOS for caliper

Test Rounds: 2

Details

Benchmark results

Summary

addUser

transfer

System Under Test

Version: 2.0.0

Size: 4 Nodes

Distribution: Single Host

Details

Summary

Name	Succ	Fail	Send Rate (TPS)	Max Latency (s)	Min Latency (s)	Avg Latency (s)	Throughput (TPS)
addUser	1000	0	996.0	0.77	0.11	0.45	754.7
transfer	10000	0	1003.5	0.95	0.14	0.55	958.8

addUser

generate users for transfer test later

round 0

Performance metrics

Name	Succ	Fail	Send Rate (TPS)	Max Latency (s)	Min Latency (s)	Avg Latency (s)	Throughput (TPS)
addUser	1000	0	996.0	0.77	0.11	0.45	754.7

Resource consumption

Type	Name	Memory(max)	Memory(avg)	CPU% (max)	CPU% (avg)	Traffic In	Traffic Out	Disc Read	Disc Write
Docker	node3	29.8MB	28.8MB	7.88	6.69	136.9KB	84.8KB	0B	0B
Docker	node2	29.9MB	28.9MB	8.11	5.11	146.6KB	90.2KB	0B	0B
Docker	node1	29.0MB	28.1MB	6.74	4.47	126.5KB	81.1KB	0B	0B
Docker	node0	29.8MB	28.8MB	6.98	4.67	138.3KB	91.3KB	0B	0B

Type	Name	Memory(max)	Memory(avg)	CPU% (max)	CPU% (avg)
Process	node fiscoBcosClientWorker.js(avg)	101.4MB	89.9MB	67.76	18.16

图 5-54　report.html 报告文件

5.3　FISCO BCOS 的简单案例应用

FISCO BCOS 区块链向外部暴露了接口，外部业务程序能够通过 FISCO BCOS 提供的 SDK 来调用这些接口。开发者只需要根据自身业务程序的要求，选择相应语言的 SDK，用 SDK 提供的 API 进行编程，即可实现对区块链的操作。目前，FISCO BCOS 提供的 SDK 包括 Java SDK、Go SDK、Python SDK 和 Android SDK 等。

目前，SDK 接口可实现的功能如下。

（1）合约操作：合约编译、部署、查询 * 交易发送、上链通知、参数解析、回执解析。

（2）链管理：链状态查询、链参数设置 * 组员管理 * 权限设置。

（3）SDK 间的相互消息推送（AMOP）。

5.3.1 Java 与 WeBASE 交互

在本小节中，将基于 5.2.3 节所搭建的单群组 4 节点的一键部署 WeBASE 实现 Java 与 WeBASE 进行交互。

1. 编写并导出智能合约

（1）新建文件夹和新建文件。在 WeBASE 浏览器的左侧单击“合约管理”，选择“合约 IDE”，新建一个 test 文件夹，右击 test 文件夹，新建一个 helloworld 的智能合约，在这里智能合约的文件名和合约名要保持一致。

（2）编写智能合约。helloworld 智能合约如下，编写完毕后分别单击“保存”和“编译”。编译成功后会在底部弹出 contractAddress、contractName、abi 和 bytecodeBin 等信息，如图 5-55 所示。

```
// SPDX-License-Identifier:MIT
pragma solidity^0.4.25;

contract helloworld{
  string name;

  constructor(string memory _name)public{
    name = _name;
  }

  function getName( )public view returns(string memory){
    return name;
  }

  function setName(string memory _name)public{
    name = _name;
  }
}
```

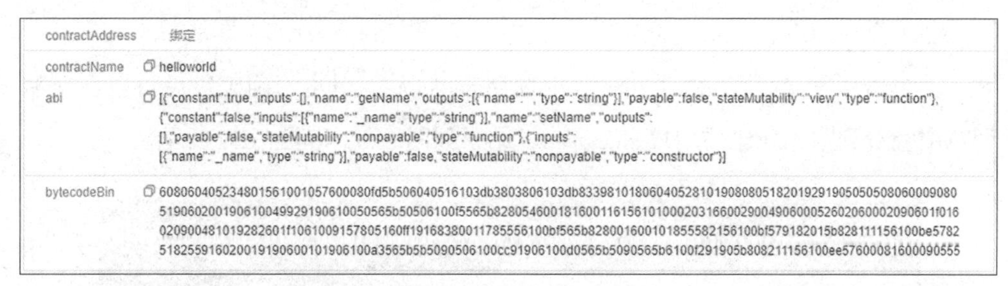

图 5–55　编译合约成功

（3）新增用户。在 WeBASE 浏览器的左侧单击“私钥管理”，选择“新增用户”，用于创建一个新用户 admin，结果如图 5–56 所示。

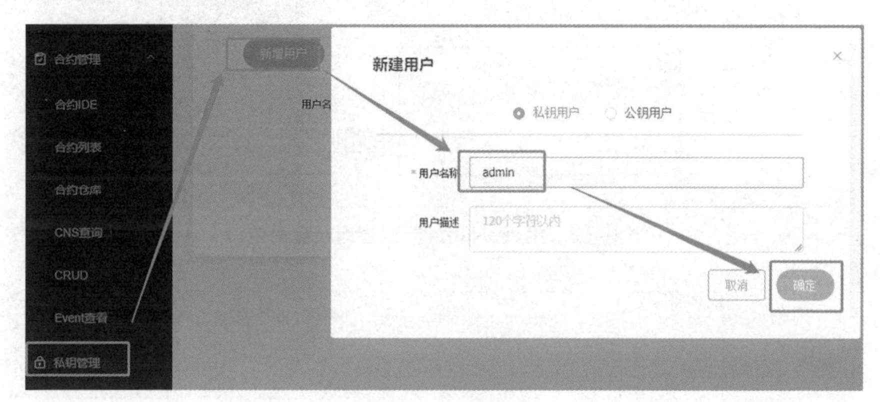

图 5–56　新建用户

（4）部署合约。智能合约编译通过、新用户创建完毕后，可以在“合约 IDE”中部署合约，在“选择用户”中输入参数为 zhangsan，结果如图 5–57 所示。部署成功后，contractAddress 会返回其合约地址。

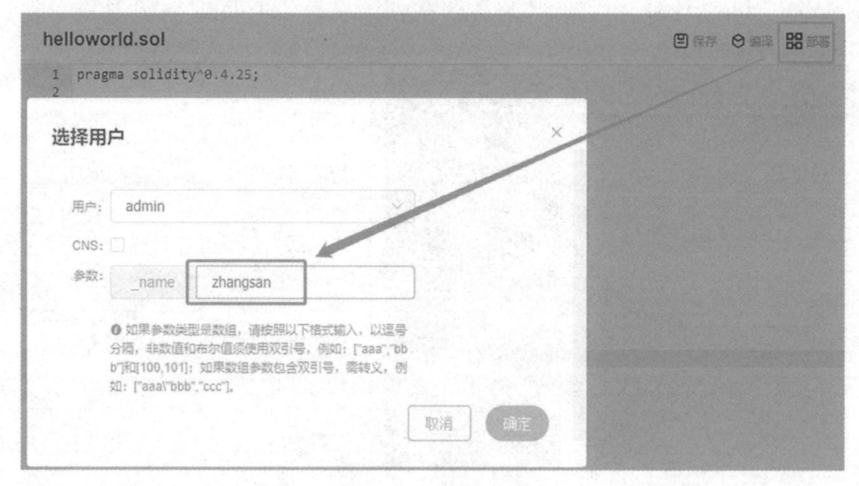

图 5–57　部署合约

（5）合约调用。

①单击“发交易”，在“方法”中选择 getName，单击“确定”后可以在交易回执中查看到刚才新建的用户 zhangsan，结果如图 5-58 和图 5-59 所示。

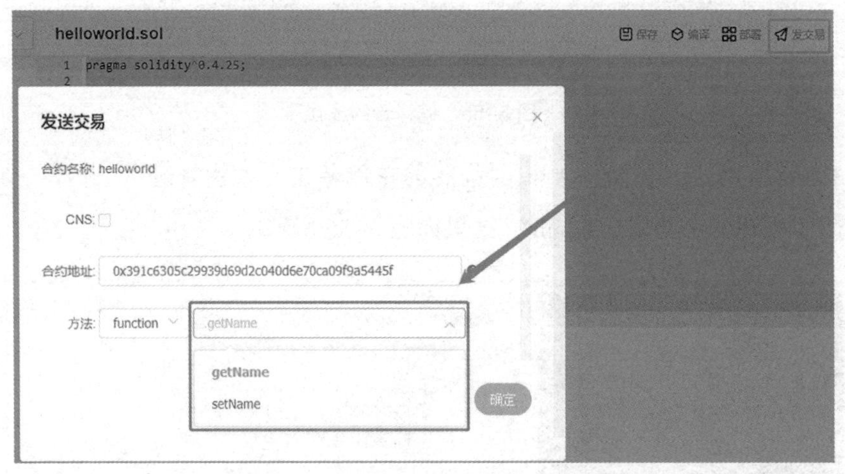

图 5-58　用 getName 方法查询新建用户

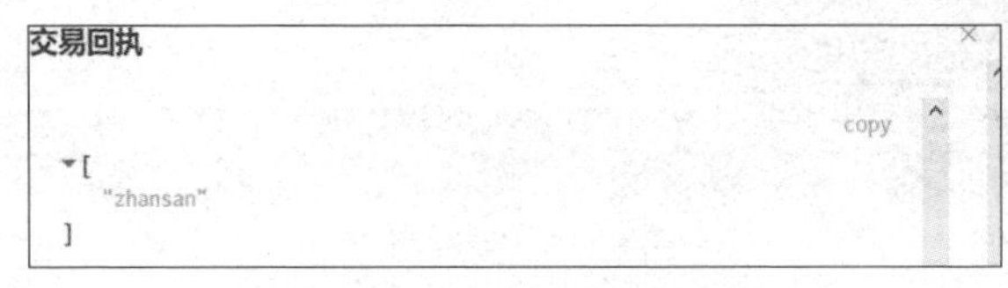

图 5-59　查询新建用户结果

②单击“发交易”，在“方法”中选择 setName，可以新建一个用户，结果如图 5-60 所示。在交易回执中可以看到当前该笔交易的 transactionHash、blockNumber、blockHash 和 statusOK 等一系列信息，结果如图 5-61 所示。

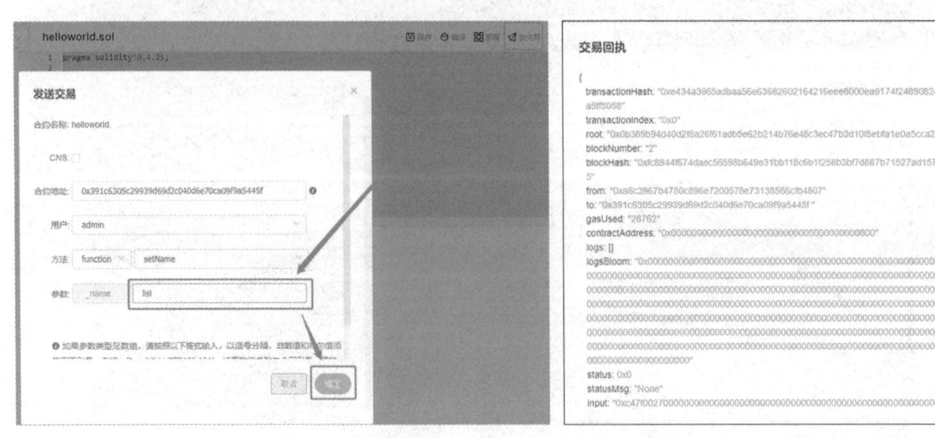

图 5-60　使用 setName 新建用户　　　　图 5-61　新建用户的交易回执

③在 WeBASE 首页中可以查看到部署合约和调用合约的时候所产生的区块和交易，结果如图 5-62 所示。

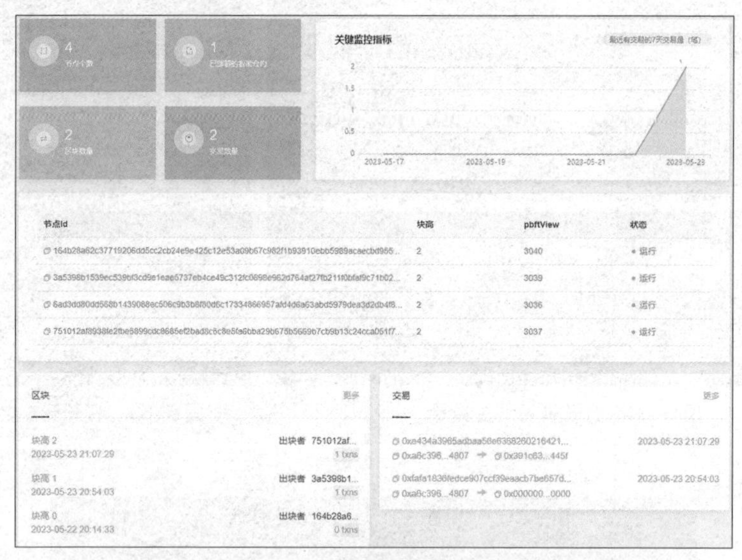

图 5-62　产生新的区块和交易

（6）导出 java 项目。单击“导出 java 项目”，将项目导出来，其中项目名就是合约名，包名是域名倒置，选择用户为 admin，并勾选已经部署好的合约，单击“确定”导出该合约，可得到 helloworld.zip 文件，保存在 Windows 宿主机中，结果如图 5-63 所示。

2. Java-SDK 的配置

（1）使用 IntelliJ IDEA 打开项目。

①打开 Java 项目。打开 IntelliJ IDEA，单击“Open”，选择项目的主目录，如图 5-64 所示。接着依次单击“File”→“new”→“Project from Exisiting Sources”，选中 demo 文件夹后，如图 5-65 所示，单击“OK”按钮。最后在“Import Project”界面中依次选中“Import project from external model”和“Gradle”，设置如图 5-66 所示。

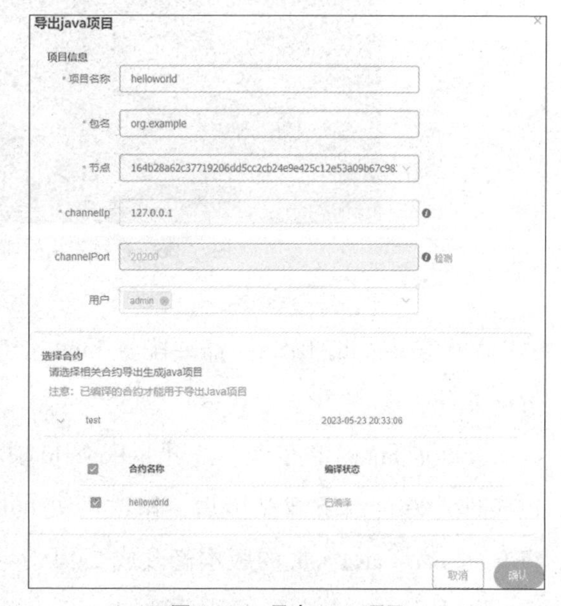

图 5-63　导出 java 项目

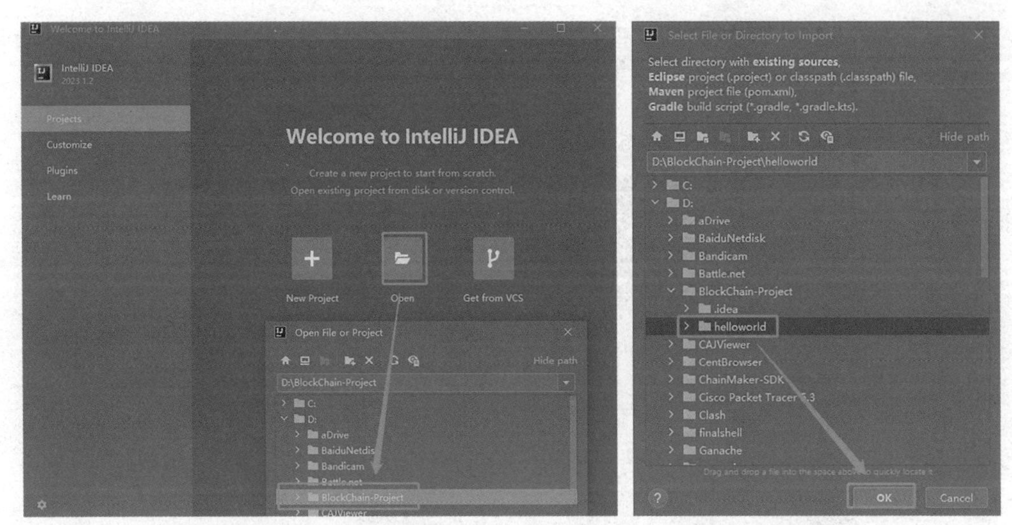

图 5-64 打开项目的主目录　　　　图 5-65 打开智能合约目录

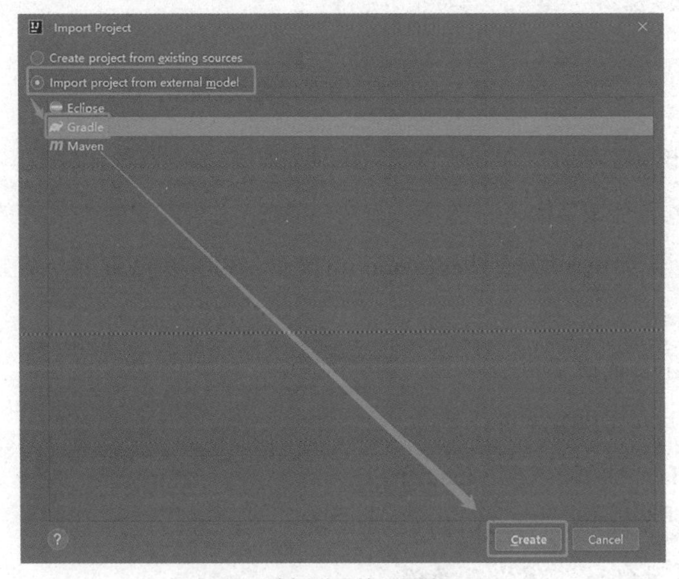

图 5-66 选择引用的项目为 Gradle

②配置 IntelliJ IDEA。需要配置 IntelliJ IDEA 中 SDK、Maven 和 Gradle，具体可参考附录 D。

③添加 hutool 包依赖。展开 helloworld 项目，此时项目会自动下载相应的 jar 包文件。待全部下载完毕后，修改两处 build.gradle 配置文件：第 1 处是 54 行将 fisco-bcos-java-sdk 的版本修改成 2.9.1，与 Ubuntu 虚拟机中的 FISCO BCOS 网络的版本保持一致。第 2 处是添加如下代码可下载 hutool 依赖包，并单击运行

当前文件的按钮进行相关 jar 包的下载，其结果如图 5-67 所示。当提示“BUILD SUCCESSFUL in ...”，则表示 jar 包下载完毕，其结果如图 5-68 所示。

```
implementation 'cn.hutool:hutool-all:5.7.9'
```

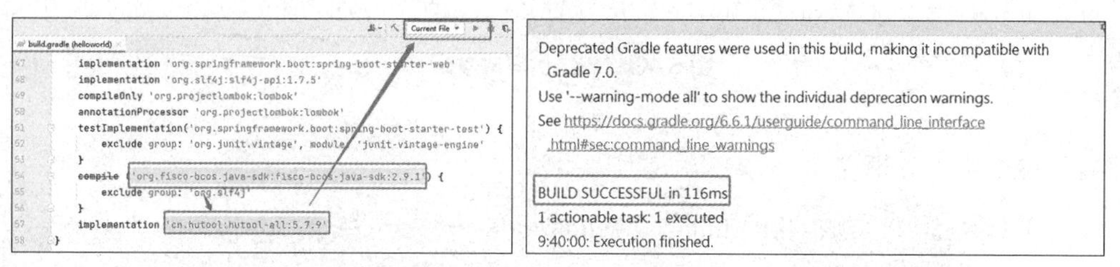

图 5-67　添加下载 hutool 依赖包的代码　　　　图 5-68　hutool 依赖包下载完毕

④运行测试类。在项目的“helloworld”→“src”→“test”→“java”→“org.example.helloworld”中运行 DemoPkey.java 文件，可以测试项目能否正常启动。首次运行的时候会报“java: 找不到符号”的错误，解决方法是修改 ServiceManager.java 文件中第 54 行代码，将 .gethellowordAddress( ) 删除并重新再写一遍即可解决这个 bug，结果如图 5-69 所示。修改完毕之后再次运行 DemoPkey，可以正常地运行，并输出公钥、私钥和地址等信息，结果如图 5-70 所示。

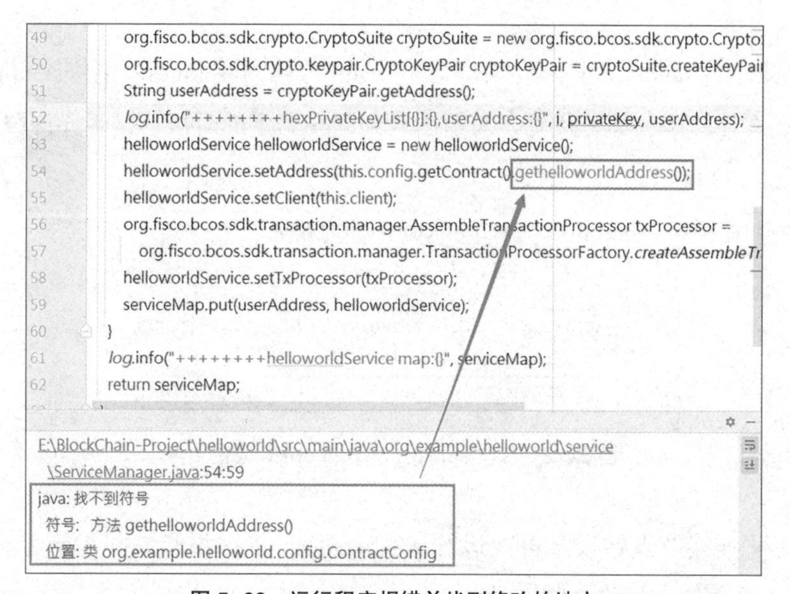

图 5-69　运行程序报错并找到修改的地方

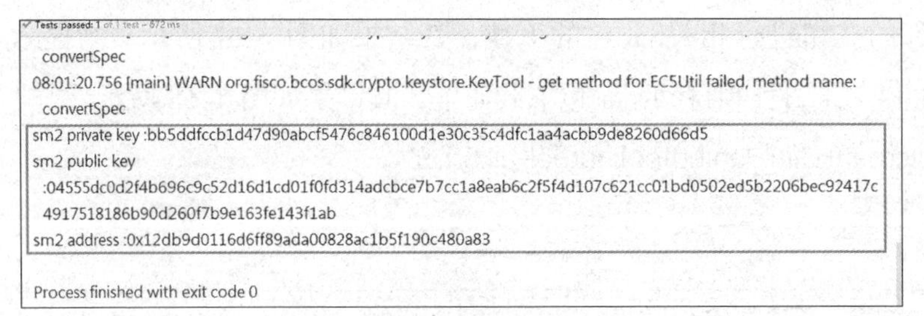

图 5–70 测试代码成功运行

（2）错误处理。

①依赖注入失败。在项目的“helloworld”→“src”→“main”→“java”→“org.example.helloworld”中运行 Application，首次运行会报错，提示“APPLICATION FAILED TO START”，结果如图 5–71 所示。

```
***************************
APPLICATION FAILED TO START
***************************

Description:

The bean 'helloworldService', defined in class path resource
  [org/example/helloworld/service/ServiceManager.class], could not be registered. A bean with that name
  has already been defined in file [E:\BlockChain-Project\helloworld\out\production\classes\org\example
  \helloworld\service\helloworldService.class] and overriding is disabled.
```

图 5–71 首次运行 Application 报错

解决方法：

在项目的“helloworld”→“src”→“main”→“resources”中修改 application.properties 文件，添加如下代码，表示当遇到同样名字的时候，是否允许覆盖注册，设置如图 5–72 所示。

```
spring.main.allow-bean-definition-overriding:true
```

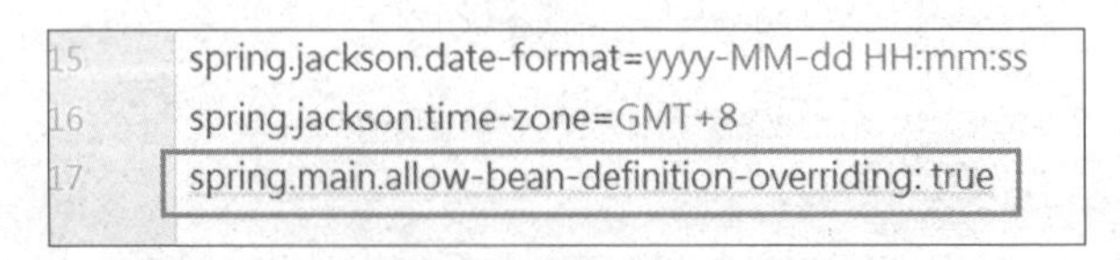

图 5–72 修改 application.properties 配置文件

②无法连接节点错误。再次运行 Application，依旧报错，并提示无法连接到 FISCO BCOS 网络，报错如图 5–73 所示。

```
exception is org.springframework.beans.BeanInstantiationException: Failed to instantiate [org.fisco.bcos.sdk.client
.Client]: Factory method 'client' threw exception; nested exception is org.fisco.bcos.sdk.config.exceptions
.ConfigException: Failed to connect to peers:127.0.0.1:20200
 at org.springframework.beans.factory.annotation.AutowiredAnnotationBeanPostProcessor$AutowiredFieldElement
  .inject(AutowiredAnnotationBeanPostProcessor.java:596) ~[spring-beans-5.1.3.RELEASE.jar:5.1.3.RELEASE]
 at org.springframework.beans.factory.annotation.InjectionMetadata.inject(InjectionMetadata.java:90)
  ~[spring-beans-5.1.3.RELEASE.jar:5.1.3.RELEASE]
 at org.springframework.beans.factory.annotation.AutowiredAnnotationBeanPostProcessor.postProcessProperties
  (AutowiredAnnotationBeanPostProcessor.java:374) ~[spring-beans-5.1.3.RELEASE.jar:5.1.3.RELEASE]
```

图 5-73　报错提示无法连接到 FISCO BCOS 网络中的 peers

解决方法：

将 application.properties 配置文件中的 system.peers 设置为 FISCO BCOS 虚拟机的 IP 地址，设置如图 5-74 所示。

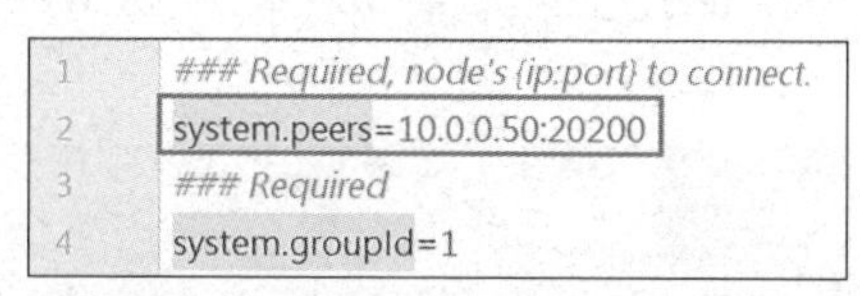

图 5-74　修改 system.peers 的 IP 地址

③ IO 错误。此时再次运行 Application，依旧报错，提示错误是“Stream closed”，表示当前环境下的 Stream 流被关闭，导致 IO 错误，并错误地读取资源，报错如图 5-75 所示。

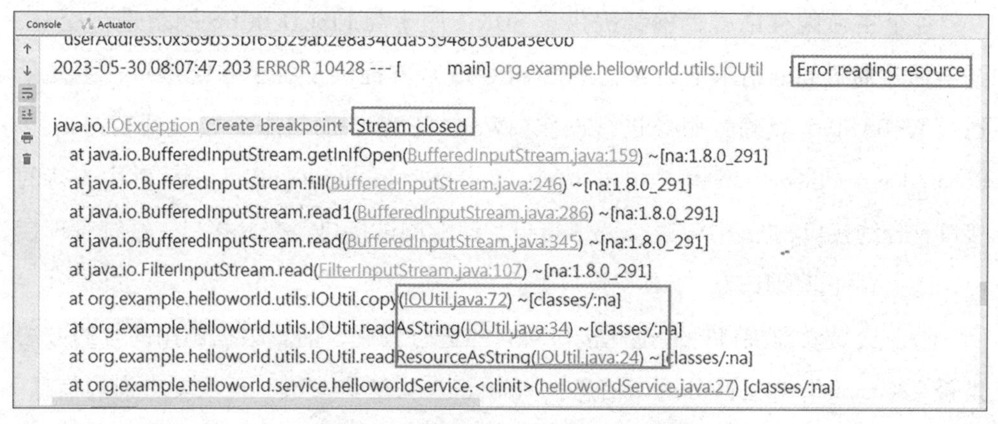

图 5-75　报错提示“Stream closed”

解决方法：

由于在 resource 目录下没有 SM_BINARY 的任何资源，所以将“src”→“main”→“java”→“org.example.helloworld”→“Service”中的 helloworldService.java 文件进行修改，对其第 27 行注释掉即可解决问题，设置如图 5-76 所示。

```
22  public class helloworldService {
23    public static final String ABI = org.example.helloworld.utils.IOUtil.readResourceAsString("abi/helloworld.abi");
24
25    public static final String BINARY = org.example.helloworld.utils.IOUtil.readResourceAsString("bin/ecc/helloworld.bin");
26
27    //public static final String SM_BINARY = org.example.helloworld.utils.IOUtil.readResourceAsString("bin/sm/helloworld.bin");
```

图 5–76　注释代码解决 IO 错误

（3）最终运行 Application。处理完三个错误后再次运行 Application，此时没有再报错，当提示“Started Application in××× seconds（JVM running for×××）”的时候表示这个 Java-SDK 已经和 WeBASE 网络成功进行交互，结果如图 5–77 所示。

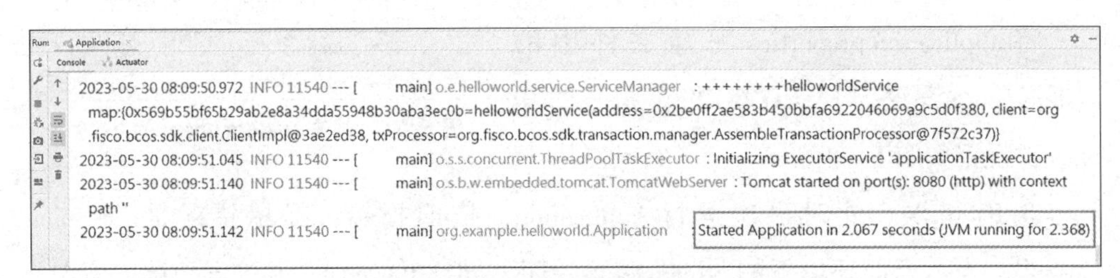

图 5–77　Java-SDK 与 WeBASE 网络成功交互

3. Java-SDK 与 WeBASE 网络进行交互

各个主流编程语言目前都提供了 SDK，用于与 FISCO BCOS 网络进行交互，基本都是通过 http 请求的方式，FISCO BCOS 官方提供了各子系统接口，主要是通过 WeBASE 节点前置服务进行操作。WeBASE 节点前置服务接口列表：https://webasedoc.readthedocs.io/zh_CN/latest/docs/WeBASE-Front/interface.html，其中支持的接口有合约接口、密钥接口、web 3 接口、性能测试接口、交易接口、系统管理接口、链上事件订阅接口、工具类接口等。

（1）交易处理接口。通过此接口对合约进行调用，前置根据调用的合约方法是否“constant”方法区分返回信息：“constant”方法为查询，返回要查询的信息。非“constant”方法为发送数据上链，返回块 hash、块高、交易 hash 等信息。

当合约方法为非“constant”方法，要发送数据上链时，此接口需结合 WeBASE-Sign 使用。通过调用 WeBASE-Sign 服务的签名接口让相关用户对数据进行签名，拿回签名数据再发送上链。需要调用此接口时，工程配置文件 application.yml 中的配置”keyServer”需配置 WeBASE-Sign 服务的 IP 和端口，并保证 WeBASE-Sign 服务正常和存在相关用户。

（2）请求工具类。在项目的“helloworld”→“src”→“main”→“java”→“org.example.helloworld”→“utils”中新建一个请求工具类 WeBASEUtils，代码如下，其中定义 responseBody 的时候需要输入 Ubuntu 虚拟机的 IP 地址。

```
package org.example.helloworld.utils;

import cn.hutool.core.lang.Dict;
import cn.hutool.http.Header;
import cn.hutool.http.HttpRequest;
import cn.hutool.json.JSONArray;
import cn.hutool.json.JSONObject;
import cn.hutool.json.JSONUtil;
import org.springframework.stereotype.Service;
import java.util.List;

public class WeBASEUtils {
  public static Dict requsert(
      String userAddress,
      String funcName,
      List funcParam,
      String ABI,
      String contractName,
      String contractAddress){
    JSONArray abiJSON = JSONUtil.parseArray(ABI);
    JSONObject data = JSONUtil.createObj();
    data.set("groupId","1");// 群组 ID
    data.set("user",userAddress);// 用户地址
    data.set("contractName",contractName);// 合约名称
    data.set("version","");//cns 版本
    data.set("funcName",funcName);// 方法名
    data.set("funcParam",funcParam);// 方法参数
    data.set("contractAddress",contractAddress);// 合约地址
    data.set("contractAbi",abiJSON);// 合约编译后生成的 abi 文件内容
```

```
        data.set("useAes",false);
        data.set("cnsName","");//cns 名称
        String dataString = JSONUtil.toJsonStr(data);
        String responseBody = HttpRequest.post("http://10.0.0.50:5002/WeBASE-
Front/trans/handle")
                .header(Header.CONTENT_TYPE,"application/json")
                .body(dataString)
                .execute()
                .body();
        Dict retDict = new Dict();
        retDict.set("result",responseBody);
        return retDict;
    }
}
```

（3）测试 setName( ) 方法。

① setName( ) 请求的代码。在项目的“helloworld”→“src”→“test”→“java”→“org.example.helloworld”中新建一个测试类 apiTest，用于测试 setName ( ) 方法，代码如下。代码中 userAddress 在 WeBASE 节点前置浏览器中的“合约管理”→“测试用户”中获得，若没有 admin 用户，可通过新建用户 admin 获得其用户地址。contractAddress 可在 WeBASE 浏览器中的“合约管理”→“合约 IDE”中获得。单击运行“public void setResult( )”方法，当结果返回 "message\":\"Success\",\"statusOK\":true"，则表示成功调用智能合约的 setName 方法设置了新的 Name，该请求成功，结果如图 5-78 所示。

```
package org.example. helloworld;

import cn.hutool.core.lang.Dict;
import cn.hutool.json.JSONObject;
import cn.hutool.json.JSONUtil;
import org.example.helloworld.utils.WeBASEUtils;
import org.junit.Test;
```

```
import java.util.ArrayList;

public class apiTest {

        @Test
        public void setResult(){
            String userAddress = "0xc53af9f02de89cec4f0ee1cd6440e74324398dfe";
            String funcName= "setName";
            String ABI=org.example. helloworld.utils.IOUtil.readResourceAsString("abi/
helloworld.abi");
            ArrayList funcParam = new ArrayList();
            funcParam.add(" 三亚学院 ");
            String contractName = "helloworld";
            String contractAddress = "0x391c6305c29939d69d2c040d6e70ca09f9a54
45f";
            Dict result = WeBASEUtils.requsert(userAddress,funcName,funcParam,ABI,co
ntractName,contractAddress);
            JSONObject resBody = JSONUtil.parseObj(result);
            System.out.println(resBody.toString());
        }
    }
```

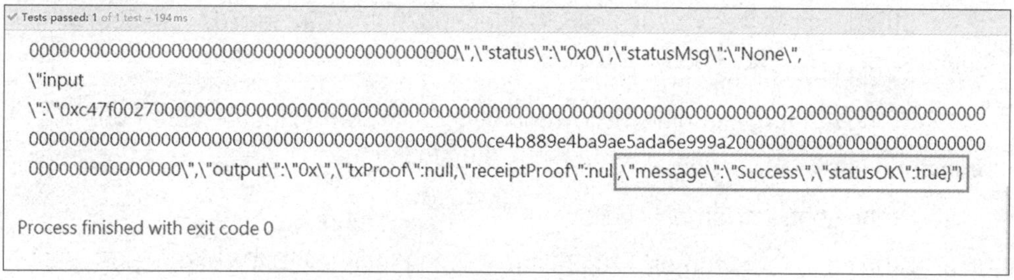

```
✓ Tests passed: 1 of 1 test – 194 ms
0000000000000000000000000000000000000000\",\"status\":\"0x0\",\"statusMsg\":\"None\",
\"input
\":\"0xc47f0027000000000000000000000000000000000000000000000000000000000000002000000000000000000
00000000000000000000000000000000000000000000ce4b889e4ba9ae5ada6e999a20000000000000000000000000
000000000000000\",\"output\":\"0x\",\"txProof\":null,\"receiptProof\":null,\"message\":\"Success\",\"statusOK\":true}"}

Process finished with exit code 0
```

图 5-78　使用 setName（ ）方法设置 Name 成功

② setName( ) 请求的结果。在 WeBASE 浏览器中可以查看到新增的区块信息和交易信息，结果如图 5-79 所示。

图 5-79　新增的区块信息和交易信息

（4）测试 getName( ) 方法。在测试类 apiTest 中第 25 行后新增如下代码，可以实现 get 请求，获得 Name，其中 userAddress 和 contractAddress 与 setName( ) 请求的代码中保持一致。单击运行“public void getResult( )”方法，运行后若返回 setName( ) 请求中所设置的 Name，则表示该请求成功，结果如图 5-80 所示。

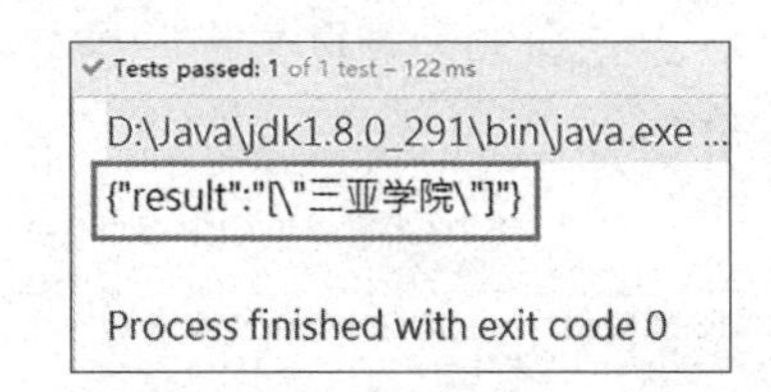

图 5-80　通过 getName 方法获得 Name

```
    // 测试 getName 方法
    @Test
    public void getResult(){
        String userAddress = "0x9fea53f2d4e5b637b4b170923da7d71bbe5b6e40";
        String funcName= "getName";
        String ABI=org.example. helloworld.utils.IOUtil.readResourceAsString("abi/
helloworld.abi");
        String contractName = "helloworld";
        String contractAddress = "0x391c6305c29939d69d2c040d6e70ca09f9a544
5f";
        Dict result = WeBASEUtils.requsert(userAddress,funcName,null,ABI,contract
Name,contractAddress);
        JSONObject resBody = JSONUtil.parseObj(result);
```

```
        System.out.println(resBody.toString());
    }
```

（5）查询链上已经存在的用户。在测试类 apiTest 中第 38 行后新增如下代码，可以查询到当前链上已经存在的用户，其中在 .get 中需要输入 WeBASE 节点前置的网址。单击运行“public void getAccountUtils ()”方法，运行成功后的结果如图 5-81 所示，可以查询到 userAddress 所对应的用户名。

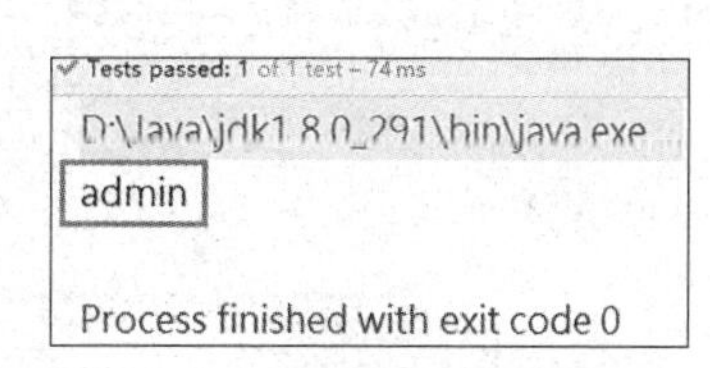

图 5-81　查询 userAddress 所对应的用户名

```
// 查询链上已经存在的用户
    @Test
    public void getAccountUtils(){
        String responseBody = HttpRequest
            .get("http://10.0.0.50:5002/WeBASE-Front/privateKey/localKeyStores")
            .header(Header.CONTENT_TYPE,"application/json")
            .execute()
            .body();
        JSONArray jsonArray = JSONUtil.parseArray(responseBody);
        Object json = jsonArray.get(0);
        JSONObject jsonObject = JSONUtil.parseObj(json);
        Object userName = jsonObject.get("userName");
        System.out.println(userName);
    }
```

（6）获取当前交易总量。在测试类 apiTest 中第 57 行后新增如下代码，可以查询到当前 FISCO BCOS 网络的区块高度，其中在 .get 中需要输入 WeBASE 节点前置的网址。单击运行“public void getTransNum ()”方法，运行成功后的结果如图 5-82 所示，可以查询到当前交易总量、区块数量和失败交易数量。

```
Tests passed: 1 of 1 test – 68 ms
D:\Java\jdk1.8.0_291\bin\java.exe ...
{"txSum":5,"blockNumber":5,"failedTxSum":0}
Process finished with exit code 0
```

图 5-82　查询当前交易总量

```
// 获取当前交易总量
    @Test
    public void getTransNum(){
        String responseBody = HttpRequest
                .get("http://10.0.0.50:5002/WeBASE-Front/"+1+"/web3/transaction-
total")
                .header(Header.CONTENT_TYPE,"application/json")
                .execute()
                .body();
        System.out.println(responseBody);
    }
```

（7）外部生成外部账户。在测试类 apiTest 中第 67 行后新增如下代码，可以生成一个外部账户 student，其中在 .get 中需要输入 WeBASE 节点前置的网址。单击运行“public void PublicAndPrivateKey_generationUtils( )”方法，运行成功后的结果如图 5-83 所示，可以看到生成的外部账户 student、公钥和私钥等信息。同时切换到 FISCO BCOS 节点前置控制台，在“合约管理”中的“测试用户”中可以看到新建的 student 用户，结果如图 5-84 所示，可以看到，student 用户的公钥与图 5-83 中所生成的公钥一致。

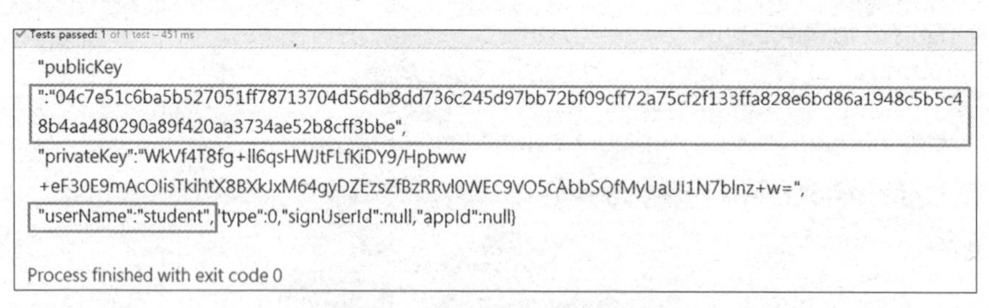

图 5-83　返回外部生成私钥账户

图 5-84　节点前置控制台中的 student 信息

```
// 生成外部账户
@Test
public void PublicAndPrivateKey_generationUtils(){
    CryptoSuite cryptoSuite = new CryptoSuite(CryptoType.ECDSA_TYPE);
    CryptoKeyPair cryptoKeyPair = cryptoSuite.createKeyPair();
    // 生成私钥
    String privateKey = cryptoKeyPair.getHexPrivateKey();
    // 用户名
    String userName = "student";
    JSONObject data = JSONUtil.createObj();
    data.set("privateKey",privateKey);

    data.set("userName",userName);
    String dataString = JSONUtil.toJsonStr(data);
    String responseBody = HttpRequest.get(
                "http://10.0.0.50:5002/WeBASE-Front/privateKey/import?userName="
                        + userName
                        + "&privateKey="
                        + privateKey + "")
            .header(Header.CONTENT_TYPE,"application/json")
            .body(dataString)
            .execute()
            .body();
    Dict retDict = new Dict();
    retDict.set("result",responseBody);
    System.out.println(responseBody);
}
```

5.3.2　使用 Java SDK 与 FISCO BCOS 网络交互

在本小节中，将基于 5.2.3 节所搭建的单群组 4 节点的一键部署 WeBASE 实现 Java SDK 与 FISCO BCOS 网络交互。

1. 创建一个 Gradle 应用

（1）新建项目。打开 IntelliJ IDEA，依次单击“File”→“New”→“Project”

新建一个项目，在“New Project”对话框中分别设置 Name、Location、Language、Build system 等参数，设置如图 5-85 所示。

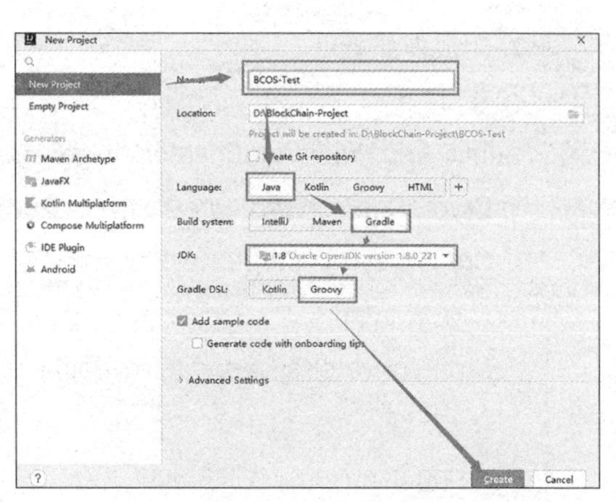

图 5-85　新建项目

（2）配置 Maven、Gradle 和 SDK。项目 BCOS-Test 创建完毕后，需要在 IntelliJ IDEA 中配置 Maven、Gradle 和 SDK，具体可参考附录 D。

2. 导入 FISCO BCOS 依赖

在 BCOS-Test 项目中，在“build.gradle”文件中的 dependencies 字段里添加如下代码，单击“Current File”按钮，可以实现 FISCO BCOS Java-SDK 的导入，配置如图 5-86 所示。当提示“BUILD SUCCESSFUL in ××× ms”，则表示相关依赖包已经下载成功。

```
implementation('org.fisco-bcos.java-sdk:fisco-bcos-java-sdk:2.9.1')
```

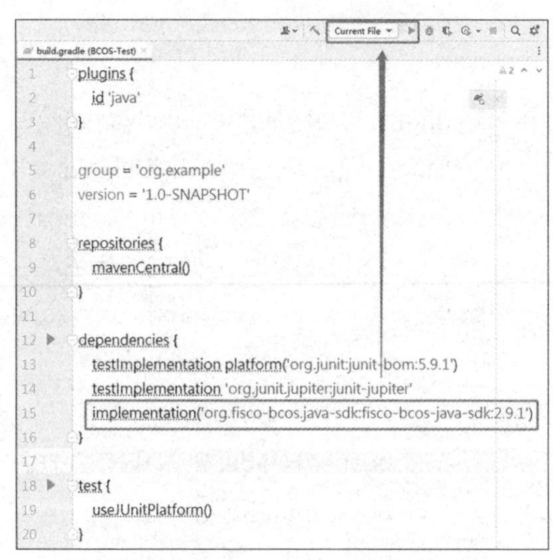

图 5-86　导入 FISCO BCOS 依赖包

3. SSH 远程连接 FISCO BCOS 网络及使用 SFTP 文件传输

（1）使用 IntelliJ IDEA 自带远程连接工具。单击“Tools”，选择“Start SSH Session”，通过设置 IP 地址、用户名和密码实现 IntelliJ IDEA 远程连接到 FISCO BCOS 网络，设置如图 5-87 所示。单击“OK”按钮后即可通过 Terminal 形式连接到 FISCO BCOS 网络，结果如图 5-88 所示。

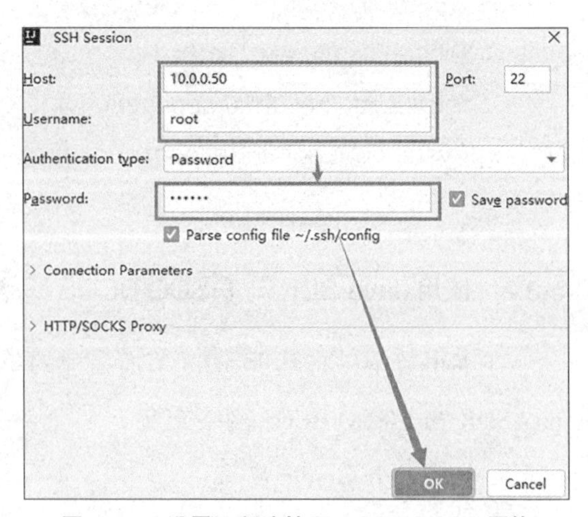

图 5-87　设置远程连接至 FISCO BCOS 网络

```
Terminal: 10.0.0.50:22
1 updates could not be installed automatically. For more
details,
see /var/log/unattended-upgrades/unattended-upgrades.log
Your Hardware Enablement Stack (HWE) is supported until A
pril 2023.
*** System restart required ***
Last login: Thu May 25 22:51:01 2023 from 10.0.0.1
root@miller:~#
```

图 5-88　连接到 FISCO BCOS 网络成功

（2）使用 IntelliJ IDEA 的 SFPT 文件传输工具。

①依次单击“Tools”→“ Deployment”→“ Configuration”，在“Deployment”对话框中单击“+”，选择“SFPT”，并在“Create New Server”对话框中输入 FISCO BCOS 网络的 IP 地址，设置如图 5-89 所示。

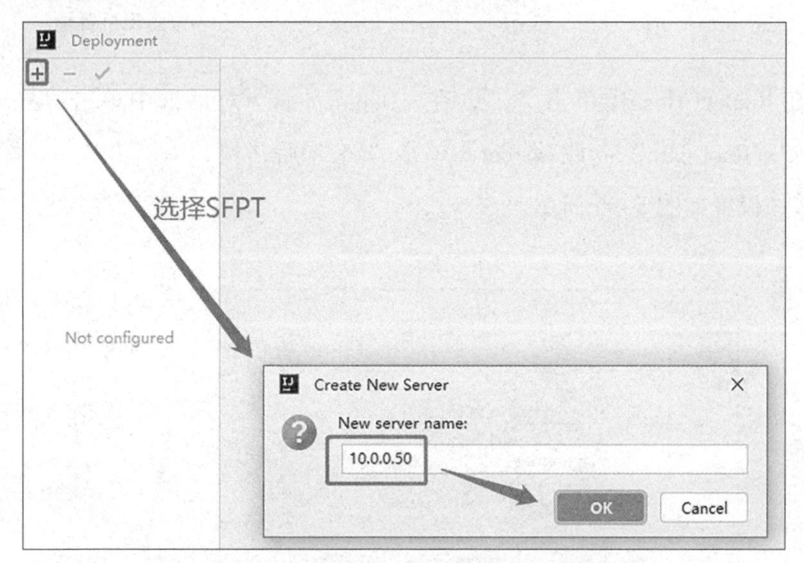

图 5-89　设置需要连接 FISCO BCOS 网络的 IP 地址

② 单击“SSH configuration”边上的“...”，对其进行设置。在“SSH configuration”对话框中单击“+”，输入 FISCO BCOS 网络的 IP 地址、用户名和密码等信息，设置完毕之后单击“Test Connection”，若提示“Successfully connected”，则表示已经成功地连上了 FISCO BCOS 网络，设置如图 5-90 所示。

③成功连接到 FISCO BCOS 网络后，依次单击“Tools”→“Deployment”→“Browse Remote Host”，则可以在 IntelliJ IDEA 直接访问 FISCO BCOS 网络所在的那台 Ubuntu 虚拟机的目录了，结果如图 5-91 所示。

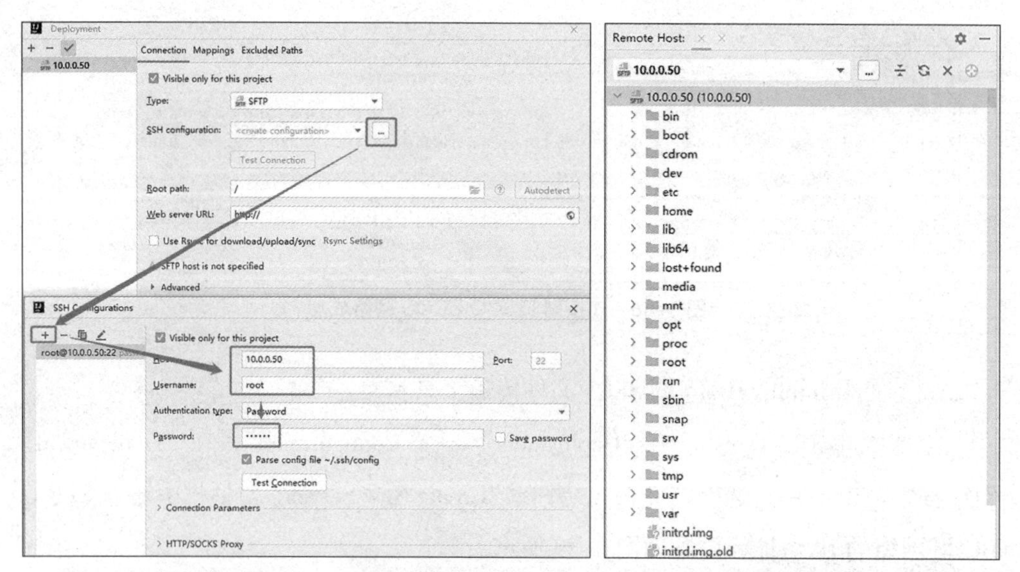

图 5-90 添加并设置 FISCO BCOS 网络的 IP 地址

图 5-91 在 IntelliJ IDEA 访问 Ubuntu 虚拟机目录

④在 Remote Host 中单击“...”，在“Deployment”对话框中单击“Autodetect”按钮，则“Root path”会改成 root，单击“OK”后，可以显示 Ubuntu 虚拟机的 root 目录，设置如图 5-92 所示。

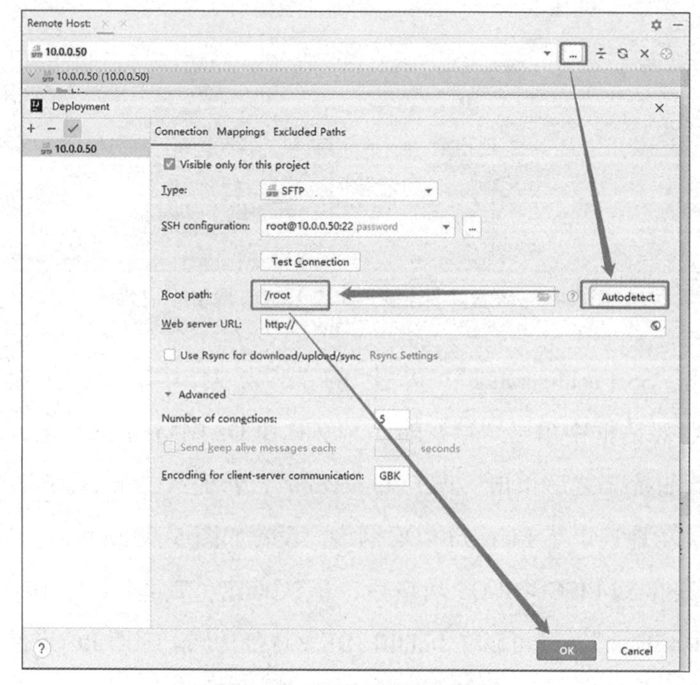

图 5-92 设置查看 root 目录

4. 编译智能合约

（1）切换到 X-Shell，在 /root/fisco/console/contracts/solidity 目录下输入指令 ll，查看 FISCO BCOS 网络自带的智能合约，如图 5-93 所示。

```
root@WeBASE:~/fisco/console/contracts/solidity# ll
total 32
drwxr-xr-x 2 502 staff 4096 5月  31 09:42 ./
drwxr-xr-x 5 502 staff 4096 5月  31 09:42 ../
-rw-r--r-- 1 502 staff  386 11月  3  2022 Crypto.sol
-rw-r--r-- 1 502 staff  293 11月  3  2022 HelloWorld.sol
-rw-r--r-- 1 502 staff 1583 11月  3  2022 KVTableTest.sol
-rw-r--r-- 1 502 staff  847 11月  3  2022 ShaTest.sol
-rw-r--r-- 1 502 staff 2539 11月  3  2022 Table.sol
-rw-r--r-- 1 502 staff 3081 11月  3  2022 TableTest.sol
```

图 5-93　FISCO BCOS 网络自带的智能合约

（2）在 console 路径下生成调用该智能合约的 Java 类，输入如下指令，对 solidity 目录下的所有智能合约进行编译，结果如图 5-94 所示，当提示“INFO: Compile for solidity ×××.sol success”，则表示该智能合约已经编译成功。指令中，sol2java.sh 是编译脚本，com.iie.fisco 是指定产生的 java 类所属的包名。

```
cd ../../
bash sol2java.sh -p com.iie.fisco
```

```
root@WeBASE:~/fisco/console# bash sol2java.sh -p com.iie.fisco
*** Compile solidity ShaTest.sol***
INFO: Compile for solidity ShaTest.sol success.
*** Convert solidity to java  for ShaTest.sol success ***

*** Compile solidity TableTest.sol***
INFO: Compile for solidity TableTest.sol success.
*** Convert solidity to java  for TableTest.sol success ***

*** Compile solidity HelloWorld.sol***
INFO: Compile for solidity HelloWorld.sol success.
*** Convert solidity to java  for HelloWorld.sol success ***

*** Compile solidity Crypto.sol***
INFO: Compile for solidity Crypto.sol success.
*** Convert solidity to java  for Crypto.sol success ***

*** Compile solidity KVTableTest.sol***
INFO: Compile for solidity KVTableTest.sol success.
*** Convert solidity to java  for KVTableTest.sol success ***

*** Compile solidity Table.sol***
INFO: Compile for solidity Table.sol success.
*** Convert solidity to java  for Table.sol success ***
```

图 5-94　编译智能合约

（3）切换到 IntelliJ IDEA，在 Remote Host 单击“刷新”按钮，就可以在 /fisco/console/contracts/sdk/java/com/iie/fisco 路径下看到已经编译成功的 6 个智能合约文件，结果如图 5-95 所示。这些文件就是 ~/fisco/console/contracts/solidity 目录下的 6 个智

能合约所编译成功的 Java 可执行文件。

（4）修改目录结构，最终的目录结构如图 5-96 所示。

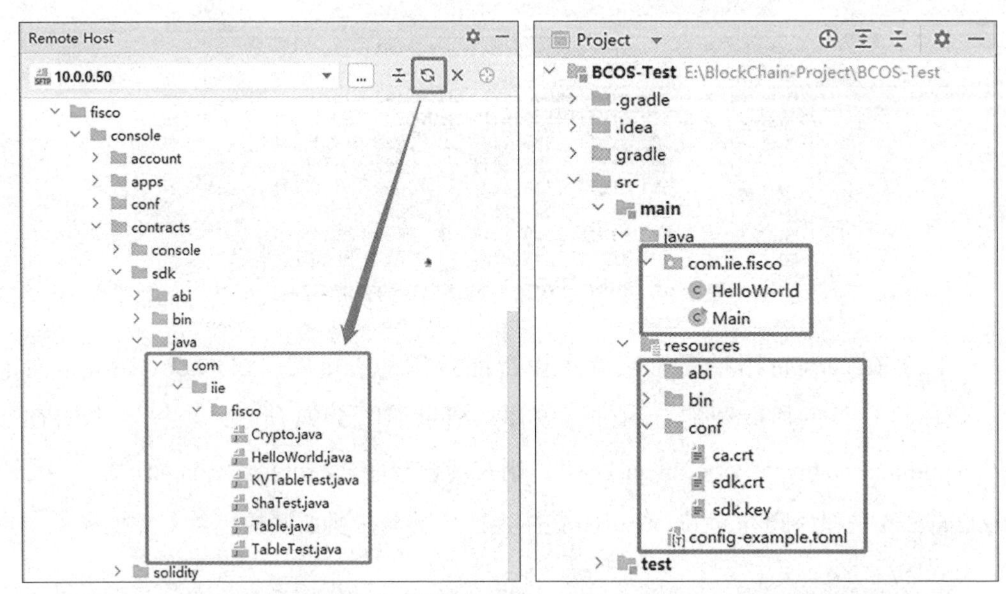

图 5-95 查看已经编译成功的智能合约文件

图 5-96 最终的目录结构

①对 BCOS-Test 项目中的“src”→“main”→“java”进行目录的更改，在“java”目录下依次新建“com”“iic”“fisco”这 3 个 Package 文件，并将 Ubuntu 虚拟机中 fisco/console/contracts/sdk/java/com/iie/fisco 中的 HelloWorld.java 文件拖拽到 BCOS-Test 项目中的 fisco 目录下，同时将 org 目录下的 main 文件移动到 fisco 目录下，删除原有 org 目录。

②将 Ubuntu 虚拟机中 /fisco/console/contracts/sdk/ 里的 abi 和 bin 文件夹拖拽到 BCOS-Test 项目中“src”→“ main”中的“resource”目录，并将 /fisco/console/ 里的 conf 文件夹同样拖拽到该目录，同时将 conf 文件夹中的 config-example.toml 移动到“resource”目录中，删除该文件夹中 config.toml、group-generate-config.toml、log4j2.xml 这 3 个无用文件。

（5）新建测试类。在 BCOS-Test 项目中“src”→“test”→“java”目录下依次新建“com”“iie”“fisco”这 3 个 Package 文件，并在“fisco”目录下新建一个名为 BcosSDKTest 的测试类，代码如下，如果出现了红色字体，则表示需要重新导入一下类。

```
package com.iie.fisco;

import org.fisco.bcos.sdk.BcosSDK;
import org.fisco.bcos.sdk.client.Client;
import org.fisco.bcos.sdk.client.protocol.response.BlockNumber;
import org.fisco.bcos.sdk.config.exceptions.ConfigException;
import org.fisco.bcos.sdk.crypto.keypair.CryptoKeyPair;
import org.fisco.bcos.sdk.model.TransactionReceipt;
import org.fisco.bcos.sdk.transaction.model.exception.ContractException;
import org.junit.jupiter.api.Test;

public class BcosSDKTest
{
    // 获取配置文件路径
    public final String configFile = BcosSDKTest.class.getClassLoader().
getResource("config-example.toml").getPath();
    @Test
    public void testClient()throws ConfigException,ContractException {
        // 初始化 BcosSDK
        BcosSDK sdk =  BcosSDK.build(configFile);
        // 为群组 1 初始化 client
        Client client = sdk.getClient(Integer.valueOf(1));

        // 获取群组 1 的块高
        BlockNumber blockNumber = client.getBlockNumber();
        System.out.println(" 群组 1 的块高 " + blockNumber);

        // 向群组 1 部署 HelloWorld 合约
        CryptoKeyPair cryptoKeyPair = client.getCryptoSuite().get CryptoKeyPair();
        HelloWorld helloWorld = HelloWorld.deploy(client,cryptoKeyPair);

        // 调用 HelloWorld 合约的 get 接口
        String getValue = helloWorld.get();
```

```
        System.out.println("HelloWorld 合约的 get 接口 " + getValue);

        // 调用 HelloWorld 合约的 set 接口
        TransactionReceipt receipt = helloWorld.set("Hello,fisco");
        System.out.println(" 调用 HelloWorld 合约的 set 接口 " + receipt);
    }
}
```

（6）报错解决。此时运行测试类会报错，提示连接节点失败，报错如图 5-97 所示。报错的原因是此时 SDK 连接的是本地的 127.0.0.1 的设备，并没有指向 Ubuntu 虚拟机的 IP。需要修改“src”→“main”→“resource”中的 config-example.toml 文件，将第 22 行的 IP 地址修改成 Ubuntu 虚拟机的 IP 地址。由于所使用的 FISCO BCOS 为 4 节点，所以在修改的同时需要增加其他 2 个节点的端口，设置如图 5-98 所示。

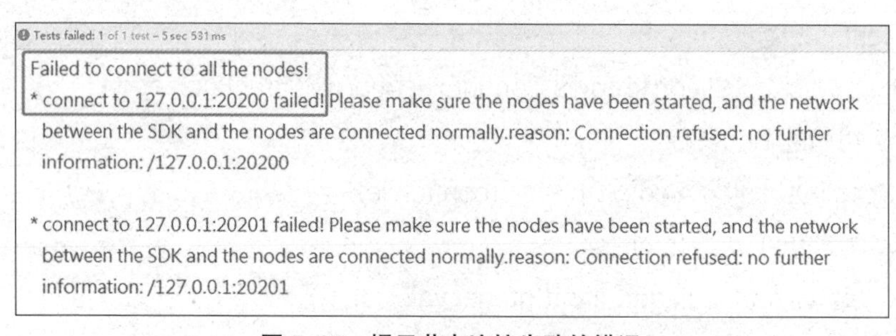

图 5-97　提示节点连接失败的错误

图 5-98　修改并增加节点端口

（7）运行代码。再次运行代码，可以正常地调用 helloworld 合约，并能返回调用该合约的相关信息，如 set 接口的交易 Hash、区块 Hash 等信息，结果如图 5-99 所示。同时切换到 WeBASE 浏览器的数据概览页面，可以看到当前的区块高度、交易信息等相关信息，与图 5-99 中的信息相吻合，结果如图 5-100 所示。

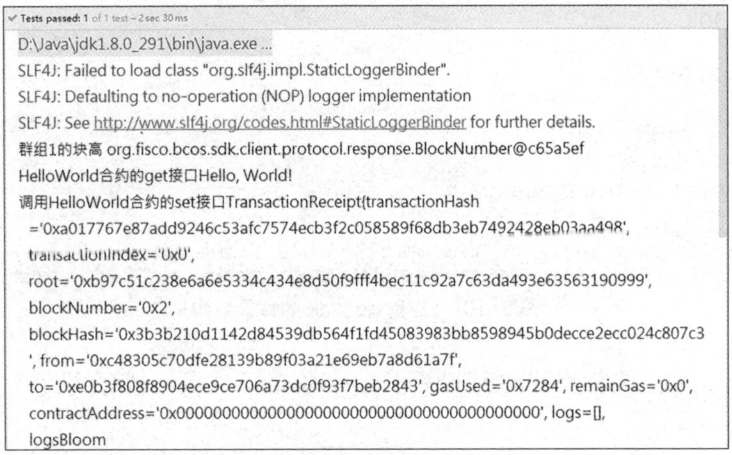

```
Tests passed: 1 of 1 test – 2 sec 30 ms
D:\Java\jdk1.8.0_291\bin\java.exe ...
SLF4J: Failed to load class "org.slf4j.impl.StaticLoggerBinder".
SLF4J: Defaulting to no-operation (NOP) logger implementation
SLF4J: See http://www.slf4j.org/codes.html#StaticLoggerBinder for further details.
群组1的块高 org.fisco.bcos.sdk.client.protocol.response.BlockNumber@c65a5ef
HelloWorld合约的get接口Hello, World!
调用HelloWorld合约的set接口TransactionReceipt{transactionHash
  ='0xa017767e87add9246c53afc7574ecb3f2c058589f68db3eb7492428eb03aa498',
  transactionIndex='0x0',
  root='0xb97c51c238e6a6e5334c434e8d50f9fff4bec11c92a7c63da493e63563190999',
  blockNumber='0x2',
  blockHash='0x3b3b210d1142d84539db564f1fd45083983bb8598945b0decce2ecc024c807c3
  ', from='0xc48305c70dfe28139b89f03a21e69eb7a8d61a7f',
  to='0xe0b3f808f8904ece9ce706a73dc0f93f7beb2843', gasUsed='0x7284', remainGas='0x0',
  contractAddress='0x0000000000000000000000000000000000000000', logs=[],
  logsBloom
```

图 5–99　合约成功调用

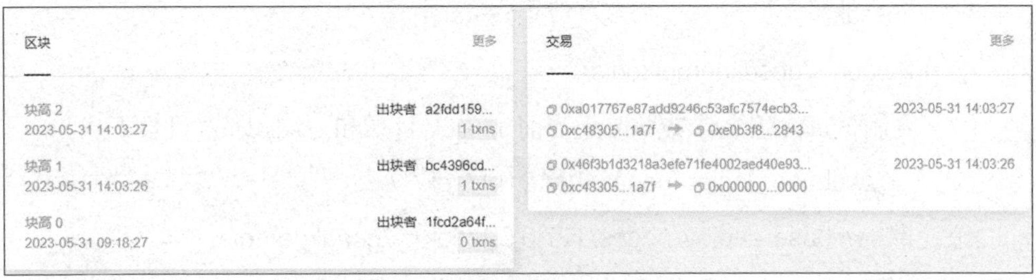

区块　更多

块高 2　2023-05-31 14:03:27　出块者 a2fdd159...　1 txns

块高 1　2023-05-31 14:03:26　出块者 bc4396cd...　1 txns

块高 0　2023-05-31 09:18:27　出块者 1fcd2a64f...　0 txns

交易　更多

0xa017767e87add9246c53afc7574ecb3...　2023-05-31 14:03:27　0xc48305...1a7f → 0xe0b3f8...2843

0x46f3b1d3218a3efe71fe4002aed40e93...　2023-05-31 14:03:26　0xc48305...1a7f → 0x000000...0000

图 5–100　WeBASE 浏览器中的相关信息

5.3.3　使用 Go–SDK 与 FISCO BCOS 网络交互

1. 基础环境构建（Ubuntu 虚拟机中操作）

（1）安装 Golang。

Golang 的安装参考 4.2.2 节。

（2）创建 Go SDK 工作目录 goWorkSpace。

```
cd fisco/ && mkdir goWorkSpace
```

（3）在 goWorkSpace 目录中下载 Go SDK。

```
cd goWorkSpace/
git clone https://gitee.com/FISCO-BCOS/go-sdk.git
```

（4）创建工程目录 gosdkdemo。

```
mkdir gosdkdemo
```

（5）在 go–sdk 目录中下载依赖，并编译生成 abigen 工具，当前 go–sdk 的目录结构如图 5–101 所示。

```
cd go-sdk/
go mod tidy
go build ./cmd/abigen/
```

```
root@WeBASE:~/fisco/goWorkSpace/go-sdk# go build ./cmd/abigen/
root@WeBASE:~/fisco/goWorkSpace/go-sdk#
root@WeBASE:~/fisco/goWorkSpace/go-sdk# ls
abi     client  conf         conn  doc       go.mod  LICENSE  precompiled  smcrypto
abigen  cmd     config.toml  core  examples  go.sum  mobile   README.md    tools
```

图 5-101　当前 go-sdk 的目录结构

（6）将 abigen 文件夹移动到工程目录 gosdkdemo 中的 tools 目录下。

```
cd ..
cd gosdkdemo/ && mkdir tools
cd ../go-sdk/
cp -r abigen ../gosdkdemo/tools/
```

（7）复制 WeBASE 的节点 sdk 到当前 go-sdk 目录和 gosdkdemo 目录下。

```
cp -r ../../webase-deploy/nodes/127.0.0.1/sdk/ ./
cp -r ../../webase-deploy/nodes/127.0.0.1/sdk/ ../gosdkdemo/
```

（8）编辑 config.toml 配置文件，将 CAFile、Cert 和 Key 的路径加上 sdk，在“Network.Connection”中将 NodeURL 的 IP 地址设置成 Ubuntu 虚拟机的 IP 地址，编辑如图 5-102 所示。

```
vim config.toml
```

```
[Network]
#type rpc or channel
Type="channel"
CAFile="sdk/ca.crt"
Cert="sdk/sdk.crt"
Key="sdk/sdk.key"
# if the certificate context is not empty, use it, otherwise read
# multi lines use triple quotes
CAContext=''''''
KeyContext=''''''
CertContext=''''''

[[Network.Connection]]
NodeURL="10.0.0.50:20200"
GroupID=1
# [[Network.Connection]]
# NodeURL="127.0.0.1:20200"
# GroupID=2
```

图 5-102　编辑 vim config.toml

（9）在项目目录 goWorkSpace 中下载 console，并通过下载下来的 get_account.sh 脚本生成私钥文件，结果如图 5-103 所示。

```
cd ..
```

git clone https://gitee.com/FISCO-BCOS/console.git

cd console/

./tools/get_account.sh

```
root@WeBASE:~/fisco/goWorkSpace# cd console/
root@WeBASE:~/fisco/goWorkSpace/console# ./tools/get_account.sh
[INFO] Account privateHex: 0xaae492c02b3462a7c7e40a77666659f410c32a0932c1267ec58a0e0c4825edfa
[INFO] Account publicHex : 0x26196412b1b75cae06e90a60a87b69c336139b1850a454d84ef2d905e9f8e289ae4d1068e933888f11365a69ac68f6feeaefa1adbd06729cafd917fbf0a52fe7
[INFO] Account Address   : 0x1fd95b0d4e82b7e7e01fe6d93e2061323ad5a7d9
[INFO] Private Key (pem) : accounts/0x1fd95b0d4e82b7e7e01fe6d93e2061323ad5a7d9.pem
[INFO] Public  Key (pem) : accounts/0x1fd95b0d4e82b7e7e01fe6d93e2061323ad5a7d9.pem.pub
```

图 5-103　生成私钥文件

（10）将生成的私钥文件和 go-sdk 目录中的 config.toml 文件复制至工程目录 gosdkdemo 中，此时工程目录 gosdkdemo 的文件结构如图 5-104 所示。

cp -r accounts/ ../gosdkdemo/

cp ../go-sdk/config.toml ../gosdkdemo/

cd ../gosdkdemo/

tree

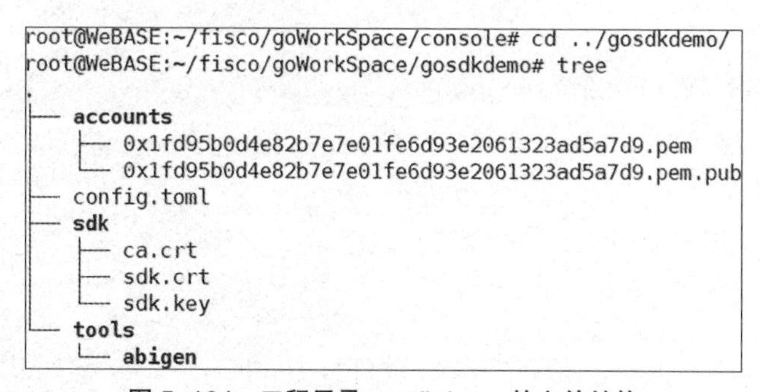

```
root@WeBASE:~/fisco/goWorkSpace/console# cd ../gosdkdemo/
root@WeBASE:~/fisco/goWorkSpace/gosdkdemo# tree
.
├── accounts
│   ├── 0x1fd95b0d4e82b7e7e01fe6d93e2061323ad5a7d9.pem
│   └── 0x1fd95b0d4e82b7e7e01fe6d93e2061323ad5a7d9.pem.pub
├── config.toml
├── sdk
│   ├── ca.crt
│   ├── sdk.crt
│   └── sdk.key
└── tools
    └── abigen
```

图 5-104　工程目录 gosdkdemo 的文件结构

（11）修改 config.toml 配置文件，将 Account 中 KeyFile 的值修改成工程目录 gosdkdemo 中的私钥文件，配置如图 5-105 所示。

vim config.toml

```
[Account]
# only support PEM format for now
KeyFile="accounts/0x74e5d90efb6414da003496061ec2fc0cd5b0ceb5.pem"
```

图 5-105　修改 KeyFile 值

2. 编写智能合约

（1）打开 WeBASE 浏览器，单击“合约管理”，选择“合约 IDE”，在 test 目录下新建一个名为 hello.sol 的智能合约，并将 Solidity 版本设置为 0.6.10，合约代码如下。

```
pragma solidity >=0.6.10;

contract hello {
   string value;

   constructor()public {
      value = "Hello,World!";
   }

   function get()public view returns(string memory){
      return value;
   }

   function set(string memory v)public {
      value = v;
   }
}
```

（2）对合约进行保存、编译，结果如图 5–106 所示。

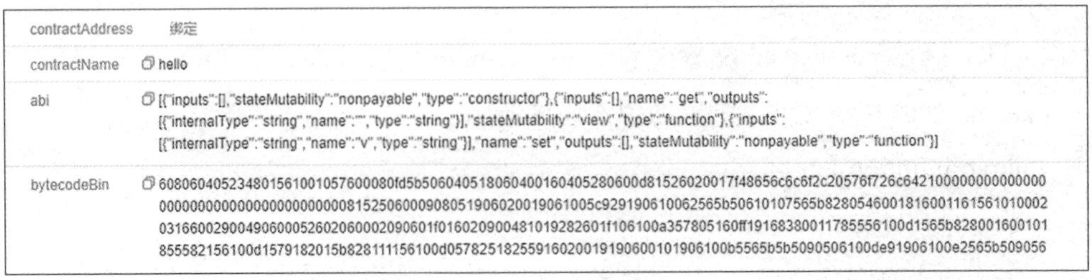

contractAddress	绑定
contractName	hello
abi	[{"inputs":[],"stateMutability":"nonpayable","type":"constructor"},{"inputs":[],"name":"get","outputs":[{"internalType":"string","name":"","type":"string"}],"stateMutability":"view","type":"function"},{"inputs":[{"internalType":"string","name":"v","type":"string"}],"name":"set","outputs":[],"stateMutability":"nonpayable","type":"function"}]
bytecodeBin	608060405234801561001057600080fd5b506040518060400160405280600d81526020017f48656c6c6f2c20576f726c642100000000000000000000000000000000000000815250600090805190602001906100 5c929190610062565b50610107565b828054600181600116156101000203166002900490600052602060002090601f016020900481019282601f106100a357805160ff1916838001178555 6100d1565b828001600101855582156100d1579182015b828111156100d05782518255916020019190600101906100b5565b5b5090506100de91906100e2565b509056

图 5–106　合约编译成功

（3）部署合约。选择 admin 用户，对合约进行部署，部署完毕后，该智能合约就有对应的合约地址，结果如图 5-107 所示。

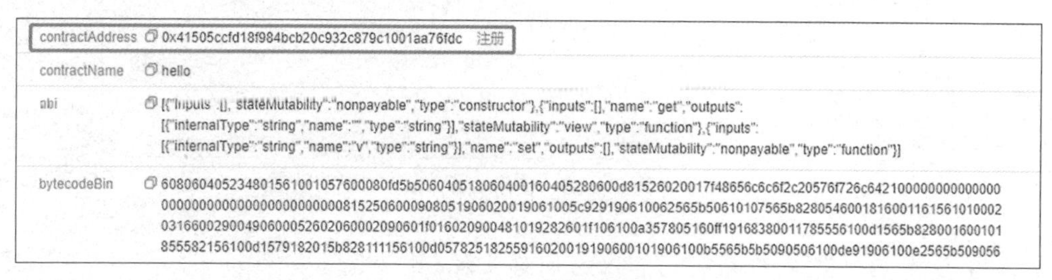

图 5-107　部署合约

（4）发送交易。在交易中可以分别使用 set 方法和 get 方法。

① set 方法。

将“function”设置为 set，并在参数一栏中填写“信息与智能工程学院”，即可完成 set 方法。单击“确认”按钮后会弹出交易回执对话框，里面有交易 Hash、区块 Hash、区块数量、input 数据等相关信息，结果如图 5-108 所示

图 5-108　使用 set 方法

② get 方法。

将“function”设置为 get，单击“确认”按钮后会弹出交易回执对话框，可以查看到刚才使用 set 方法设置的参数值，结果如图 5-109 所示。

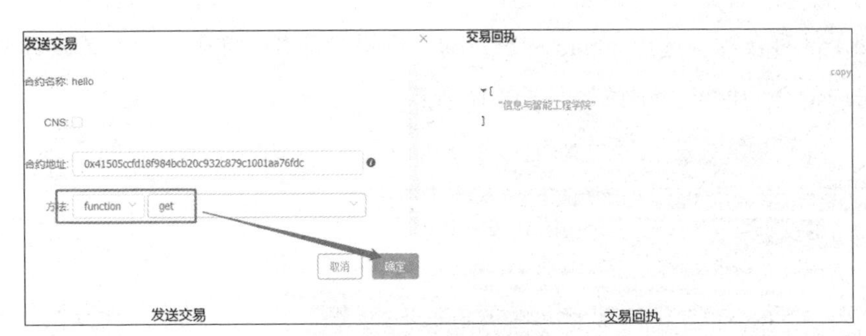

图 5-109 使用 get 方法

3. 使用 Go-SDK 与 FISCO BCOS 网络互联

（1）生成 abi 文件。在工程目录 gosdkdemo 中的 tools 目录下编辑文件 hello.abi，将图 5-107 中的 abi 数据复制至 hello.abi 中，结果如图 5-110 所示。

```
vim tools/hello.abi
```

```
[{"inputs":[],"stateMutability":"nonpayable","type":"constructor"},{"inputs"
:[],"name":"get","outputs":[{"internalType":"string","name":"","type":"strin
g"}],"stateMutability":"view","type":"function"},{"inputs":[{"internalType":
"string","name":"v","type":"string"}],"name":"set","outputs":[],"stateMutabi
lity":"nonpayable","type":"function"}]
```

图 5-110 复制 abi 数据

（2）生成 bin 文件。在工程目录 gosdkdemo 中的 tools 目录下编辑文件 hello.bin，将图 5-107 中的 bytecodeBin 数据复制至 hello.bin 中，结果如图 5-111 所示。

```
vim tools/hello.bin
```


```
608060405234801561001057600080fd5b50604051806040016040528060 0d81526020017f48
656c6c6f2c20576f726c642100000000000000000000000000000000000000815250600090 80
519060200190610 05c929190610062565b50610107565b828054600181600116156101000203
166002900490600052602060002090601f016020900481019282601f106100a357805160ff19
16838001178555 6100d1565b828001600101855582156100d1579182015b828111156100d057
8251825591602001919060010190 6100b5565b5b5090506100de919061 00e2565b5090565b61
010491905b808211156101005760008160009055506001016100e8565b5090565b90565b6103
108061011660003960 00f3fe608060405234801561001057600080fd5b506004361061003657
60003560e01c80634ed3885e1461003b5780636d4ce63c146100f6575b600080fd5b6100f460
04803603602081101561005157600080fd5b810190808035906020019064010000000081111 5
61006e57600080fd5b820183602082011115610080576000 80fd5b803590602001918460018 3
0284011164010000000083111715 6100a257600080fd5b91908080601f016020809104026020
016040519081016040528093929190818152602001838380828437600081840152601f19601f
820116905080830192505050505050509192919290505050610179565b005b6100fe61019356
5b6040518080602001828103825283818151815260200191508051906020019080838360005b
838110156101 3e5780820151818401526020810190506101 23565b505050509050908101906 0
1f168015610 16b5780820380516001836020036101000a031916815260200191505b50925050
50604051809103 90f35b806000908051906020019061018f929190610235565b5050565b6060
6000805460018160011615610100020316600290048060 1f016020809104026020016040519 0
8101604052809291908181526020018280546001816001161561010002031660029004801561
022b5780601f1061020057610100808354040283529160200191610 22b565b82019190600052
602060002090 5b815481529060010190602001808311610 20e57829003601f168201915b5050
505050905090565b82805460018160011615610100020316600290049060005260206000209 0
601f016020900481019282601f10610276578051 60ff1916838001178555 6102a4565b828001
60010185558215610 2a4579182015b8281111561 02a3578251825591602001919060010190 61
0288565b5b5090506102b19190610 2b5565b5090565b6102d791905b80821115610 2d3576000
8160009055506001016102bb565b5090565b9056fea26469706673582212 20fb41b8832695ce
69e25ceebf227cde4574b2e1e374bd1b0a3ef514b29ff3709264736f6c634300060a0033
```


图 5-111 复制 bin 数据

（3）使用 abigen 生成 go 文件。在工程目录 gosdkdemo 中的 tools 目录下输入如下指令生成 hello.go 文件。

```
cd tools/
./abigen -abi hello.abi -bin hello.bin -type hello -pkg main -out ../hello.go
```

（4）使用 Xftp 将工程目录 gosdkdemo 导出至 Windows 宿主机中，用 Goland 导入该项目，并在“gosdkdemo”目录下新建文件 main.go 实现数据上链。代码如下，其中 contractAddr 替换成自己的合约地址。

```
package main

import(
	"fmt"
	"log"

	"github.com/FISCO-BCOS/go-sdk/client"
	"github.com/FISCO-BCOS/go-sdk/conf"
	"github.com/ethereum/go-ethereum/common"
)

func main(){
	//parse config
	configs,err := conf.ParseConfigFile("config.toml")
	if err != nil {
		log.Fatal(err)
	}
	config := &configs[0]

	//connect peer
	cli,err := client.Dial(config)
	if err != nil {
		log.Fatal(err)
	}
```

```
        //create a contract instance
        contractAddr := "0x8f7657ceb99ed4130c52fb1df8964ae0b1c2f4e5"
        instance,err := NewHello(common.HexToAddress(contractAddr),cli)
        if err != nil {
                log.Fatal(err)
        }

        //call function of smart contract
        name,err := instance.Get(cli.GetCallOpts())
        if err != nil {
                log.Panic(err)
        }

        fmt.Println(name)
}
```

（5）错误处理。在 Goland 的 Terminal 窗口执行如下指令，从而实现 Go-SDK 与 FISCO BCOS 网络的互联，但是首次运行会报错。

```
go run main.go hello.go
```

①提示无法下载 GitHub 包文件，报错如图 5-112 所示。

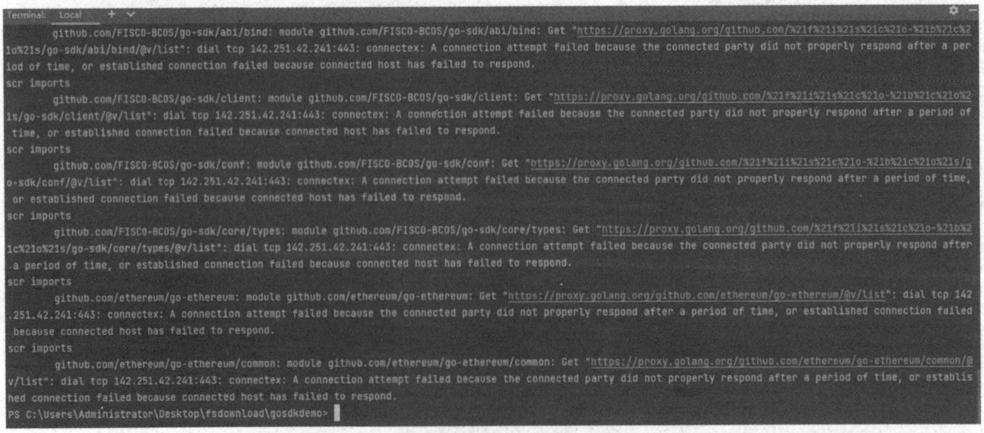

```
Terminal:  Local  +  ∨
        github.com/FISCO-BCOS/go-sdk/abi/bind: module github.com/FISCO-BCOS/go-sdk/abi/bind: Get "https://proxy.golang.org/github.com/%21f%21i%21s%21c%21o-%21b%21c%2
1o%21s/go-sdk/abi/bind/@v/list": dial tcp 142.251.42.241:443: connectex: A connection attempt failed because the connected party did not properly respond after a per
iod of time, or established connection failed because connected host has failed to respond.
scr imports
        github.com/FISCO-BCOS/go-sdk/client: module github.com/FISCO-BCOS/go-sdk/client: Get "https://proxy.golang.org/github.com/%21f%21i%21s%21c%21o-%21b%21c%21o%2
1s/go-sdk/client/@v/list": dial tcp 142.251.42.241:443: connectex: A connection attempt failed because the connected party did not properly respond after a period of
 time, or established connection failed because connected host has failed to respond.
scr imports
        github.com/FISCO-BCOS/go-sdk/conf: module github.com/FISCO-BCOS/go-sdk/conf: Get "https://proxy.golang.org/github.com/%21f%21i%21s%21c%21o-%21b%21c%21o%21s/g
o-sdk/conf/@v/list": dial tcp 142.251.42.241:443: connectex: A connection attempt failed because the connected party did not properly respond after a period of time,
 or established connection failed because connected host has failed to respond.
scr imports
        github.com/FISCO-BCOS/go-sdk/core/types: module github.com/FISCO-BCOS/go-sdk/core/types: Get "https://proxy.golang.org/github.com/%21f%21i%21s%21c%21o-%21b%2
1c%21o%21s/go-sdk/core/types/@v/list": dial tcp 142.251.42.241:443: connectex: A connection attempt failed because the connected party did not properly respond after
 a period of time, or established connection failed because connected host has failed to respond.
scr imports
        github.com/ethereum/go-ethereum: module github.com/ethereum/go-ethereum: Get "https://proxy.golang.org/github.com/ethereum/go-ethereum/@v/list": dial tcp 142
.251.42.241:443: connectex: A connection attempt failed because the connected party did not properly respond after a period of time, or established connection failed
 because connected host has failed to respond.
scr imports
        github.com/ethereum/go-ethereum/common: module github.com/ethereum/go-ethereum/common: Get "https://proxy.golang.org/github.com/ethereum/go-ethereum/common/@
v/list": dial tcp 142.251.42.241:443: connectex: A connection attempt failed because the connected party did not properly respond after a period of time, or establis
hed connection failed because connected host has failed to respond.
PS C:\Users\Administrator\Desktop\fsdownload\gosdkdemo>
```

图 5-112　报错之无法下载 GitHub 包

解决方法：将 go.mod 和 go.sum 文件夹复制至 gosdkdemo 目录下即可解决该问题。

②再次运行程序，提示“cgo:C compiler 'gcc' not found:exec: 'gcc':executable file not found in %PATH%”，表明系统缺少 gcc，报错如图 5-113 所示。

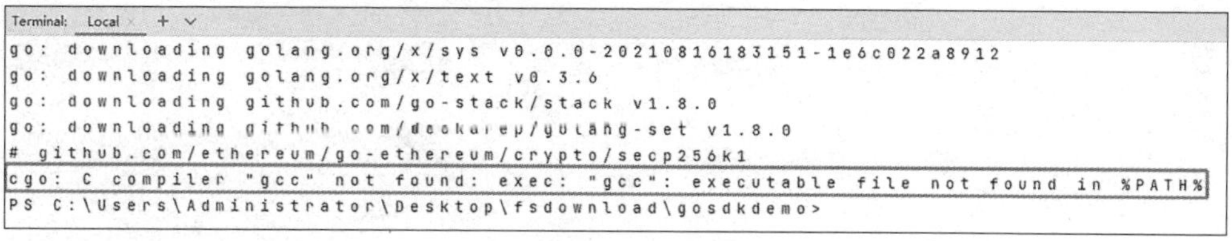

```
Terminal: Local × + ∨
go: downloading golang.org/x/sys v0.0.0-20210816183151-1e6c022a8912
go: downloading golang.org/x/text v0.3.6
go: downloading github.com/go-stack/stack v1.8.0
go: downloading github.com/deckarep/golang-set v1.8.0
# github.com/ethereum/go-ethereum/crypto/secp256k1
cgo: C compiler "gcc" not found: exec: "gcc": executable file not found in %PATH%
PS C:\Users\Administrator\Desktop\fsdownload\gosdkdemo>
```

图 5-113 报错之缺少 gcc

解决方法：打开 https://sourceforge.net/projects/mingw-w64/files/mingw-w64/，下载 MinGW-W64 GCC-8.1.0 中的 x86_64-win32-seh 文件，解压到 C:\Program Files 目录下，并对解压出来的文件设置为“获取管理员所有权限”，同时将 C:\Program Files\mingw64\bin 路径添加到环境变量的 Path 中。在 cmd 窗口中输入“gcc -v”能看到 gcc 的版本，则表示其安装成功。

（6）运行程序。再次运行程序，可顺利地得到在 WeBASE 浏览器中所设置的 set 值，表示 Go-SDK 成功地与 FISCO BCOS 网络进行了互联，结果如图 5-114 所示。

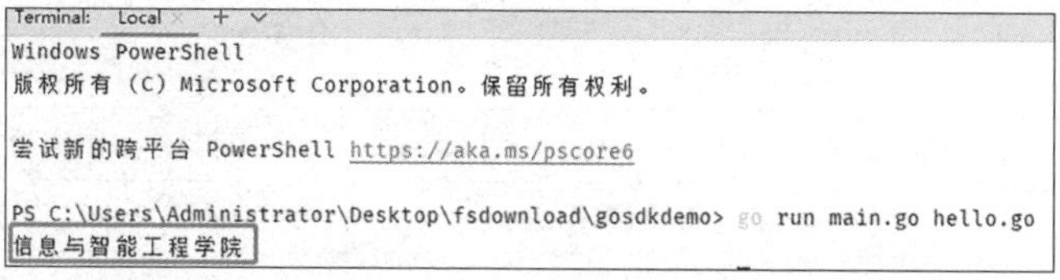

```
Terminal: Local × + ∨
Windows PowerShell
版权所有 (C) Microsoft Corporation。保留所有权利。

尝试新的跨平台 PowerShell https://aka.ms/pscore6

PS C:\Users\Administrator\Desktop\fsdownload\gosdkdemo> go run main.go hello.go
信息与智能工程学院
```

图 5-114 使用 Go-SDK 连接至 FISCO BCOS 网络

5.3.4 区块链应用开发组件 SmartDev 进行案例开发

1. 区块链应用开发组件 SmartDev

WeBankBlockchain-SmartDev 应用开发组件的初衷是全方位助力开发者高效、敏捷地开发区块链应用。SmartDev 包含一套开放、轻量的开发组件集，覆盖智能合约的开发、调试、应用开发等环节，包括智能合约库（SmartDev-Contract）、智能合约编译插件（SmartDev-SCGP）和应用开发脚手架（SmartDev-Scaffold）。开发者可以根据自己的情况自由选择相应的开发工具，提升开发效率。SmartDev 方式与传统开发方式的对比如图 5-115 所示。

图 5–115　SmartDev 方式与传统开发方式的对比

2. 配置脚手架 SmartDev

（1）在使用本组件的时候，使用的是基于 5.2.3 节所部署的单群组 WeBASE，需要安装表 5–3 所示相关依赖软件。

表 5–3　相关依赖软件一览表

依赖软件	说明	备注
Java	>=JDK[1.8]	64 位，已安装
Solidity	0.4.25、0.5.20、0.6.10、0.8.11	内置
Git	下载安装包需要使用 Git	已安装
Gradle	大于 6、小于 7	使用 Gradle7 会报错
Maven		与 Gradle 二选一

（2）Gradle 的部署，部署成功如图 5–116 所示。

```
wget https://services.gradle.org/distributions/gradle-6.3-bin.zip      # 下载 Gradle 源码包
unzip -d /usr/local/ gradle-6.3-bin.zip          # 解压缩 Gradle 源码包
vim /etc/profile                                 # 编辑环境变量
export PATH=$PATH:/usr/local/gradle-6.3/bin
source /etc/profile
gradle -v                                        # 查看 Gradle 版本
```

```
root@WeBASE:~# gradle -v

Welcome to Gradle 6.3!

Here are the highlights of this release:
 - Java 14 support
 - Improved error messages for unexpected failures

For more details see https://docs.gradle.org/6.3/release-notes.html


------------------------------------------------------------
Gradle 6.3
------------------------------------------------------------

Build time:   2020-03-24 19:52:07 UTC
Revision:     bacd40b727b0130eeac8855ae3f9fd9a0b207c60

Kotlin:       1.3.70
Groovy:       2.5.10
Ant:          Apache Ant(TM) version 1.10.7 compiled on September 1 2019
JVM:          1.8.0_162 (Oracle Corporation 25.162-b12)
OS:           Linux 5.4.0-126-generic amd64
```

图 5–116　部署 Gradle 成功

（3）部署脚手架 SmartDev。通过 git 指令拉取脚手架 SmartDev 项目，其核心目录为 tools，使用 tree 命令可以查看到该文件夹下的所有结构，结果如图 5–117 所示，其各个文件夹和文件的功能如下。

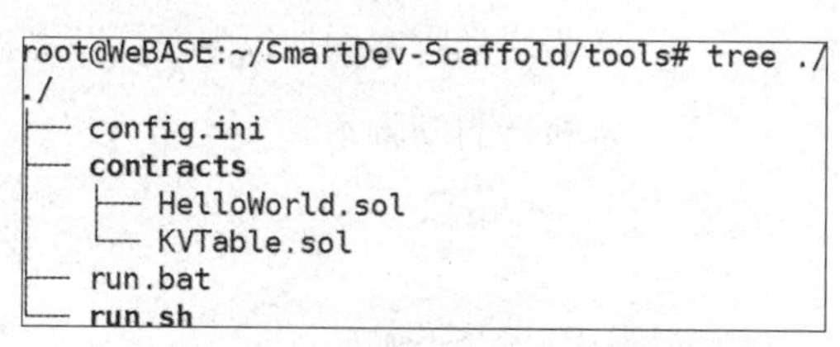

图 5–117　核心目录 tools 的文件结构

① contract 目录用于存放 Solidity 合约文件，脚手架 SmartDev 后续会读取该目录下的合约以生成对应的业务工程。在实际使用的过程中需要删除该目录下的默认合约，并将自己的业务合约复制到该目录下。

② config.ini 是启动相关配置。

③ run.sh 和 run.bat 分别是 Linux 和 Windows 系统下的启动脚本文件。

```
git clone https://gitee.com/WeBankBlockchain/SmartDev-Scaffold.git
cd SmartDev-Scaffold/tools/
rm -rf contracts/KVTable.sol                    # 删除多余的智能合约文件
配置 config.ini 文件，修改 artifact 和 compiler 的值
vim config.ini
```

```
[general]
artifact=HelloWorld
group=org.example
selector=
# 0.4.25.1 0.5.2.0 0.6.10.0
compiler=0.6.10.0
# or you can set it to maven
type=gradle
gradleVersion=6.3
```

（4）运行脚手架 SmartDev。执行 run.sh 脚本，会自动按照配置文件生成一个 SpringBoot 架构的项目，当提示“BUILD SUCCESSFUL”则表示 HelloWorld 项目已经创建成功，结果如图 5-118 所示。在下载的过程中会提示“Failed to load class "org.slf4j.impl.StaticLoggerBinder"”的报错信息，这个类与日志相关，对整个项目没有影响，可以忽略。

```
chmod +x run.sh            # 为启动脚本增加权限
bash run.sh                # 执行启动脚本
```

```
root@WeBASE:~/SmartDev-Scaffold/tools# bash run.sh
GROUP=org.example
ARTIFACT=HelloWorld
SOL_DIR=/root/SmartDev-Scaffold/tools/contracts
TOOLS_DIR=/root/SmartDev-Scaffold/tools
SELECTOR=
COMPILER=0.6.10.0
TYPE=gradle
GRADLEVERSION=6.3
start compiling scaffold...

> Configure project :
delete /root/SmartDev-Scaffold/dist

Deprecated Gradle features were used in this build, making it incompatible with Gradle 7.0.
Use '--warning-mode all' to show the individual deprecation warnings.
See https://docs.gradle.org/6.3/userguide/command_line_interface.html#sec:command_line_warnings

BUILD SUCCESSFUL in 16m 37s
4 actionable tasks: 4 executed
end compiling scaffold...
start generating HelloWorld...
SLF4J: Failed to load class "org.slf4j.impl.StaticLoggerBinder".
SLF4J: Defaulting to no-operation (NOP) logger implementation
SLF4J: See http://www.slf4j.org/codes.html#StaticLoggerBinder for further details.
Project created:/root/SmartDev-Scaffold/tools/HelloWorld
```

图 5-118　HelloWorld 项目创建成功

（5）导出 HelloWorld 项目。通过 Xftp 将 HelloWorld 文件夹从 Ubuntu 虚拟机中复制至 Windows 宿主机中，并通过 IntelliJ IDEA 以项目的形式将其打开，打开之后需要配置 IntelliJ IDEA 中“Project Structure”的 JDK 版本和“Settings”中的 Maven 与 Gradle 版本。配置完毕后，IntelliJ IDEA 自动进行 Build，并同时自动下载项目所依赖的 jar 包文件。Build 成功后文件目录下生成 service 文件夹与 model 文件夹，结果如图 5-119 所示。在 org.example.HelloWorld 项目中，config 目录对应配置类，constants 目录对应实体类，model 目录对应模型类，service 目录对应服务类，model/bo 目录对应 bo 类。

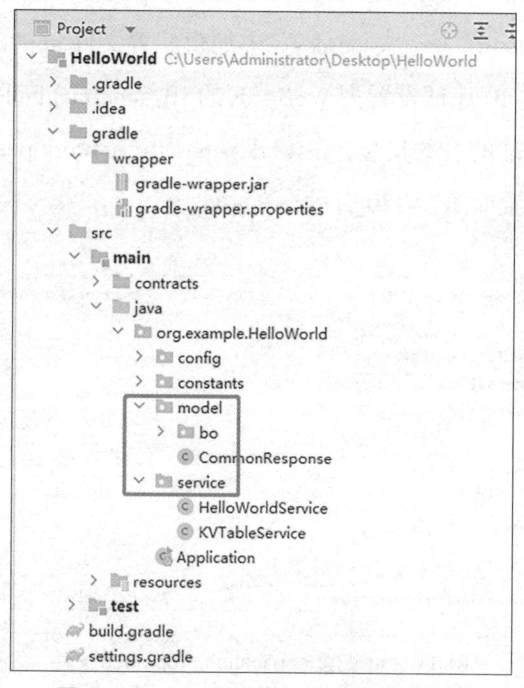

图 5-119　Build 成功后所生成的新文件夹

3. 使用脚手架 SmartDev 开发 DApp

使用脚手架 SmartDev 开发 DApp 的流程依次包括部署合约、证书复制、配置连接节点、补全业务、运行 jar 包和前端页面。

（1）在 WeBASE 中部署 HelloWorld 合约。单击“合约管理”，选择“合约 IDE”，新建一个 HelloWorld 合约，将 Ubuntu 虚拟机中 SmartDev-Scaffold/tools/

contracts 目录中的 HelloWorld.sol 合约内容全部复制至新的 HelloWorld 合约，保存、编译并进行部署。

（2）复制证书文件。在 Ubuntu 虚拟机中复制 WeBASE 的相关证书文件至 HelloWorld 项目中的 src/main/resources/conf/ 目录下，再通过 Xftp 将证书文件导出至 Windows 宿主机中 IntelliJ IDEA 的 HelloWorld 项目所对应的 conf 目录中。

指令如下：

```
cd ~/SmartDev-Scaffold/tools/HelloWorld
cp -r ~/fisco/webase-deploy/nodes/127.0.0.1/sdk/* ./src/main/resources/conf/
```

（3）编辑配置文件 application.properties。在 IntelliJ IDEA 的 HelloWorld 项目中，在“src”→“main”→“resources”中编辑配置文件 application.properties，将 network.peers[0] 中的 IP 地址设置为 WeBASE 的 IP，contract.helloWorldAddress 设置为当前 HelloWorld.sol 的合约地址，network.peers[0]、network.peers[1] 设置为虚拟机的 IP 地址，具体设置如图 5-120 所示。

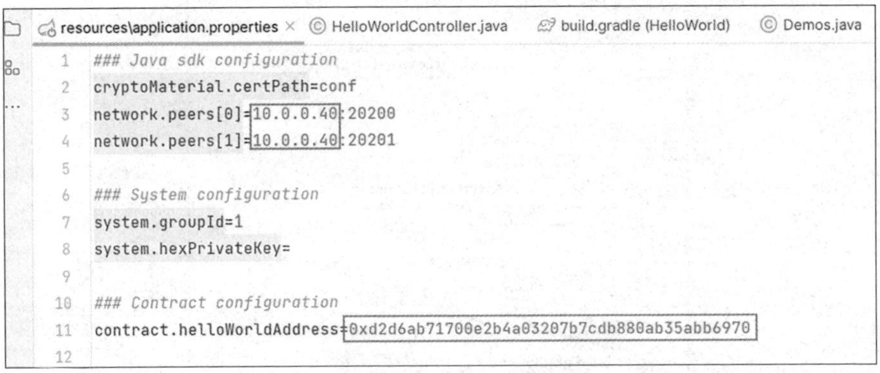

```
resources\application.properties   HelloWorldController.java   build.gradle (HelloWorld)   Demos.java
1  ### Java sdk configuration
2  cryptoMaterial.certPath=conf
3  network.peers[0]=10.0.0.40:20200
4  network.peers[1]=10.0.0.40:20201
5
6  ### System configuration
7  system.groupId=1
8  system.hexPrivateKey=
9
10 ### Contract configuration
11 contract.helloWorldAddress=0xd2d6ab71700e2b4a03207b7cdb880ab35abb6970
12
```

图 5-120 配置 application.properties 文件

（4）编写控制类，完成对底层区块链智能的操作。在 src/main/java/org.example.HelloWorld 目录下新建 Package，命名为 controller，并在 controller 目录下新建 Java 文件 HelloWorldController.java，里面的代码如下：

```
package org.example.HelloWorld.controller;

import org.example.HelloWorld.model.bo.HelloWorldSetInputBO;
```

```
import org.example.HelloWorld.model.bo.HelloWorldSetInputBO;
import org.example.HelloWorld.service.HelloWorldService;
import org.springframework.beans.factory.annotation.Autowired;
import org.springframework.web.bind.annotation.GetMapping;
import org.springframework.web.bind.annotation.RequestMapping;
import org.springframework.web.bind.annotation.RequestParam;
import org.springframework.web.bind.annotation.RestController;

@RestController
@RequestMapping("hello")
public class HelloWorldController {

  @Autowired
  private HelloWorldService service;

  @GetMapping("set")
  public String set(@RequestParam("n")String n)throws Exception{
    HelloWorldSetInputBO input = new HelloWorldSetInputBO(n);
    return service.set(input).getTransactionReceipt().getTransactionHash();
  }
  @GetMapping("get")
  public String get()throws Exception{
    return service.get().getValues();
  }
}
```

（5）在 IntelliJ IDEA 中的 Terminal 内将项目打包。在 HelloWorld 目录下运行 gradle bootJar 命令生成 jar 包，当提示“BUILD SUCCESSFUL”表示 jar 包成功编译并打包完毕，结果如图 5-121 所示，所生成的 jar 包会保存在 HelloWorld\dist 目录中。

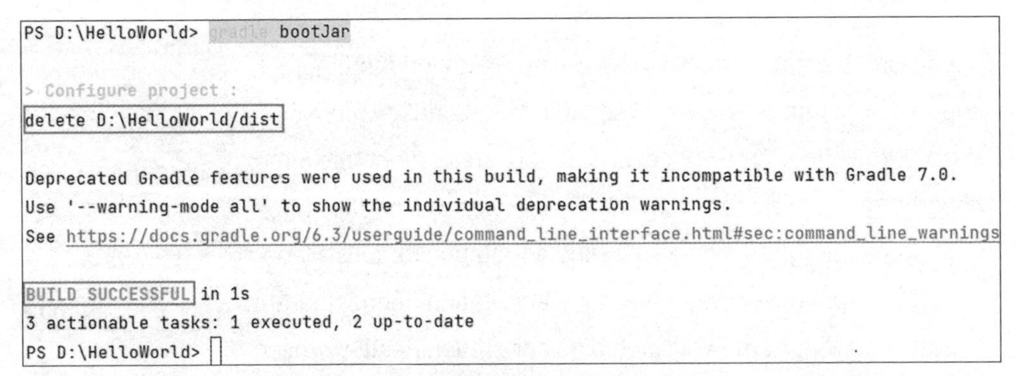

图 5-121　编译并打包 HelloWorld 目录

（6）在 IntelliJ IDEA 中的 Terminal 内运行 jar 包。在 HelloWorld\dist 目录下执行如下命令，则可以运行已经打包好的 jar 包文件。

```
cd dist
java -jar HelloWorld-exec.jar
```

（7）在浏览器中使用 set 方法。在 Windows 宿主机内的浏览器中输入网址：http://127.0.0.1:8080/hello/set?n=USY，可以调用 HelloWorld 合约中的 set 方法接口，赋予新的变量值“USY”至 HelloWorld 合约，此操作将会返回一个交易的 Hash 值，结果如图 5-122 所示。

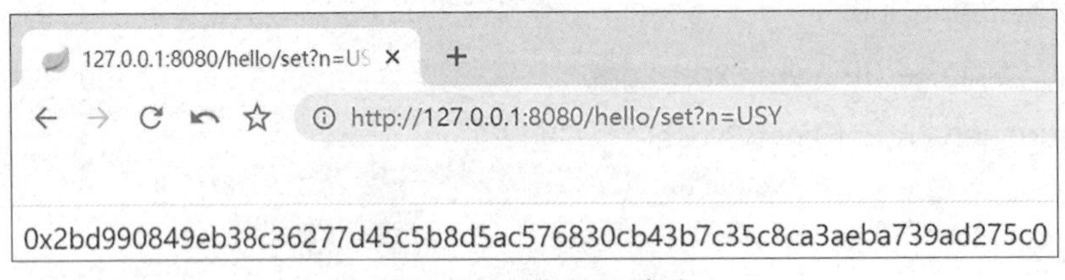

图 5-122　使用 set 方法

（8）查看交易信息。打开 WeBASE 浏览器，单击“交易数量”，就可以看到刚才使用 set 方法设置 name 所产生的 Hash，与图 5-122 中的交易 Hash 吻合。单击该交易哈希，可以看到交易哈希中的详细信息，如区块 Hash、区块高度、交易哈希、时间戳等信息，并在“Input”中查看到使用 set 方法设置的 name 值为“USY”，结果如图 5-123 所示。

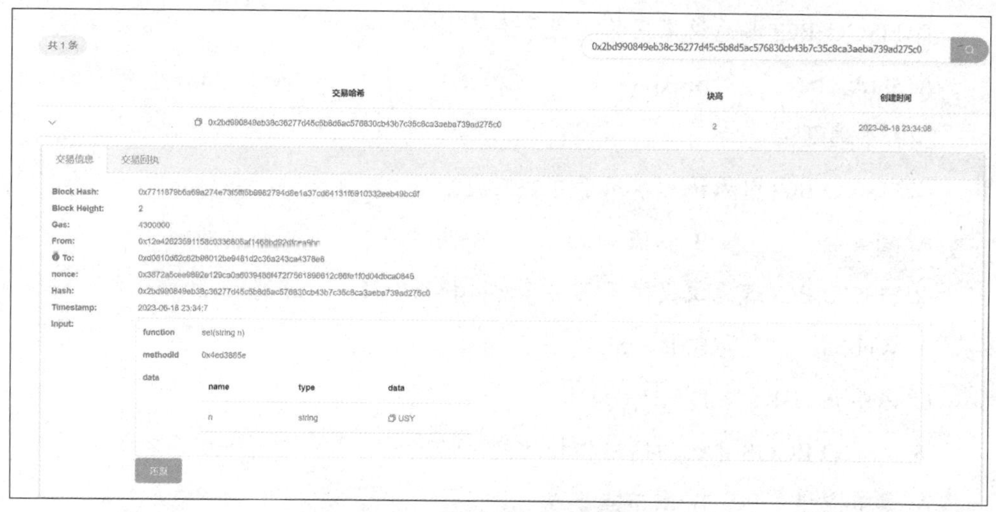

图 5-123 在浏览器中查询交易记录

（9）在浏览器中使用 get 方法。在 Windows 宿主机内的浏览器中输入网址：http://127.0.0.1:8080/hello/get，可以调用 get 方法的接口，获取刚才通过 set 方法设置的 name 值，结果如图 5-124 所示，此时就通过脚手架 SmartDev 完成了对智能合约写和读的操作。

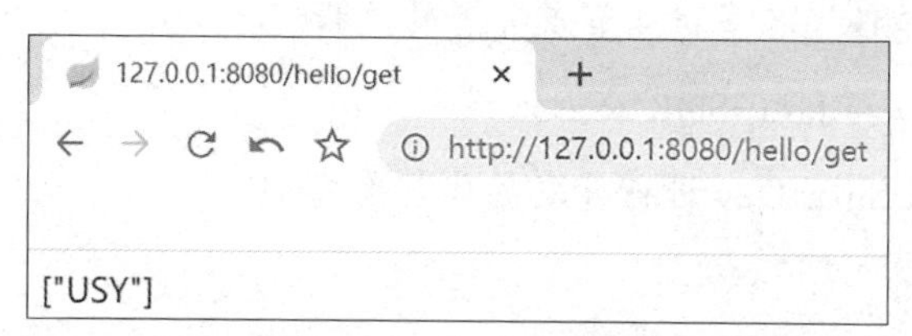

图 5-124 调用 get 方法获得 name 值

本章习题

（1）单选题

① FISCO BCOS 是一种什么样的区块链系统？（ ）

A. 公有链系统　　B. 私有链系统

C. 联盟链系统　　D. 混合链系统

② FISCO BCOS 系统采用的共识算法是（ ）。

A. PoW　　B. PoS　　C. PBFT　　D. DBFT

③ FISCO BCOS 系统采用的加密算法是（ ）。

A. SHA-256 B. AES C. RSA D. SM2/SM3

（2）多选题

① FISCO BCOS 系统可以用于哪些领域？（ ）

A. 金融 B. 物流 C. 公共服务 D. 手机游戏

② FISCO BCOS 系统提供了哪些开发者接口？（ ）

A. Web3.js B. Java SDK

C. Python SDK D. C++ SDK

③ FISCO BCOS 系统的网络拓扑结构包括（ ）。

A. 单节点模式 B. 双节点模式

C. 多节点模式 D. 分布式节点模式

④ FISCO BCOS 系统的账户管理功能包括（ ）

A. 创建账户 B. 注册账户 C. 转账 D. 冻结账户

（3）简答题

① FISCO BCOS 的核心优势有哪些？

②简述进行单群组 WeBASE 一键部署的流程。

③简述 FISCO BCOS 多机 4 节点部署的流程。

④简述 FISCO 与 Java-SDK 交互的流程。

⑤使用脚手架 SmartDev 进行开发的优势有哪些？

第6章 长安链系统搭建与应用

导读[①]

长安链是一个具有自主可控、灵活装配、软硬一体、开源开放特点的区块链开源底层软件平台，由多家知名高校和企业共同研发，旨在提供高性能、高可信、高安全的数字基础设施，适用于供应链金融、碳交易、食品追溯等关键领域。本章将深入探讨长安链系统，从基础概念入手，逐步引导读者了解长安链的生态、总体架构及核心优势，并详细讲解如何搭建单机和集群环境，以及如何利用长安链进行开发，包括跨链技术、智能合约的编写与部署，以及节点的管理和运维，旨在使读者能够全面掌握长安链的应用与实践。

① 本章中所需要的软件可在如下链接中获取：https://pan.baidu.com/s/1RKzkfCQr12wIuM-H4xkzGw，提取码：ynqv

知识导图

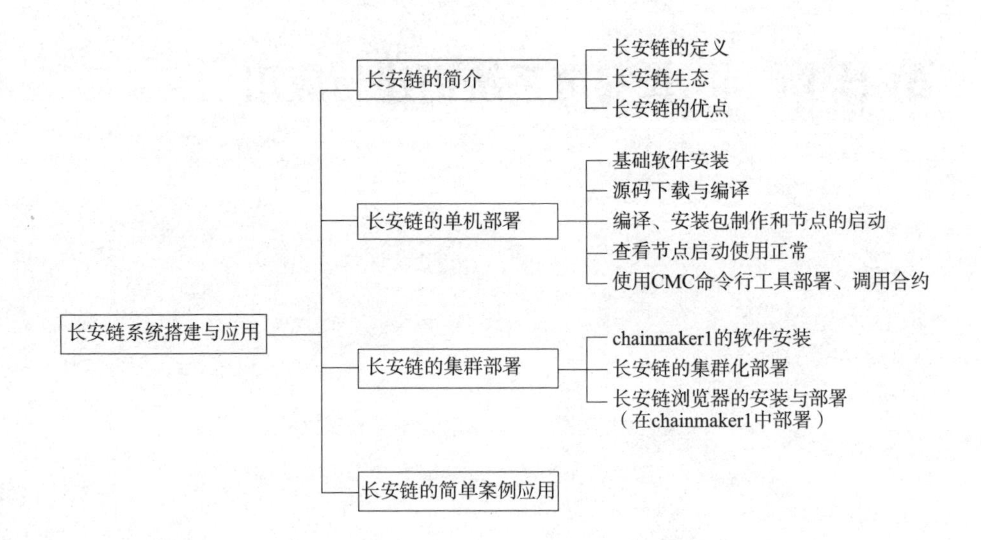

学习目标

（1）了解长安链的基本概念和生态。

（2）理解长安链的总体架构和核心优势。

（3）掌握如何搭建长安链单机和集群环境。

（4）掌握如何利用长安链进行开发。

重点与难点

（1）长安链多机 4 节点集群的搭建与配置。

（2）利用 SDK 与长安链网络进行交互与开发。

6.1 长安链的简介

6.1.1 长安链的定义

“长安链 · ChainMaker”具备自主可控、灵活装配、软硬一体、开源开放的突出特点，由北京微芯区块链与边缘计算研究院、清华大学、北京航空航天大学、腾讯、百度和京东等知名高校、企业共同研发。取名“长安链”，寓意“长治久安、再创辉煌、链接世界”。长安链作为区块链开源底层软件平台，包含区块链核心框架、丰富的组件库和工具集，致力于为用户高效、精准地解决差异化区块链实现需求，构建高性能、高可信、高安全的新型数字基础设施，同时它也是国内首个自主可控区块链软硬件技术体系。长安链的应用场景，涵盖供应链金融、碳交易、食品追溯等一系列关乎国计民生的重大领域。

6.1.2　长安链生态

构建基于“长安链 · ChainMaker”的数字经济国家主链，以重大场景应用为牵引，构建长安链生态网络，汇集数据要素，增进业务协同，繁荣数字经济新生态，其优势结构如图 6–1 所示。

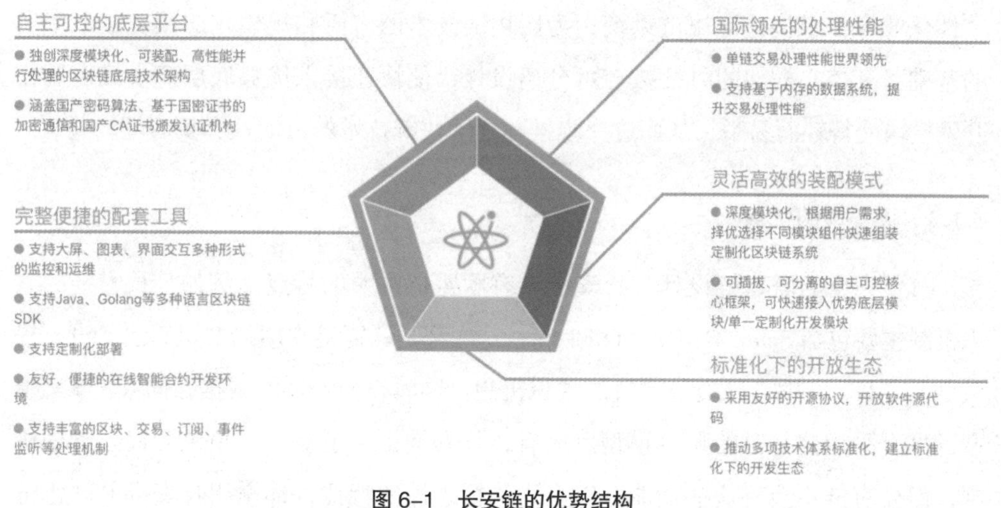

图 6–1　长安链的优势结构

（1）自主可控。长安链 · ChainMaker，站在科技创新的前沿，坚持自主研发的理念，集聚了国内顶尖的工程师和科学家团队，打造了独一无二的底层技术架构。所有关键技术模块均为自主研发，为全球区块链技术的演进注入了新动力。同时，它为国家的新型基础设施建设提供了一个独立、可控、安全的区块链数字经济基础。其创新的深度模块化、可配置、高性能并行处理的区块链底层技术架构，进一步巩固了其在行业中的领先地位。

（2）开源开放。长安链自问世之初，便秉承开源开放之精神，致力于集结来自产业界、学术界、研究机构以及用户群体的广泛科研力量。它联合了顶尖高校与知名企业等各方优势资源推进开发进程，同时向个人与企业开发者敞开怀抱，共同塑造一个规范统一、充满活力的区块链技术生态系统。通过采纳用户友好的开源协议，公开软件源代码，并推动多项技术体系的标准化，为建立一个标准化、协作性强的开发环境奠定了坚实基础。

（3）性能领先。长安链凭借其高效的并行调度算法、高性能的可信安全智能合约执行引擎以及先进的流水线共识算法等国际领先技术，实现了高并发处理、低延迟响应和大规模节点网络的构建，其交易吞吐量能够达到 10 万 TPS，跻身全球顶尖行列。此外，长安链还支持内存数据系统，进一步提高了交易处理的效率和速度。

（4）灵活装配。长安链通过将区块链执行流程标准化和模块化，引领技术发展从传统的手工操作模式向自动化装配生产模式的飞跃，极大地便利了用户根据个性化业务需求构建区块链系统，为区块链技术的广泛和规模化应用奠定了坚实的基础。其核心框架的可插拔与可分离设计，使快速接入优势底层模块或定制化开发模块变得轻而易举，从而进一步推动了区块链技术的灵活性和扩展性。

6.1.3 长安链的优点

（1）完全的联盟链设计。长安链具有联盟链鲜明的特点。例如，长安链的共识机制主要包括 Solo、RAFT、TBFT 等，这些都是联盟链常用的共识算法，没有提供 PoW、Pos、DPoS 这类公有链的共识机制。同时，长安链的数据存储采用 KV 模型，没有采用公有链的账本模型。还有，长安链提供了身份、角色、权限管理机制，而公有链不会有这些功能。以上这些标志性的特征，都说明长安链的联盟链属性非常重。

（2）更加实用的 Policy 机制。Policy 机制应该是由 Fabric 最早引入区块链里面来的。这套机制是建立在身份认证（本质是数字证书机制）之上，用于权限管理功能的。长安链引入了这套机制，具体的设计思路和 Fabric 毫无二致，但做了实用的改进。

（3）压缩证书机制。长安链支持证书的压缩，这个改进是 100% 有效的改进，降低了 IO 资源的消耗，尤其在交易本身内容比较少的时候（证书存储占比较高），改进特别明显。

（4）修改链配置的简化。Fabric 修改链配置的步骤是比较复杂的，需要在当前配置块的基础上，计算出修改造成的差值，对修改请求签名，然后再进行修改。长安链是通过执行内部智能合约的方式来修改，具体是通过定义一种特别的请求类型 TxType_UPDATE_CHAIN_CONFIG 来实现。这个方式比 Fabric 的要简便一些。

（5）原生支持国密算法。Fabric 原生并不支持国密算法，而长安链默认支持国密算法，这使得长安链拥有更多的应用场景。

（6）智能合约支持多引擎、多语言。长安链在初次发布的时候，就支持多引擎、多语言，在 1.1.0 版本中还加入了 EVM 支持。

6.2　长安链的单机部署

本小节将使用基于 2.3 节的 Ubuntu 虚拟机通过命令行的形式实现单机 4 节点长安链的部署。在部署的过程中需要在长安链官网注册账号用于长安链安装包的下载。

6.2.1　基础软件安装

1. 安装 git

```
apt install git-all -y
```

2. 安装 Golang

Golang 的安装参考 4.2.2 节，并将 Golang 版本从 1.18.6 降为 1.17.3。

6.2.2　源码下载与编译

（1）下载 chainmaker-go 源码到本地，需要长安链的账号和密码方可下载。

```
mkdir workspace && cd workspace
git clone -b v2.1.0 https://git.chainmaker.org.cn/chainmaker/chainmaker-go.git
```

（2）下载证书生成工具源码到本地。

```
git clone -b v2.1.0 https://git.chainmaker.org.cn/chainmaker/chainmaker-cryptogen.git
```

（3）源码编译。

```
cd chainmaker-cryptogen && make
```

（4）进入工具目录，生成配置文件，建立软链接 chainmaker-cryptogen 到 tools

目录下。

```
cd ../chainmaker-go/tools
ln -s ../../chainmaker-cryptogen/ .
```

（5）进入脚本目录，生成单链4节点集群的证书和配置，共识算法选择1，剩下的设置全部默认操作，结果如图6–2所示。

```
cd ../scripts
./prepare.sh 4 1
```

```
inMaker:~/workspace/chainmaker-go/scripts# ./prepar
eck params...
nerate certs, cnt: 4
nsensus type (1-TBFT(default),3-MAXBFT,4-RAFT): 1
g level (DEBUG|INFO(default)|WARN|ERROR):
m go (YES|NO(default))
ode total 4
nerate node1 config...
de1 chain1 cert config...
de1 trust config...
nerate node2 config...
de2 chain1 cert config...
de2 trust config...
nerate node3 config...
de3 chain1 cert config...
de3 trust config...
nerate node4 config...
de4 chain1 cert config...
de4 trust config...
```

图6–2 生成单链4节点集群

关于自动生成的端口说明：

①通过prepare.sh脚本生成的配置，默认是在单台服务器上部署，故自动生成的端口号，是从一个起始端口号开始递增，可以通过命令行参数修改起始端口号。

②主要有2个端口，P2P端口（用于节点互联）和RPC端口（用于客户端与节点通信），P2P起始端口为11301，RPC起始端口为12301。

③如果生成4个节点的配置，P2P端口分别为：11301、11302、11303、11304，RPC端口分别为：12301、12302、12303、12304。

6.2.3 编译、安装包制作和节点的启动

（1）编译和安装包的制作。生成证书（prepare.sh脚本）后执行build_release.

sh 脚本，将编译 chainmaker-go 模块，并打包生成安装，存于路径 chainmaker-go/build/release 中。使用 tree 指令可以查看到 chainmaker-go/build/release 路径下所生成的文件，结果如图 6-3 所示。

./build_release.sh

tree ../build/release/

```
root@ChainMaker:~/workspace/chainmaker-go/scripts# tree ../build/release/
../build/release/
├── chainmaker-v2.1.0-wx-org1.chainmaker.org-20230725204356-x86_64.tar.gz
├── chainmaker-v2.1.0-wx-org2.chainmaker.org-20230725204356-x86_64.tar.gz
├── chainmaker-v2.1.0-wx-org3.chainmaker.org-20230725204356-x86_64.tar.gz
├── chainmaker-v2.1.0-wx-org4.chainmaker.org-20230725204356-x86_64.tar.gz
└── crypto-config-20230725204356.tar.gz
```

图 6-3　安装包的结构

（2）启动 4 个节点。执行 cluster_quick_start.sh 脚本，会解压各个安装包，调用 bin 目录中的 start.sh 脚本，启动 chainmaker 节点，结果如图 6-4 所示。

./cluster_quick_start.sh normal

```
===> Staring chainmaker cluster
START ==>  /root/workspace/chainmaker-go/build/release/chainmaker-v2.1.0-wx-org1.chainmaker.org
chainmaker is restartting, pls check log...
START ==>  /root/workspace/chainmaker-go/build/release/chainmaker-v2.1.0-wx-org2.chainmaker.org
chainmaker is restartting, pls check log...
START ==>  /root/workspace/chainmaker-go/build/release/chainmaker-v2.1.0-wx-org3.chainmaker.org
chainmaker is restartting, pls check log...
START ==>  /root/workspace/chainmaker-go/build/release/chainmaker-v2.1.0-wx-org4.chainmaker.org
chainmaker is restartting, pls check log...
```

图 6-4　启动 4 个节点

（3）备份文件。

启动成功后，将 *.tar.gz 备份，以免下次启动再次解压缩时文件被覆盖。

mkdir -p ../build/bak

mv ../build/release/*.tar.gz ../build/bak

注：执行以下指令，可以关闭当前单机版长安链。

./cluster_quick_stop.sh

6.2.4　查看节点启动使用正常

（1）查看进程是否存在，结果如图 6-5 所示。

ps –ef|grep chainmaker | grep –v grep

```
root@ChainMaker:~/workspace/chainmaker-go/scripts# ps -ef|grep chainmaker | grep -v grep
root      17802      1  3 20:51 pts/0    00:00:03 ./chainmaker start -c ../config/wx-org1.chainmaker.org/chainmaker.yml
root      17824      1  2 20:51 pts/0    00:00:03 ./chainmaker start -c ../config/wx-org2.chainmaker.org/chainmaker.yml
root      17846      1  3 20:51 pts/0    00:00:03 ./chainmaker start -c ../config/wx-org3.chainmaker.org/chainmaker.yml
root      17868      1  3 20:51 pts/0    00:00:03 ./chainmaker start -c ../config/wx-org4.chainmaker.org/chainmaker.yml
```

图 6–5 查看进程

（2）查看端口是否监听，结果如图 6–6 所示。

netstat -lptn | grep 1230

```
root@ChainMaker:~/workspace/chainmaker-go/scripts# netstat -lptn | grep 1230
tcp6       0      0 :::12301        :::*          LISTEN      17802/./chainmaker
tcp6       0      0 :::12302        :::*          LISTEN      17824/./chainmaker
tcp6       0      0 :::12303        :::*          LISTEN      17846/./chainmaker
tcp6       0      0 :::12304        :::*          LISTEN      17868/./chainmaker
```

图 6–6 查看端口

（3）检查节点是否有 ERROR 日志，若看到“all necessary peers connected”则表示节点已经准备就绪。

cat ../build/release/*/bin/panic.log

cat ../build/release/*/log/system.log

cat ../build/release/*/log/system.log |grep "ERROR\|put block\|all necessary"

6.2.5 使用 CMC 命令行工具部署、调用合约

（1）编译 & 配置。

cmc 工具的编译 & 运行方式如下：

cd ../tools/cmc/

go build

（2）配置测试数据，使用 chainmaker–cryptogen 生成的测试链的证书，并可以通过指令查看 help 帮助文档，结果如图 6–7 所示。

cp -rf ../../build/crypto-config ../../tools/cmc/testdata/

./cmc --help

```
root@ChainMaker:~/workspace/chainmaker-go/tools/cmc# ./cmc --help
Command line interface for interacting with ChainMaker daemon.
For detailed logs, please see ./sdk.log

Usage:
  cmc [command]

Available Commands:
  address      address parse command
  archive      archive blockchain data
  bulletproofs ChainMaker bulletproofs command
  cert         ChainMaker cert command
  client       client command
  console      Open a console to interact with ChainMaker daemon
  gas          gas management
  help         Help about any command
  hibe         ChainMaker hibe command
  key          ChainMaker key command
  paillier     ChainMaker paillier command
  parallel     Parallel
  payload      Payload command
  pubkey       pk management command.
  query        query on-chain blockchain data
  tee          trust execute environment command.
  txpool       txpool command
  version      Show ChainMaker Client version

Flags:
  -h, --help   help for cmc

Use "cmc [command] --help" for more information about a command.
```

图 6–7 cmc 工具查看帮助文档

（3）部署示例合约。

①创建 wasm 合约。输入如下指令创建 wasm 合约。创建完成后可以看到 message 提示 OK，并且能返回交易 ID。

```
./cmc client contract user create \
--contract-name=fact \
--runtime-type=WASMER \
--byte-code-path=./testdata/claim-wasm-demo/rust-fact-2.0.0.wasm \
--version=1.0 \
--sdk-conf-path=./testdata/sdk_config.yml \
--admin-key-file-paths=./testdata/crypto-config/wx-org1.chainmaker.org/user/
admin1/admin1.sign.key,./testdata/crypto-config/wx-org2.chainmaker.org/user/
admin1/admin1.sign.key,./testdata/crypto-config/wx-org3.chainmaker.org/user/
admin1/admin1.sign.key \
--admin-crt-file-paths=./testdata/crypto-config/wx-org1.chainmaker.org/user/
admin1/admin1.sign.crt,./testdata/crypto-config/wx-org2.chainmaker.org/user/
admin1/admin1.sign.crt,./testdata/crypto-config/wx-org3.chainmaker.org/user/
admin1/admin1.sign.crt \
--sync-result=true \
--params="{}"
```

②调用 wasm 合约。输入如下指令调用 wasm 合约，在这里输入的 3 个参数分别是 file_name、file_hash 和 time。执行完成后可看到 message 提示 OK，并可以查看到调用合约的时候所产生的交易 ID、gas 使用情况和合约名称等信息。

```
./cmc client contract user invoke \
--contract-name=fact \
--method=save \
--sdk-conf-path=./testdata/sdk_config.yml \
--params="{\"file_name\":\"name007\",\"file_hash\":\"ab3456df5799b87c77e7f88\
",\"time\":\"6543234\"}" \
--sync-result=true
```

③查询合约。输入如下指令查询 wasm 合约。执行完成后可看到第②步交易过程中的一些相关信息，如输入的数据、gas 使用情况和交易 ID 等。

```
./cmc client contract user get \
--contract-name=fact \
--method=find_by_file_hash \
--sdk-conf-path=./testdata/sdk_config.yml \
--params="{\"file_hash\":\"ab3456df5799b87c77e7f88\"}"
```

6.3 长安链的集群部署

本小节将使用 4 台基于 2.3 节的 Ubuntu 虚拟机实现集群化的 2.1.0 版本长安链。搭建过程中需要在长安链官网注册账号用于长安链安装包的下载。4 个节点的 hostname 与 IP 地址规划如表 6–1 所示。

表 6–1 长安链集群环境规划表

hostname	IP 地址	内存
chainmaker1	10.0.0.101	4 GB
chainmaker2	10.0.0.102	3 GB
chainmaker3	10.0.0.103	3 GB
chainmaker4	10.0.0.104	3 GB

6.3.1 chainmaker1 的软件安装

（1）基于 2.3 节的 Ubuntu 系统克隆一台新的虚拟机，将其 hostname 设置为 chainmaker1。

（2）安装基础软件。

① Docker 和 Docker–Compose。

Docker 的安装参考 3.2 节。

Docker–Compose 的安装参考 4.2.2 节。

②安装 Golang。

Golang 的安装参考 4.2.2 节，并将 Golang 版本从 1.18.6 降为 1.17.3。

6.3.2　长安链的集群化部署

（1）基于 6.3.1 节的 Ubuntu 虚拟机，分别克隆出 3 台虚拟机，并按照表 6–1 修改好每台虚拟机的 hostname、hosts 和 IP 地址。

（2）在 4 台虚拟机内下载长安链 v2.1.0 的源码和证书文件，git 的时候需要输入长安链的账号和密码。

mkdir workspace && cd ~/workspace

git clone -b v2.1.0 https://git.chainmaker.org.cn/chainmaker/chainmaker-go.git

git clone -b v2.1.0 https://git.chainmaker.org.cn/chainmaker/chainmaker-cryptogen.git

（3）在 4 台虚拟机内编译证书管理工具，如果 make 失败了，执行指令：source /etc/profile。

cd chainmaker-cryptogen

make

（4）为 4 个节点设置证书的软链接。

cd ../chainmaker-go/tools

ln -s ../../chainmaker-cryptogen/ .

（5）在 chainmaker1 中配置长安链的共识算法、节点数量、链的数量及端口号，其中共识算法选择 TBFT，剩下的配置按默认进行操作，结果如图 6–8 所示。

cd ../scripts

./prepare.sh 4 1 11301 12301

```
root@chainmaker1:~/workspace/chainmaker-go/scripts# ./prepare.sh 4 1 11301 12301
begin check params...
begin generate certs, cnt: 4
input consensus type (1-TBFT(default),3-MAXBFT,4-RAFT): 1
input log level (DEBUG|INFO(default)|WARN|ERROR):
enable vm go (YES|NO(default))
config node total 4
begin generate node1 config...
begin node1 chain1 cert config...
begin node1 trust config...
begin generate node2 config...
begin node2 chain1 cert config...
begin node2 trust config...
begin generate node3 config...
begin node3 chain1 cert config...
begin node3 trust config...
begin generate node4 config...
begin node4 chain1 cert config...
begin node4 trust config...
```

图 6–8　配置长安链

注：

① 4 代表集群部署长安链的节点数量。

② 1 代表长安链的链数量。

③ 11301 表示长安链中 P2P 的端口号。

④ 12301 表示长安链中 RPC 的端口号。

（6）在 chainmaker1 中分别修改 4 个 node 节点的配置文件 chainmaker.yml。

路径：/root/workspace/chainmaker-go/build/config/node*

```
cd ../build/config/
vim node1/chainmaker.yml
vim node2/chainmaker.yml
vim node3/chainmaker.yml
vim node4/chainmaker.yml
```

从 99 行开始修改 4 个节点的 IP 地址，结果如图 6-9 所示。

```
seeds:
  - "/ip4/10.0.0.101/tcp/11301/p2p/QmQdxkE571CxWLetqzv7qWfXRmZp6XHMNwgW1657v81Z2y"
  - "/ip4/10.0.0.102/tcp/11302/p2p/QmaEqqhHFdaasg1dVpZRubz4rSAHnRXMh7uP8XgkHabmuV"
  - "/ip4/10.0.0.103/tcp/11303/p2p/QmU5F77u67Kmvgf5Vq6DjoTJ4CnZCdha6Nw4fwzmob1eAT"
  - "/ip4/10.0.0.104/tcp/11304/p2p/QmNNQCFqDjRyLGR63aCbUFDq4sZt8LdjVjymbxTgNGFCCm"
```

图 6-9　修改 4 个节点 IP 地址

（7）在 chainmaker1 的 scripts/ 路径下进行编译及各个节点安装包的生成，通过 tree 指令可以查看到各个节点的安装包，如图 6-10 所示。其中 org1 表示 chainmaker1 的安装包，org2 表示 chainmaker2 的安装包，以此类推。

```
cd ../../scripts/
./build_release.sh
tree ../build/release/
```

```
root@ChainMaker-1:~/workspace/chainmaker-go/scripts# tree ../build/release/
../build/release/
├── chainmaker-v2.1.0-wx-org1.chainmaker.org-20230725224519-x86_64.tar.gz
├── chainmaker-v2.1.0-wx-org2.chainmaker.org-20230725224519-x86_64.tar.gz
├── chainmaker-v2.1.0-wx-org3.chainmaker.org-20230725224519-x86_64.tar.gz
├── chainmaker-v2.1.0-wx-org4.chainmaker.org-20230725224519-x86_64.tar.gz
└── crypto-config-20230725224519.tar.gz
```

图 6-10　查看各个节点安装包

（8）在 chainmaker1 的 /root/workspace/chainmaker-go/build/release 目录下通过 SCP 远程复制指令将各个节点的安装包分别发送至对应虚拟机的 workspace 目录下，其结果如图 6-11 所示。

```
cd ../build/release/
```

scp chainmaker-v2.1.0-wx-org2.chainmaker.org-20230725224519-x86_64.tar.gz root@10.0.0.102:/root/workspace

scp chainmaker-v2.1.0-wx-org3.chainmaker.org-20230725224519-x86_64.tar.gz root@10.0.0.103:/root/workspace

scp chainmaker-v2.1.0-wx-org4.chainmaker.org-20230725224519-x86_64.tar.gz root@10.0.0.104:/root/workspace

```
root@ChainMaker-1:~/workspace/chainmaker-go/build/release# scp chainmaker-v2.1.0-wx-org2.chainmaker.org-2023
0725224519-x86_64.tar.gz root@10.0.0.102:/root/workspace
The authenticity of host '10.0.0.102 (10.0.0.102)' can't be established.
ECDSA key fingerprint is SHA256:eyTwG4xkyeEZrFppU7TPFfnxQG0bb2qaaHrpI0NKXbM.
Are you sure you want to continue connecting (yes/no)? yes
Warning: Permanently added '10.0.0.102' (ECDSA) to the list of known hosts.
root@10.0.0.102's password:
chainmaker-v2.1.0-wx-org2.chainmaker.org-20230725224519-x86_64.tar.gz     100%   31MB 117.7MB/s   00:00
root@ChainMaker-1:~/workspace/chainmaker-go/build/release# scp chainmaker-v2.1.0-wx-org3.chainmaker.org-2023
0725224519-x86_64.tar.gz root@10.0.0.103:/root/workspace
The authenticity of host '10.0.0.103 (10.0.0.103)' can't be established.
ECDSA key fingerprint is SHA256:eyTwG4xkyeEZrFppU7TPFfnxQG0bb2qaaHrpI0NKXbM.
Are you sure you want to continue connecting (yes/no)? yes
Warning: Permanently added '10.0.0.103' (ECDSA) to the list of known hosts.
root@10.0.0.103's password:
chainmaker-v2.1.0-wx-org3.chainmaker.org-20230725224519-x86_64.tar.gz     100%   31MB 106.6MB/s   00:00
root@ChainMaker-1:~/workspace/chainmaker-go/build/release# scp chainmaker-v2.1.0-wx-org4.chainmaker.org-2023
0725224519-x86_64.tar.gz root@10.0.0.104:/root/workspace
The authenticity of host '10.0.0.104 (10.0.0.104)' can't be established.
ECDSA key fingerprint is SHA256:eyTwG4xkyeEZrFppU7TPFfnxQG0bb2qaaHrpI0NKXbM.
Are you sure you want to continue connecting (yes/no)? yes
Warning: Permanently added '10.0.0.104' (ECDSA) to the list of known hosts.
root@10.0.0.104's password:
Permission denied, please try again.
root@10.0.0.104's password:
chainmaker-v2.1.0-wx-org4.chainmaker.org-20230725224519-x86_64.tar.gz     100%   31MB 121.1MB/s   00:00
```

图 6-11　远程复制各节点安装包

（9）远程复制完毕后务必对 chainmaker1 中的 org2、org3 和 org4 安装包进行删除处理，仅保留 org1 的安装包与 crypto-config-20221217215310.tar.gz 配置文件压缩包。

rm -rf chainmaker-v2.1.0-wx-org2.chainmaker.org-20230725224519-x86_64.tar.gz

rm -rf chainmaker-v2.1.0-wx-org3.chainmaker.org-20230725224519-x86_64.tar.gz

rm -rf chainmaker-v2.1.0-wx-org4.chainmaker.org-20230725224519-x86_64.tar.gz

（10）在 chainmaker1 的 /root/workspace/chainmaker-go/scripts 目录下启动节点集群。

cd ../../scripts/

./cluster_quick_start.sh normal

（11）分别在 chainmaker2、3、4 节点中的 workspace 目录下解压各自从 chainmaker1 远程复制过来的安装包。

cd ../../

tar -zxvf chainmaker-v2.1.0-wx-org2.chainmaker.org-20230725224519-x86_64.tar.gz

```
tar -zxvf chainmaker-v2.1.0-wx-org3.chainmaker.org-20230725224519-x86_64.tar.gz
tar -zxvf chainmaker-v2.1.0-wx-org4.chainmaker.org-20230725224519-x86_64.tar.gz
```

（12）输入如下指令，分别在 chainmaker2、3、4 节点中的 /root/workspace/chainmaker–v2.1.0–wx–org*.chainmaker.org/bin 目录下启动节点。

```
./start.sh
```

当 4 个节点的长安链全部启动后，在任意一个节点内的 /root/workspace/chainmaker–v2.1.0–wx–org*.chainmaker.org/log 目录下查看启动日志文件，输入如下查看指令，若可以在日志文件里查看到“[ConnSupervisor] all necessary peers connected”，则表示集群部署的长安链搭建成功，其结果如图 6–12 所示。

```
cat system.log |grep "ERROR\|put block\|all necessary"
```

```
root@chainmaker4:~/workspace/chainmaker-v2.3.0-wx-org4.chainmaker.org/log# cat system.log |grep "ERROR\|put block\|all necessary"
2022-12-18 10:59:29.626 [INFO]  [Storage] @chain1       v2@v2.3.2/blockstore_impl.go:279        chain[chain1]: put block[0] hash[c92f2a1ed7e3697fee2c35e
2064bcca4037b186683a7453189ec9b218a08250a] (txs:1 bytes:18768),
2022-12-18 10:59:34.635 [INFO]  [Net]   libp2pnet/libp2p_connection_supervisor.go:116  [ConnSupervisor] all necessary peers connected.
```

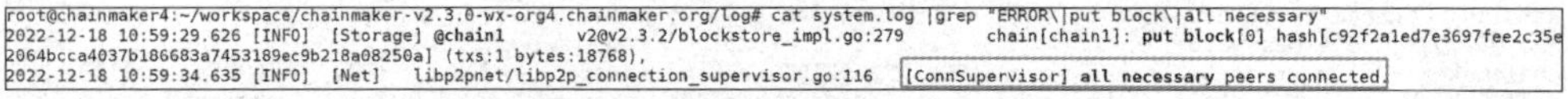

图 6–12　查询集群部署长安链情况

（13）关闭长安链集群。

在 chainmaker2、3、4 节点中的 /root/workspace/chainmaker–v2.1.0–wx–org*.chainmaker.org/bin 目录下执行如下指令，关闭各个节点。

```
./stop.sh
```

在 chainmaker1 的 /root/workspace/chainmaker–go/scripts 目录下输入如下指令，关闭节点集群。

```
./cluster_quick_stop.sh normal
```

6.3.3　长安链浏览器的安装与部署（在 chainmaker1 中部署）

（1）在 workspace 目录中下载长安链浏览器的安装包。

```
git clone https://git.chainmaker.org.cn/chainmaker/chainmaker-explorer.git
```

（2）修改配置文件。

修改 chainmaker–explorer/configs/config.yml 文件，将 port 改成 9999。

```
vim ~/workspace/chainmaker-explorer/configs/config.yml
```

（3）启动运行或关闭长安链浏览器的相关 Docker 容器。

在 chainmaker–explorer/docker 目录下启动容器。

```
cd chainmaker-explorer/docker/
docker-compose up        # 开启长安链浏览器的相关 Docker 容器
docker-compose down   # 关闭长安链浏览器的相关 Docker 容器
```

（4）初始化长安链的浏览器。

在 Windows 宿主机的浏览器输入 ChainMaker-1 的 IP 地址加端口号 9996，其浏览器初始化配置如图 6-13 所示。

例如：10.0.0.101:9996

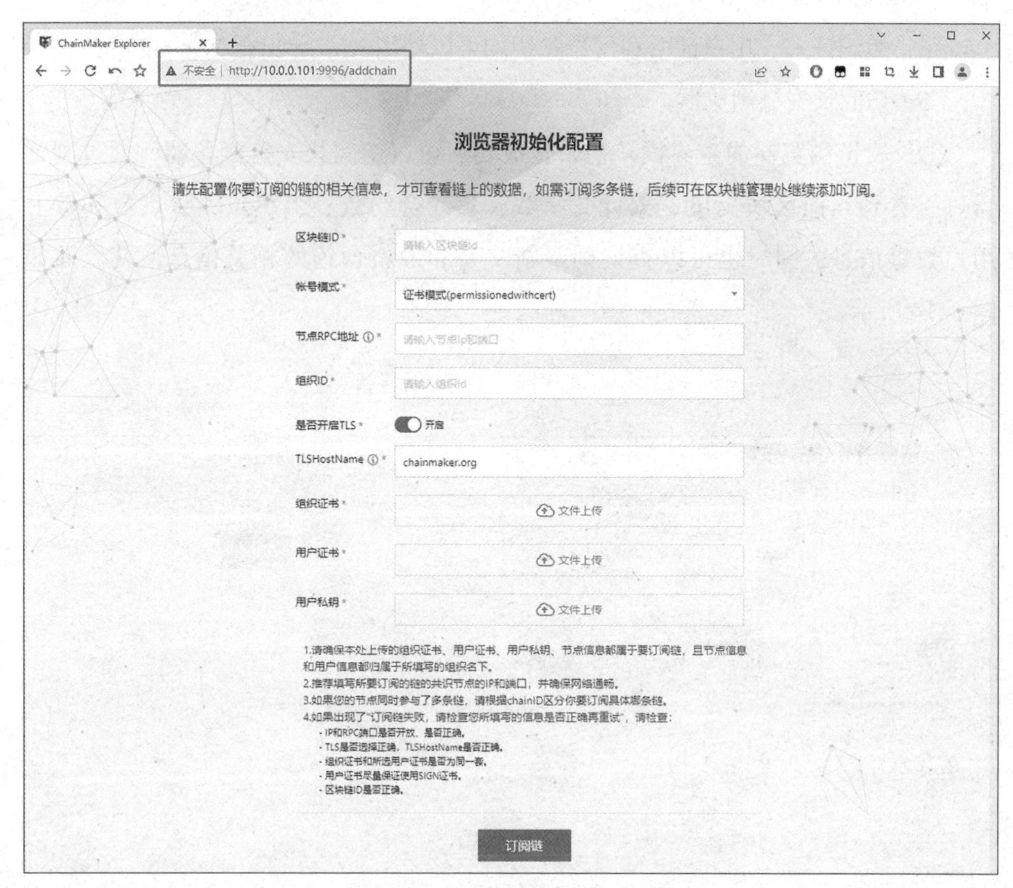

图 6-13　长安链浏览器初始化配置

（5）长安链浏览器的初始化配置。

区块链 ID：chain1。

节点 IP：ChainMaker-1 的 IP 地址。

端口号：12301。

组织 ID：wx-org1.chainmaker.org。

TLSHostname 为 chainmaker.org（默认开启）

组织证书地址：/root/workspace/chainmaker-go/build/config/node1/certs/ca 目录下的 ca.crt。

用户证书地址：/root/workspace/chainmaker-go/build/config/node1/certs/user/admin1 下的 admin1.sign.crt。

用户私钥地址：/root/workspace/chainmaker-go/build/config/node1/certs/user/admin1 下的 admin1.sign.key。

注：组织证书、用户证书和用户私钥均可以使用 Xftp 导出至 Windows 宿主机。

（6）访问长安链浏览器。

①长安链浏览器的主界面。初始化成功后可以访问长安链浏览器，通过浏览器可以看到当前区块高度、累计交易数、累计合约数、组织数、节点数和链上用户数等信息，同时也可以查询到最新交易和最新合约的相关信息，其界面如图 6-14 所示。

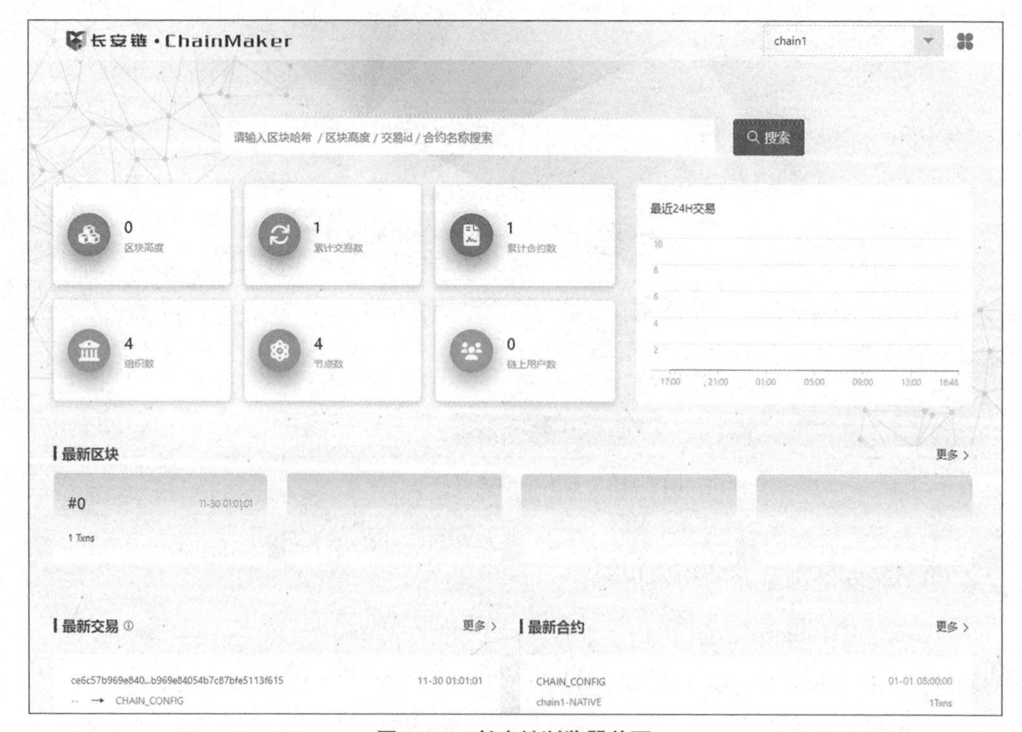

图 6-14　长安链浏览器首页

②单击“区块高度”，在区块链列表中可以看到当前长安链的区块列表信息，目前由于没有新的交易，只显示了创世块的信息，结果如图 6-15 所示。

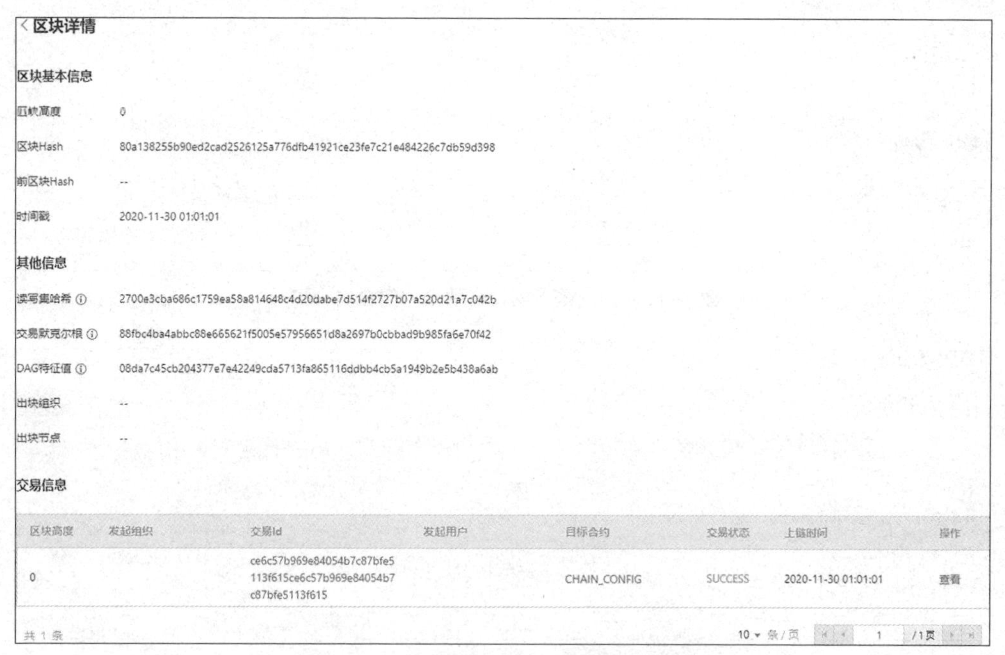

图 6-15　长安链中区块高度中的区块详情

③单击“累计交易数”，在交易列表中可以查看到当前长安链的交易列表，目前由于没有新的交易，只显示了创世块所产生的交易信息，结果如图 6-16 所示。

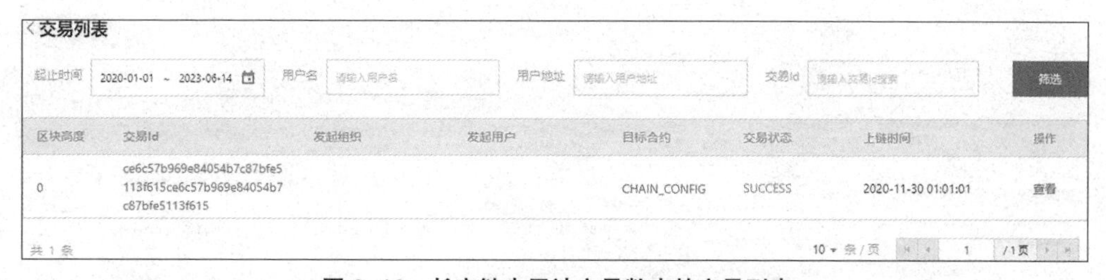

图 6-16　长安链中累计交易数中的交易列表

④单击“累计合约数”，在合约列表中可以查看到当前长安链的合约列表，目前由于没有新的交易，只显示了一个创世块所产生的合约详情，结果如图 6-17 所示。

⑤单击“组织数”，在组织列表中可以查看到当前长安链的组织数量，目前部署的集群式长安链中有 4 个组织，每个组织有 1 个节点，结果如图 6-18 所示。

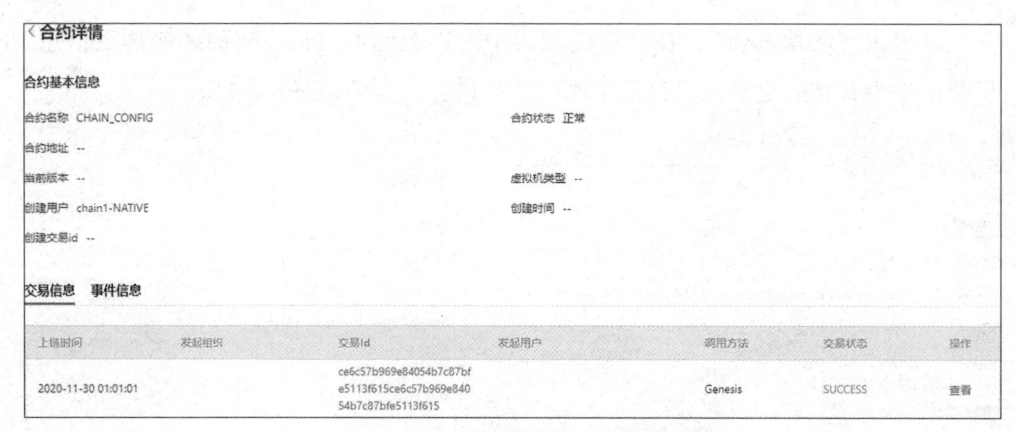

图 6–17 长安链中累计合约数中的合约详情

〈 组织列表

请输入组织名称搜索 筛选

组织Id	节点数	用户数
wx-org4.chainmaker.org	1	0
wx-org3.chainmaker.org	1	0
wx-org2.chainmaker.org	1	0
wx-org1.chainmaker.org	1	0

共 4 条 10 ▾ 条/页 1 /1页

图 6–18 长安链中组织数中的组织列表

⑥单击“节点数”，在节点列表中可以查看到当前长安链的各个节点的 ID、名称、IP、端口、角色和所属组织等信息，结果如图 6–19 所示。

图 6–19 长安链中节点数中的节点列表

6.4 长安链的简单案例应用

（1）部署智能合约。在 6.3 节的集群 2.1.0 版本长安链的基础上部署智能合约，使用 CMC 命令行进行合约的部署，具体步骤可参考 6.2.5 节。

（2）使用 IntelliJ IDEA 打开项目。下载项目 ChainMaker-Java-SDK-Demo 至 Windows 宿主机中，使用 IntelliJ IDEA 打开该项目，并配置好 IntelliJ IDEA 的 SDK 和 Maven。修改完毕后系统会自动下载项目所依赖的 jar 包文件。

（3）修改配置文件。修改 ChainMaker-Java-SDK-Demo\src\main\resources 目录中的 sdk_config.yml 文件，主要修改第 17 行中 node_addr 的 IP 地址，将其设置为 ChainMaker-1 的 IP 地址，如图 6-20 所示。

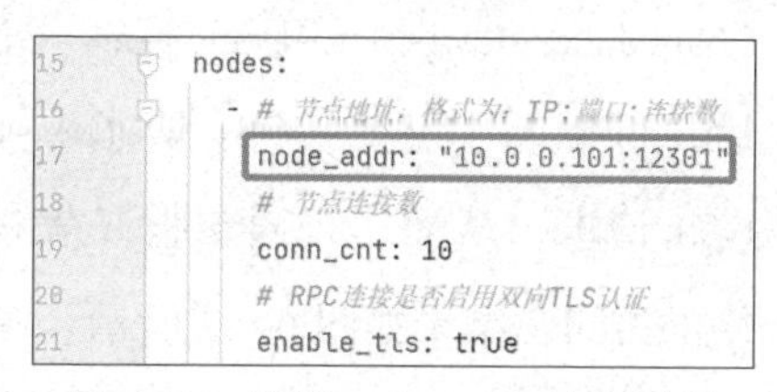

图 6-20 设置 node_addr 的 IP 地址

（4）复制长安链集群的证书文件。使用 Xftp 将 ChainMaker-1 主机中 /root/workspace/chainmaker-go/build 目录下的 crypto-config 文件夹复制至 Windows 宿主机，并将其移动到项目的根目录下。

（5）运行 Java-SDK 程序。运行项目中 src\main\java\com 目录下的 ChainMaker JavasdkApplication.java，使其能够访问长安链网络，当提示“Started ChainMaker JavasdkApplication in × × × seconds”的时候表示 Java-SDK 已经成功访问集群长安链网络。

（6）验证。

①创建新的 Workspace。打开 Postman，单击“Workspace”，选择“Create Workspace”，输入合适的 Name，选择 Personal 模式完成新 Workspace 的创建，如图 6-21 所示。

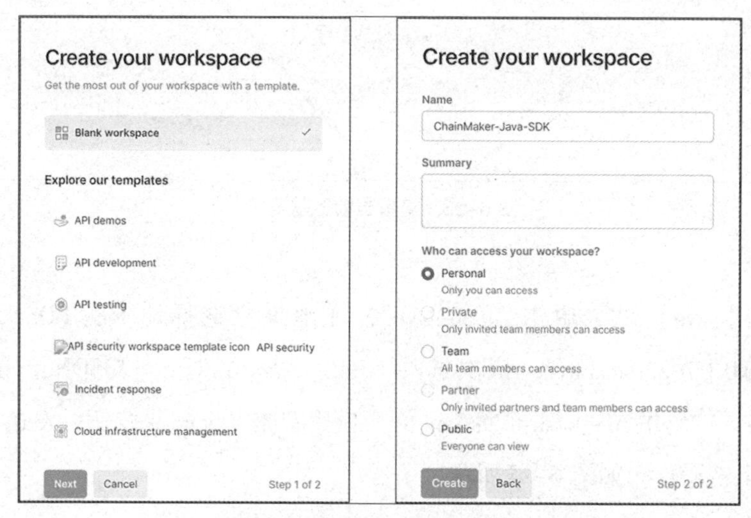

图 6-21 创建新的 Workspace

②导入ChainMaker-Java-SDK-Demo.json配置文件。在新的Workspace中单击“Import”，导入项目的配置文件ChainMaker-Java-SDK-Demo.json。导入后，可以看到1个POST请求和1个GET请求，从而实现对集群长安链网络的访问，结果如图6-22所示。

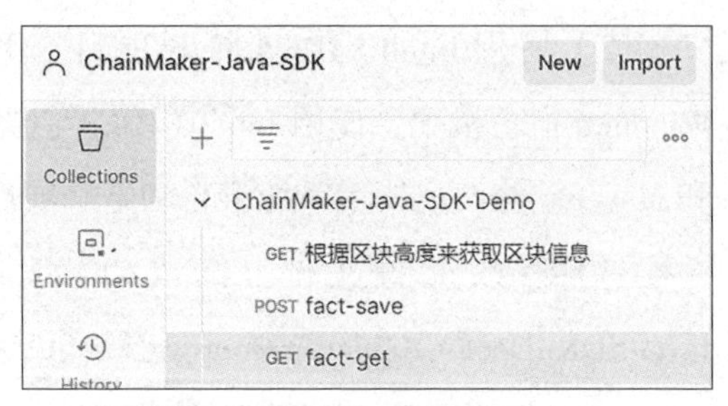

图6-22 导入ChainMaker-Java-SDK-Demo.json配置文件

③查看当前区块高度。单击“根据区块高度来获取区块信息”，在“Value”处输入区块高度，单击“Send”可以获得某个区块高度的信息，返回的data值就是某个区块创建的时间，该时间需要通过timestamp时间戳时间相互转换工具才能查看到正常的格式，结果如图6-23所示。

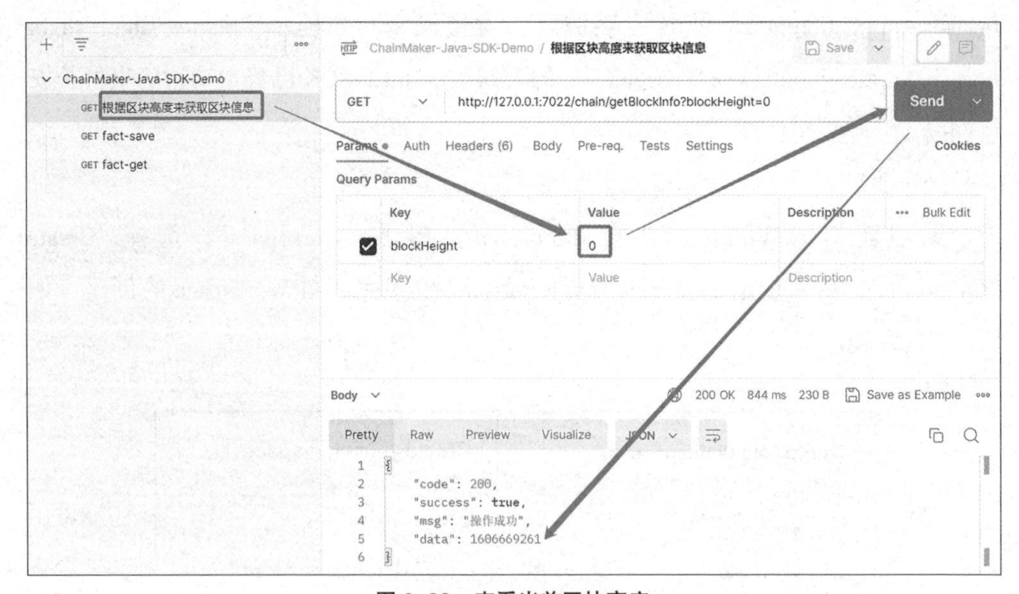

图6-23 查看当前区块高度

④使用save方法。单击“fact-save”，在地址栏选择请求为POST，网址为http://127.0.0.1:7022/fact/save，依次选择“Body”→“raw”→“JSON”，输入如下JSON代码，代码中file_hash值为key值。最后单击“Send”按钮，发送交易，实现数据的上链操作，如图6-24所示。

```
{
  "file_name":"USY-IIE",
  "file_hash":"1234567890",
  "time":"1690300158"
}
```

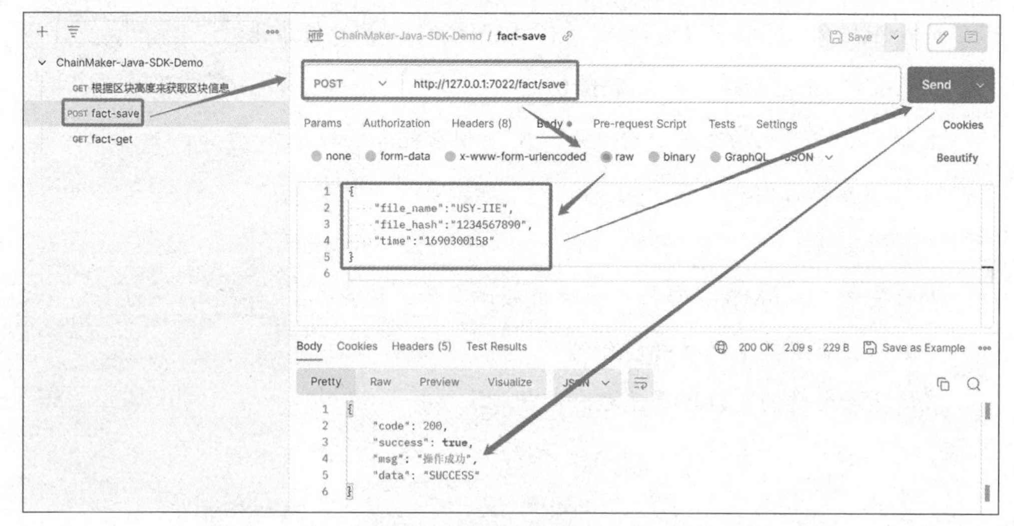

图 6-24　使用合约中的 save 方法

⑤使用 get 方法。单击“fact-get”，在地址栏中的选择请求设置为 GET，请求的网址为 http://127.0.0.1:7022/fact/get?fileHash=1234567890，单击“Send”按钮，可以实现上链数据的查询，如图 6-25 所示。

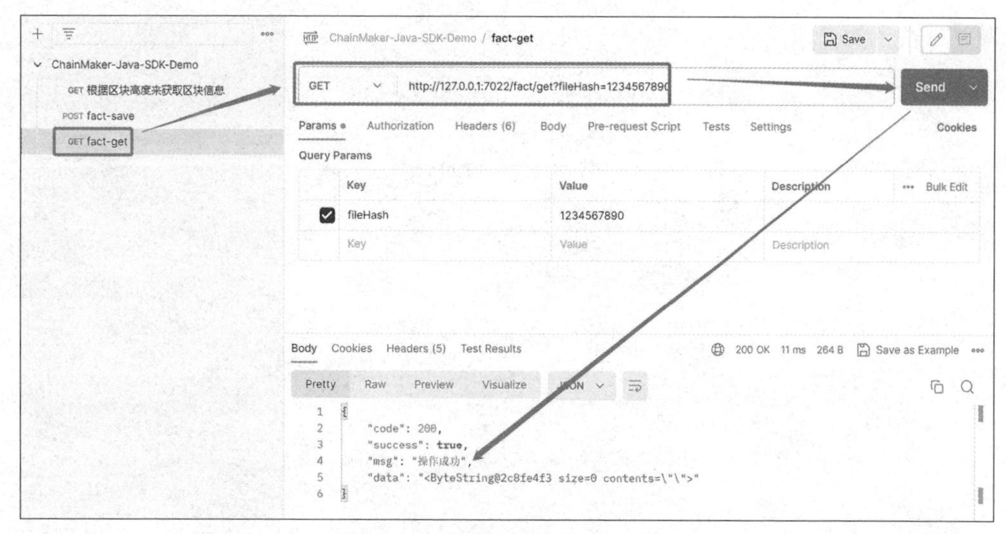

图 6-25　使用合约中的 get 方法

本章习题

（1）选择题

①长安链 ChainMaker 是一种什么类型的技术？（　　）

A. 区块链　B. 人工智能　C. 云计算　D. 虚拟现实

②长安链 ChainMaker 的主要应用领域是（　　）。

A. 金融服务　B. 音乐产业　C. 环保领域　D. 健康医疗

③长安链 ChainMaker 的目标是（　　）。

A. 提供去中心化的交易平台　B. 实现智能合约技术

C. 优化数据存储和管理　D. 加密货币的挖矿

（2）简答题

①长安链 ChainMaker 与传统区块链相比有什么特点？

②如何在长安链上部署智能合约？

③简述长安链的集群部署流程。

附　录

Java 的安装与部署

1. 下载安装包

在 Oracle 官方下载 Java，其版本为 jdk-8u202-windows-x64。

2. 安装 Java

Java 大部分安装过程为默认安装，仅安装路径设置为非系统盘，本书中将 Java、Maven 和 Gradle 均安装在 D 盘的 Java 目录下，设置如图 A-1 所示。

图 A-1　设置 Java 的安装路径

3. 安装 jre

设置 jre 的安装路径依旧在 D 盘的 Java 目录下，其设置如图 A-2 所示。

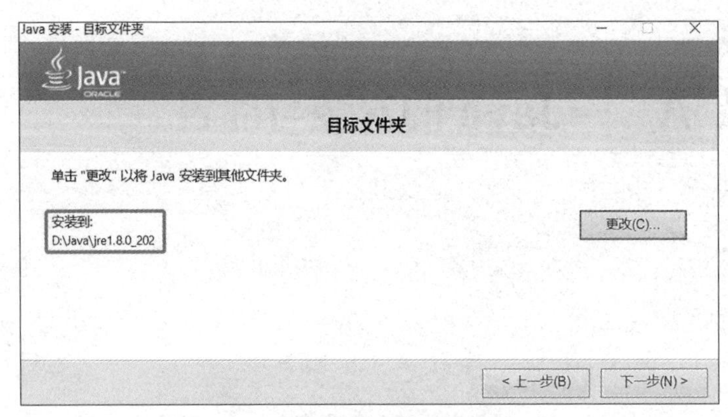

图 A-2　设置 jre 的安装路径

4. 配置环境变量

（1）新建 Java 的系统变量。右击桌面上的“此电脑”，选择“属性”，在属性页面中单击“高级系统设置”，在“系统属性页面”中切换到“高级”选项卡，单击“环境变量”，对 Java 进行环境变量的配置。在系统变量中单击“新建”，将“变量名（N）”设置为 JAVA_HOME，将“变量值（V）”设置为 Java 安装的绝对路径，其设置如图 A-3 所示。

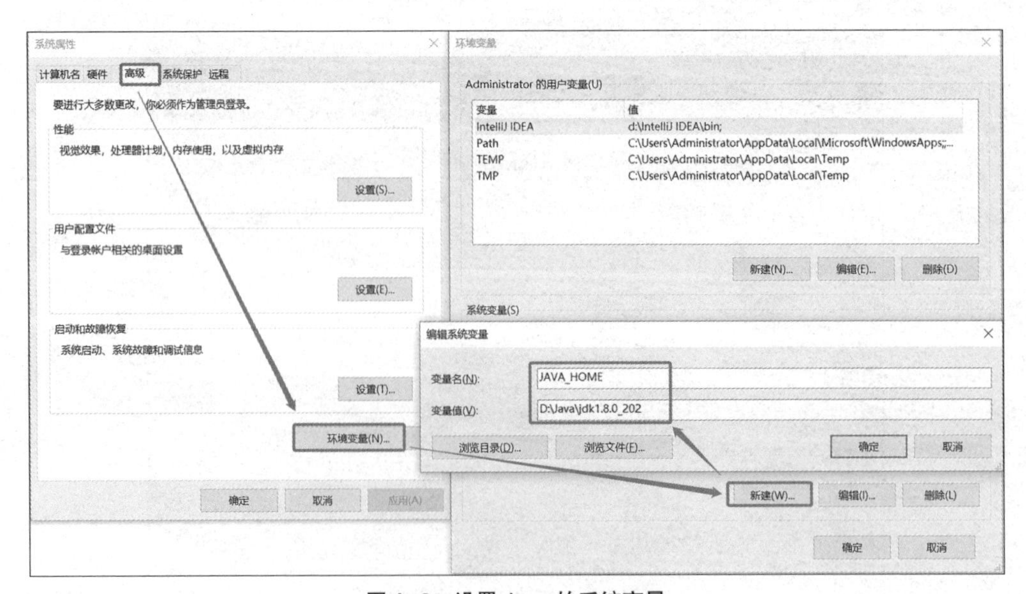

图 A-3　设置 Java 的系统变量

（2）编辑“PATH”变量。在“系统变量”中单击“Path”，选择“编辑”，将两条路径 %JAVA_HOME%\bin 和 %JAVA_HOME%\jre\bin 添加进去，设置如图 A-4 所示。

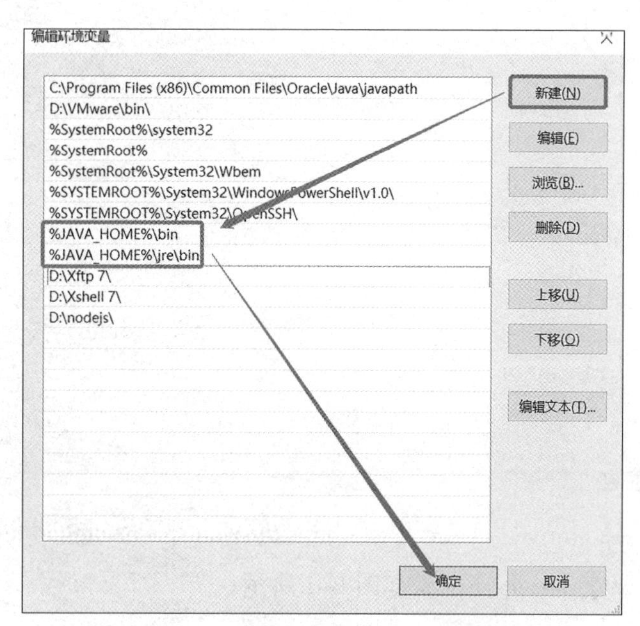

图 A-4　设置 Java 的 Path 环境变量

5. 验证

在 cmd 命令窗口中输入 java -version 命令，如果能正常显示版本信息，说明 Java 运行环境安装成功，结果如图 A-5 所示。

```
Xshell 7 (Build 0128)
Copyright (c) 2020 NetSarang Computer, Inc. All rights reserved.

Type `help' to learn how to use Xshell prompt.
[C:\~]$ java -version
java version "1.8.0_202"
Java(TM) SE Runtime Environment (build 1.8.0_202-b08)
Java HotSpot(TM) 64-Bit Server VM (build 25.202-b08, mixed mode)
```

图 A-5　验证 Java 是否安装成功

Maven 的安装与部署

1. 下载安装包

从官方下载 Maven，下载页面：https://maven.apache.org/download.cgi，单击 apache-maven-3.9.2-bin.zip 下载，如图 B-1 所示。

Files

Maven is distributed in several formats for your convenience. Simply pick a ready-made binary distribution archive and follow the installation instructions. Use a source archive if you intend to build Maven yourself.

In order to guard against corrupted downloads/installations, it is highly recommended to verify the signature of the release bundles against the public KEYS used by the Apache Maven developers.

	Link	Checksums	Signature
Binary tar.gz archive	apache-maven-3.9.2-bin.tar.gz	apache-maven-3.9.2-bin.tar.gz.sha512	apache-maven-3.9.2-bin.tar.gz.asc
Binary zip archive	apache-maven-3.9.2-bin.zip	apache-maven-3.9.2-bin.zip.sha512	apache-maven-3.9.2-bin.zip.asc
Source tar.gz archive	apache-maven-3.9.2-src.tar.gz	apache-maven-3.9.2-src.tar.gz.sha512	apache-maven-3.9.2-src.tar.gz.asc
Source zip archive	apache-maven-3.9.2-src.zip	apache-maven-3.9.2-src.zip.sha512	apache-maven-3.9.2-src.zip.asc

图 B-1　下载 Maven3.9.2

2. 安装 Maven

对 apache-maven-3.9.2-bin.zip 进行解压缩处理，并将解压缩出来的 apache-maven-3.9.2 文件夹移动至 Java 的文件夹下。

3. 配置环境变量

（1）新建 Maven 的系统变量。右击桌面上的“此电脑”，选择“属性”，在属性页面中单击“高级系统设置”，在“系统属性页面”中切换到“高级”选项卡，单击“环境变量”，对 Maven 进行环境变量的配置。在系统变量中单击“新建”，将“变量名（N）”设置为 MAVEN_HOME，将“变量值（V）”设置为 Maven 安装的绝对路径，设置如图 B-2 所示。

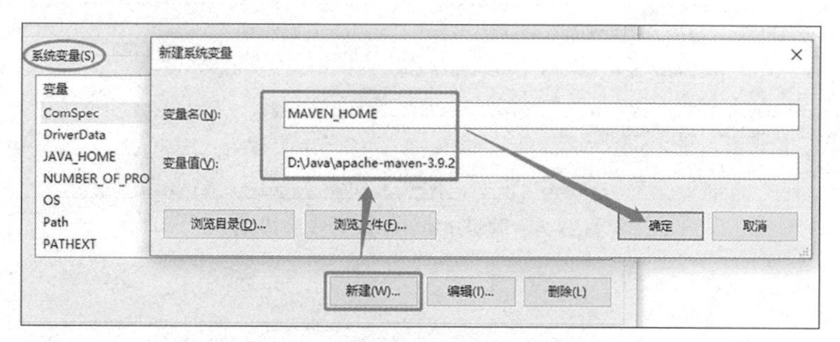

图 B-2　设置 Maven 的系统变量

（2）编辑“PATH”变量。在“系统变量”中单击“Path”，选择“编辑”，将路径 %MAVEN_HOME%\bin 添加进去，设置如图 B-3 所示。

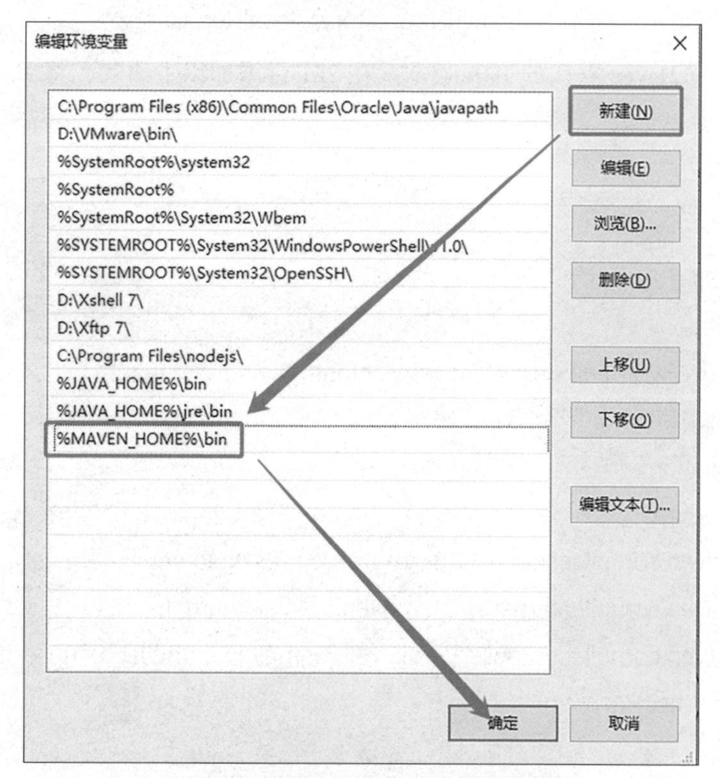

图 B-3　设置 Maven 的 Path 环境变量

4. 验证

在 cmd 命令窗口中输入 mvn -v 命令，如果能正常显示版本信息，说明 Maven 运行环境安装成功，结果如图 B-4 所示。

```
Xshell 7 (Build 0128)
Copyright (c) 2020 NetSarang Computer, Inc. All rights reserved.

Type `help' to learn how to use Xshell prompt.
[C:\~]$ mvn -v
Apache Maven 3.9.2 (c9616018c7a021c1c39be70fb2843d6f5f9b8a1c)
Maven home: D:\Java\maven-3.9.2
Java version: 1.8.0_202, vendor: Oracle Corporation, runtime: D:\Java\jdk1.8.0_202\jre
Default locale: zh_CN, platform encoding: GBK
OS name: "windows 10", version: "10.0", arch: "amd64", family: "windows"
```

图 B-4　验证 Maven 是否安装成功

5. 配置 setting.xml 文件

在 Java 目录下新建一个名称为“mvn-repository”的文件夹，作为 Maven 的本地仓库。在 apache-maven-3.9.2\conf 目录下对 settings.xml 进行 3 处修改。

（1）在 55 行添加以下语句以配置本地仓库位置。

<localRepository>D:\Java\mvn-repository</localRepository>

（2）修改 Maven 默认的 JDK 版本。在 221 行添加以下语句，将 Maven 支持的 JDK 版本设置为 1.8。

```
<profile>
  <id>JDK-1.8</id>
  <activation>
    <activeByDefault>true</activeByDefault>
    <jdk>1.8</jdk>
  </activation>
  <properties>
    <maven.compiler.source>1.8</maven.compiler.source>
    <maven.compiler.target>1.8</maven.compiler.target>
    <maven.compiler.compilerVersion>1.8</maven.compiler.compilerVersion>
  </properties>
</profile>
```

（3）设置阿里云镜像。在 161 行处修改 mirror 的配置信息，将默认的国外下载源地址等信息更换成阿里云。

```
<mirror>
  <id>alimavcn</id>
  <name>aliyun maven</name>
  <url>http://maven.aliyun.com/nexus/content/groups/public/</url>
  <mirrorOf>central</mirrorOf>
</mirror>
```

（4）解决下载依赖 jar 包缓慢的问题。若下载 jar 包格外缓慢，可在 IntelliJ IDEA 中的“File”→“settings”→“Build，Execution，Deployment”→“Compiler”里将“Shared build process heap size”值增大，在这里将该缓存的大小设置为 2 G，结果如图 B-5 所示。

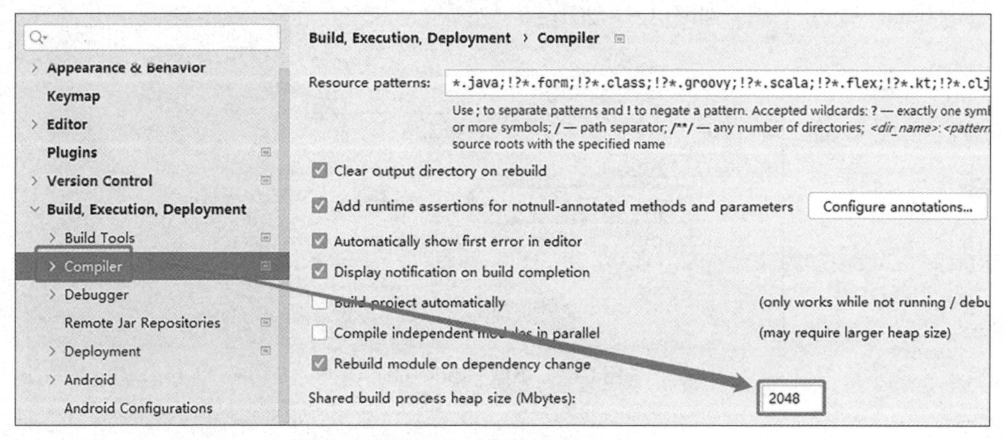

图 B-5　设置缓存的大小

附录 C　Gradle 的安装与部署

1. 下载安装包

从官方下载 Gradle，下载页面：https://gradle.org/releases/，选择下载版本为 6.3，单击 binary-only 下载，如图 C-1 所示。

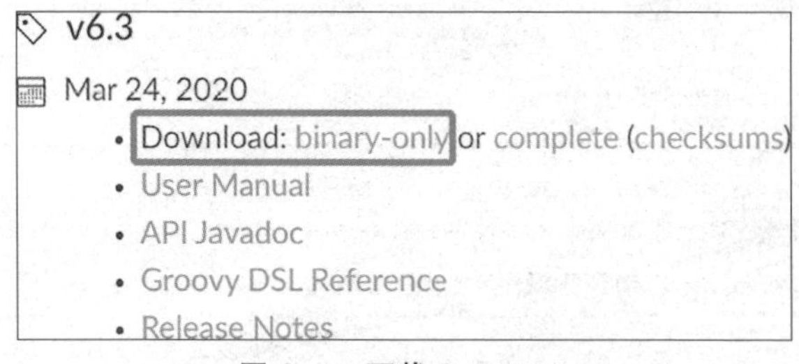

图 C-1　下载 Gradle6.3

2. 安装 Gradle

对 gradle-6.3-all.zip 进行解压缩处理，并将解压缩出来的 gradle-6.3 文件夹移动至 Java 的文件夹下。

3. 配置环境变量

（1）新建 Gradle 的系统变量。右击桌面上的“此电脑”，选择“属性”，在属性页面中单击“高级系统设置”，在“系统属性页面”中切换到“高级”选项卡，单击“环境变量”，对 Gradle 进行环境变量的配置。在系统变量中单击“新建”，将“变量名（N）”设置为GRADLE_HOME，将“变量值（V）”设置为Gradle安装的绝对路径，设置如图C-2所示。

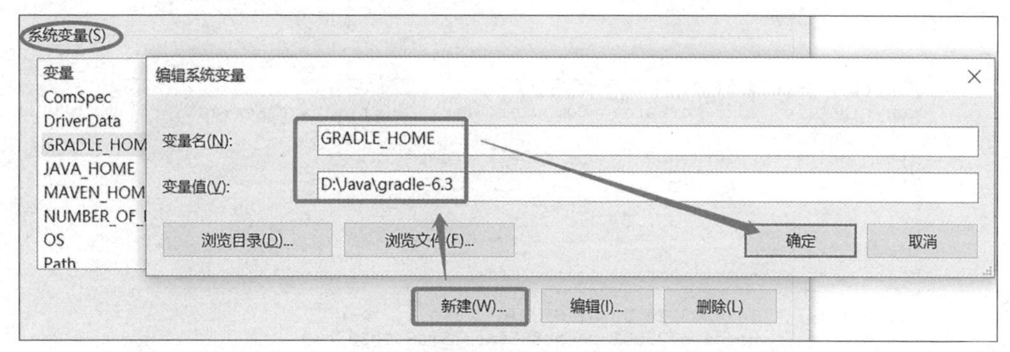

图C-2 设置Gradle的系统变量

（2）编辑“PATH”变量。在“系统变量”中单击“Path”，选择“编辑”，将路径%GRADLE_HOME%\bin添加进去，设置如图C-3所示。

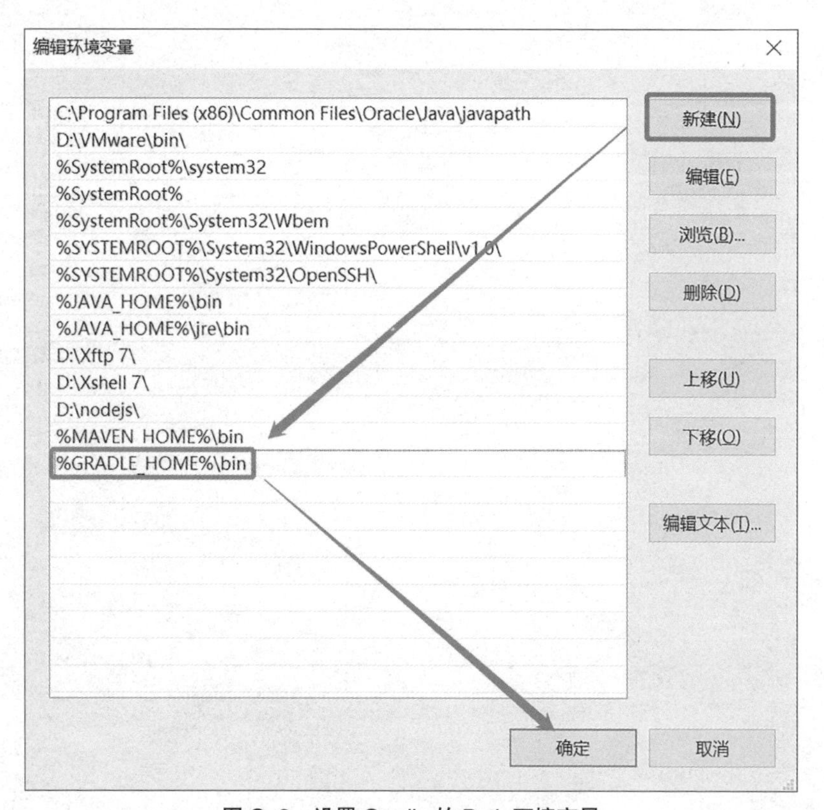

图C-3 设置Gradle的Path环境变量

4. 验证

在 cmd 命令窗口中输入 gradle –v 命令，如果能正常显示版本信息，说明 Gradle 运行环境安装成功，结果如图 C–4 所示。

```
Xshell 7 (Build 0128)
Copyright (c) 2020 NetSarang Computer, Inc. All rights reserved.

Type `help' to learn how to use Xshell prompt.
[C:\~]$ gradle -v

------------------------------------------------------------
Gradle 6.3
------------------------------------------------------------

Build time:   2020-03-24 19:52:07 UTC
Revision:     bacd40b727b0130eeac8855ae3f9fd9a0b207c60

Kotlin:       1.3.70
Groovy:       2.5.10
Ant:          Apache Ant(TM) version 1.10.7 compiled on September 1 2019
JVM:          1.8.0_202 (Oracle Corporation 25.202-b08)
OS:           Windows 10 10.0 amd64
```

图 C–4 验证 Gradle 是否安装成功

附录 D　IntelliJ IDEA 的配置

1. 打开 IntelliJ IDEA

打开 IntelliJ IDEA 后，会有以下 3 个选项。

（1）New Project：新建项目。

（2）Open：打开项目。

（3）Get from VCS：从 Git 中拉取项目。

如果没有项目就选择“New Project”，若有项目，则选择“Open”，在这里以打开一个项目为例，对 IntelliJ IDEA 进行配置。

2. 配置 IntelliJ IDEA 中的 SDK

项目打开后单击“File”，选择“Project Structure”，设置 SDK 和 Language level，其配置如图 D-1 所示。

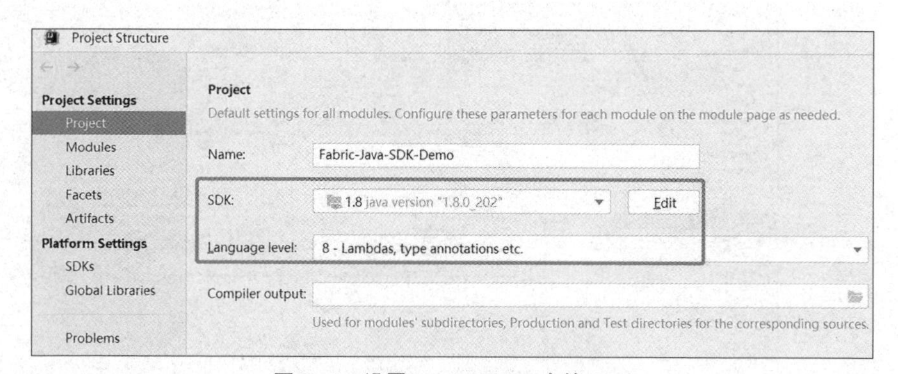

图 D-1　设置 IntelliJ IDEA 中的 SDK

3. 配置 IntelliJ IDEA 中的 Maven

依次单击“File”→“Settings”→“Build，Execution，Deployment”→“Build Tools”→“Maven”，对 Maven 进行配置，其中需要配置的是 Maven home path、User settings file 和 Local repository，其中后两项的设置需要勾选“Override”，其设置如图 D–2 所示。配置完毕后会自动下载项目所依赖的 jar 包文件。

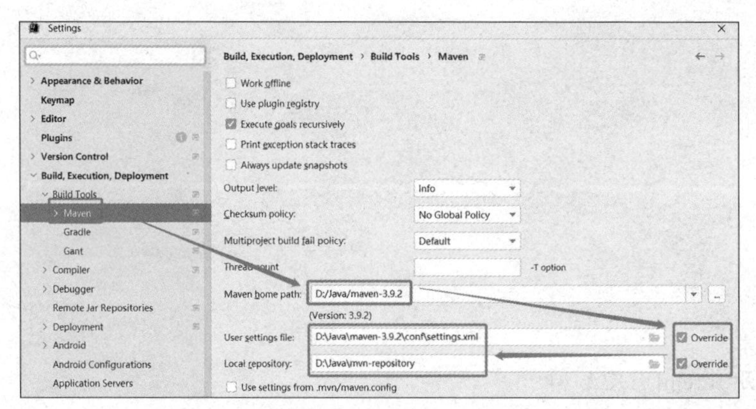

图 D–2　配置 IntelliJ IDEA 中的 Maven

4. 配置 IntelliJ IDEA 中的 Gradle

在“Gradle”中进行配置。其中“Gradle user home”设置为Maven仓库的路径，“Build and run using”和“Run tests using”均设置为“IntelliJ IDEA”，“Gradle JVM”设置成“Project SDK 1.8”，整个设置如图 D–3 所示。

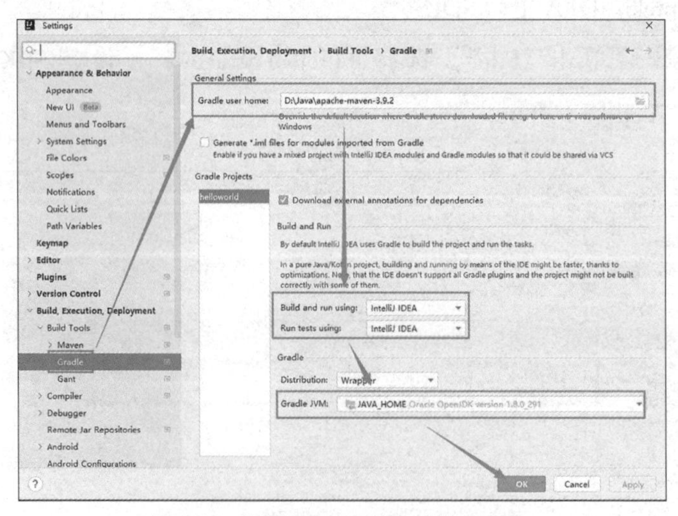

图 D–3　配置 IntelliJ IDEA 中的 Gradle

教师服务

感谢您选用清华大学出版社的教材！为了更好地服务教学，我们为授课教师提供本书的教学辅助资源，以及本学科重点教材信息。请您扫码获取。

教辅获取

本书教辅资源，授课教师扫码获取

样书赠送

管理科学与工程类重点教材，教师扫码获取样书

清华大学出版社

E-mail: tupfuwu@163.com
电话：010-83470332 / 83470142
地址：北京市海淀区双清路学研大厦 B 座 509

网址：https://www.tup.com.cn/
传真：8610-83470107
邮编：100084